普通高等教育"十三五"规划教材

"十三五"江苏省高等学校重点教材(编号 2016 - 2 - 110)

微型计算机原理及其接口技术

主　编　李　蓓

副主编　庄志红　刘明芳

参　编　邹　全　韩　霞　陈伦琼

　　　　蔡纪鹤　范力旻　邵春声

机械工业出版社

本书系统地讲述了微型计算机原理与接口技术，全书共 14 章，内容包括：微机系统的基础知识、8086/8088 微处理器、8086/8088 指令系统、半导体存储器及其接口、Proteus 仿真平台的使用、输入/输出与接口技术、并行输入/输出接口、中断技术、定时/计数技术、串行通信接口技术、D/A、A/D 转换器的接口设计、直接存储器存取、人机接口和微机系统总线技术。

本书的特点是：立足"实用""够用"的原则；内容介绍上注重基本概念、基本方法，突出重点；应用举例上注重与实际相结合，使学生学会使用并提高学习兴趣。

本书可作为普通高等院校计算机、电子信息工程、自动化等专业的教材，也可作为从事微机系统开发和应用的工程技术人员的参考用书。

本书有配套电子课件，欢迎选用本书作教材的教师发邮件到 jinacmp@ vip. 163. com 索取，或登录 www. cmpedu. com 注册下载。

图书在版编目（CIP）数据

微型计算机原理及其接口技术/李蓓主编 . —北京：机械工业出版社，2018. 6（2024. 8 重印）

"十三五"江苏省高等学校重点教材　普通高等教育"十三五"规划教材

ISBN 978-7-111-59484-0

Ⅰ.①微…　Ⅱ.①李…　Ⅲ.①微型计算机-理论-高等学校-教材 ②微型计算机-接口技术-高等学校-教材　Ⅳ.①TP36

中国版本图书馆 CIP 数据核字（2018）第 062270 号

机械工业出版社（北京市百万庄大街 22 号　邮政编码 100037）
策划编辑：吉　玲　责任编辑：吉　玲　王小东
责任校对：王　延　封面设计：张　静
责任印制：张　博
北京雁林吉兆印刷有限公司印刷
2024 年 8 月第 1 版第 4 次印刷
184mm×260mm · 18 印张 · 437 千字
标准书号：ISBN 978-7-111-59484-0
定价：43. 00 元

凡购本书，如有缺页、倒页、脱页，由本社发行部调换
电话服务　　　　　　　　　　网络服务
服务咨询热线：010-88379833　　机工官网：www. cmpbook. com
读者购书热线：010-88379649　　机工官博：weibo. com/cmp1952
　　　　　　　　　　　　　　　教育服务网：www. cmpedu. com
封面无防伪标均为盗版　　　金 书 网：www. golden-book. com

前　言

微型计算机原理及其接口技术是高等院校理工科学生必修的一门计算机基础教育课程，也是研究生入学考试和面试的常选课程之一。通过本课程的学习，可以增强学生对微型计算机的认识，提高其应用与程序开发的能力。同时，通过本课程的学习，学生可以掌握一种学习计算机类课程的学习方法，为学习单片机原理、PLC 等后续专业课程打下扎实的基础。

微型计算机原理及其接口技术课程教材种类很多，各有特色。本书是编者们在试用多种版本教材、教授不同层次教学对象的基础上，总结多年教学经验而撰写的。在章节选取上，立足"实用""够用"的原则；内容介绍上注重基本概念、基本方法，突出重点；应用举例上注重与实际相结合，使学生学会使用并提高学习兴趣。不把主要精力花费在空洞的理论上是本书编者们希望实现的目标。

本书共 14 章：第 1 章 微机系统的基础知识、第 2 章 8086/8088 微处理器、第 3 章 8086/8088 指令系统、第 4 章 半导体存储器及其接口、第 5 章 Proteus 仿真平台的使用、第 6 章 输入/输出与接口技术、第 7 章 并行输入/输出接口、第 8 章 中断技术、第 9 章 定时/计数技术、第 10 章 串行通信接口技术、第 11 章 D/A、A/D 转换器的接口设计、第 12 章 直接存储器存取、第 13 章 人机接口、第 14 章 微型机系统总线技术。

本书可作为普通高等院校计算机、电子信息工程、自动化等专业的教材，也可作为从事微机系统开发和应用的工程技术人员的参考用书。

本书在编写过程中，参考了有关书籍和资料，在此对相关作者表示感谢。同时，由于编者水平有限，书中难免存在一些不足和错误，恳请广大读者、专家批评指正。

编　者

目　录

第 1 章

微机系统的基础知识

学习目的： 本章通过对微机的发展历史和分类、微机系统的硬件系统和软件系统、基本运算等内容的介绍，使读者对整个微机系统有初步了解，为下一步学习微机系统的内部结构打下良好基础。

1.1 微机概述

1.1.1 微机的发展简史

自 1946 年 2 月世界上第一台以 ENIAC（Electronic Numerical Integrator and Computer，电子数字积分计算机）命名的电子计算机问世以来，计算机已经历了 4 位和低档 8 位微处理器、中档 8 位微处理器、16 位微处理器、高性能的 16 位机及 32 位微处理器 4 个时代。目前，正在向第 5 代计算机过渡，其研究重点主要是放在人工智能计算机的突破上，它的主要目标是实现更高程度上模拟人脑的思维功能。

微处理器初期的发展历史见表 1-1。

表 1-1 微处理器发展历史

比较项　　　代次 主要特点	第 1 代 1971 ~ 1973 年	第 2 代 1974 ~ 1977 年	第 3 代 1978 ~ 1980 年	第 4 代 1981 年以后
典型的微处理器芯片	Intel 4004 Intel 4040 Intel 8008	Intel 8080 M6800 Z80	Intel 8086/8088 M68000 Z8000	Intel 80186/80286/ 80386/80486/80586 HP32，M68020，IBM320 Z80000
字长（位）	4/8	8	16	16/32
芯片集成度/（晶体管/片）	1000 ~ 2000	5000 ~ 9000	20000 ~ 70000	10 万个以上
时钟频率/MHz	0.5 ~ 0.8	1 ~ 4	5 ~ 10	10 以上
数据总线宽度/条	4/8	8	16	16/32
地址总线宽度/条	4 ~ 8	16	20 ~ 24	24 ~ 32
存储器容量	≤16KB 实存	≤64KB 实存	≤1MB 实存	≤4000MB 实存 （4GB） ≤64TB 虚存

到了 20 世纪 90 年代，Intel 公司在开发新一代微处理器技术方面继续领先，1993 年 3 月，Intel 发布了第 5 代微处理器 Pentium（简称 P5），其工作频率达 60/66MHz，运行速度达 112 MIPS，利用亚微米级的 CMOS 技术，使集成度高达 320 万只晶体管/片。

1995 年 2 月，Intel 发布了代号为 P6（Pentium Pro）的新一代微处理器产品，它采用了 0.6μm 工艺，在面积为 306mm^2 的芯片上集成了 550 万只晶体管，具有 8KB 指令和 8KB 数据的一级超高速缓存（LI Cache），256KB 的二级超高速缓存（L2 Cache），电源电压为 2.9V，主时钟频率为 166MHz 以上；采用了 2 级超标量流水微结构，一个时钟周期可以执行 3 条指令，其性能是 Pentium 的 2 倍。

1998 年到 1999 年，Intel 又推出了 Pentium Pro 的改进型，即 PentiumⅡ和 PentiumⅢ（奔腾 2 代和奔腾 3 代）。同 Intel 激烈竞争的其他公司类似的产品有 AMD 的 K7。这些微处理器的集成度高达 750 万只晶体管/片以上，时钟频率也达到了 750MHz。

进入 21 世纪的 CPU（Central Processor Unit，中央处理器）市场更趋活跃，主要表现为 CPU 的工作频率节节提升、Intel 与 AMD 的交替领先。在不断完善 32 位 CPU 系列的同时，Intel 和 AMD 在开发第 7 代 CPU 即 64 位 CPU 方面展开了更加激烈的竞争，并采用了不同的策略。Intel 从 CPU 长远的发展战略考虑，在开发 64 位的 Itanium 时放弃了其沿用多年的 x86 架构，而在 IA - 64 架构的体系中采用了所谓 EPIC（Explicitly Parallel Instruction Computing，显式并行指令计算）核心技术，保持了技术上的优势。而 AMD 在开发 64 位 CPU K8 SledgeHammer（大锤）时，则采取了更为平滑的过渡方式，尽管它在运行 64 位软件时速度不及 Intel 的 Itanium，但由于注重了增强同 IA - 32 指令的兼容性，使其在执行 IA - 32 软件时又明显高于 Itanium。此外，目前在 CPU 市场上具有一定竞争力和份额的还有其他一些公司。

值得一提的是，2002 年 9 月 28 日，我国第一个具有自主知识产权的实用化 32 位嵌入式 CPU 芯片——"龙芯-1"通过鉴定，经 SPEC 2000 基准程序测试和产品测试，运行稳定可靠，可正式批量生产，投入使用。它既可以作为安全服务器的 CPU 芯片，又是通用的嵌入式芯片。至此，结束了我国无"芯"的历史，为我国未来信息产业的发展开创了一个新的局面。目前，与"龙芯"配套的专业主板和 Linux 操作系统以及应用程序等也都投入使用。

微处理器的迅速发展和更新换代，使基于微处理器的微型计算机的性能不断提高。微型计算机不仅向小型化方向发展，而且也向巨型化方向发展，以获得基于微机的体系结构。

1.1.2　微机的特点与分类

1. 微计算机的特点

微型计算机广泛采用了集成度相当高的器件和部件，因此具有以下一系列特点：

1）体积小、重量轻、耗电低。由于采用大规模集成电路和超大规模集成电路，微机所含的器件数目大为减小，体积也大为缩小。近几年来，由于大量采用大规模集成专用芯片（Application Specific Integrated Circuit，ASIC）和通用可编程门阵列器件，微机的体积又进一步缩小。而微机中的芯片大多采用 MOS 和 CMOS 工艺，因此耗电量很小。对于过去无法实现的某些应用（如在航空、航天等领域），现在利用微机可以很容易实现。

2）可靠性高。微处理器及其配套系列芯片采用大规模集成电路，减少了大量的焊点，简化了外接线和外加逻辑，因而大大提高了可靠性。

3）系统设计灵活，方便使用。微处理器芯片及其可选用的支持逻辑芯片都有标准化、系统化的产品，同时又有许多有关的支持软件可供选用，所以用户可根据不同的要求构成不同规模的系统。

4）价格低廉。微处理器及其配套系列芯片采用集成电路工艺，集成度高，产品造价低廉。

5）方便维护。微处理器及其系统产品已逐渐趋于标准化、模块化和系列化，从硬件结构到软件配置都做了较全面的考虑，所以一般可通过自检诊断及测试发现系统故障。发现故障后，可方便地更换标准化模块芯片来排除故障。

2. 微机的分类

微机（Microcomputer）就是以超大规模集成电路的中央处理器为核心部件，配以内存储器、外存储器、输入设备（如键盘、鼠标）和输出设备（如显示器）等，再配以操作系统和应用系统所构成的计算机系统。它的主要类型有以下几种：

（1）单片机

把微处理器、存储器、输入/输出接口都集成在一块集成电路芯片上，这样的微机叫作单片机。它的最大优点是体积小，可放在仪表内部。但其存储器容量小，输入/输出接口简单，功能较少。

（2）单板机

单板机是将计算机的各个部件组装在一块印制电路板上，包括微处理器、存储器、输入/输出接口，还有简单的七段码发光二极管显示器、小键盘、插座等。其功能比单片机强，适用于进行生产过程的控制。它可以直接在实验板上操作，用于教学。

（3）个人计算机

供单个用户操作的计算机系统称为个人计算机（PC，俗称个人电脑），通常所说的微机或家用电脑就是指这类个人计算机。它也是本书讨论的主要对象。

（4）多用户系统

多用户系统是指一个主机连接着多个终端，多个用户同时使用主机，共享计算机的硬件、软件资源。

（5）微机网络

把多个微机系统连接起来，通过通信线路实现各个微机系统之间的信息交换、信息处理、资源共享，这样的网络叫作微机网络。

计算机网络和多用户微机的根本区别在于，网络的各终端有一个自己的微机系统CPU，能独立工作和运行；而多用户微机的终端不含CPU，不能离开主机系统工作。自20世纪90年代以来，由于Internet的日益普及与发展，微机从功能上可大致分为网络工作站（客户端（Client）和网络服务器（Server）两大类。网络客户端又称为台式个人计算机（Desktop PC）。

目前，由于微机在网络环境下处理多媒体信息的技术日益成熟，因而大大加快了它在个人及家庭应用中的普及进程。在不久的将来，当微机与交互式电视、电话（手机）等家电设备相融合，而成为家庭和个人学习、办公、娱乐与通信的常用工具时，一个真正意义上的智能时代就会到来。

1.2 微机系统的组成

微机系统是由计算机硬件系统、软件系统以及通信网络系统组成的一个整体系统。

1.2.1 硬件系统

微机硬件系统是指构成微机的所有实体部件的集合，这些部件包括集成电路芯片、机械器件等物理部件，通常称为"硬件"。一个最基本的微机硬件系统组成简易框图如图1-1所示。图中，微处理器是微机的运算、控制中心，用来实现算术、逻辑运算，并对全机进行控制；存储器

4

（简称主存或内存）用来存储程序或数据；输入/输出（I/O）芯片是微机与输入/输出设备之间的接口。

如果将上述 5 个基本的功能模块做进一步细分，就可以给出一个较详细的个人计算机系统。目前，最流行的实际微机硬件系统一般都是由主机板（包括 CPU、主存储器 RAM、CPU 外围芯片组、总线插槽）、外设接口卡、外部设备（如硬盘、显示器、键盘、鼠标）以及电源等部件所组成，其连接示意图如图 1-2 所示。

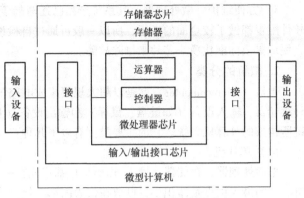

图 1-1　微机硬件系统组成

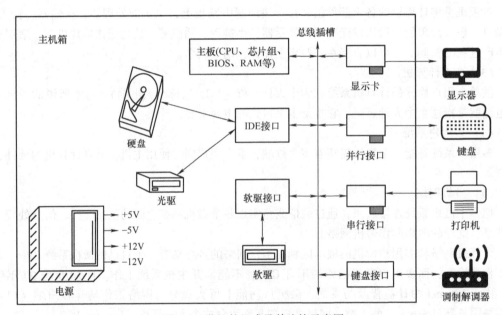

图 1-2　微机的组成及其连接示意图

1.2.2　软件系统

微机的软件与一般计算机软件没有本质上的区别，是指为完成运行、管理和测试维护等功能而编制的各种程序的总和。现代微机软件系统更加丰富和复杂，其主要的功能可概括为以下 4 个方面：

1）控制和管理硬件资源，协调各组成部件的工作，以便使计算机安全而高效地运行（操作系统）。

2）为用户提供尽可能方便、灵活而富于个性化的计算机操作使用界面（操作系统）。

3）为专业人员提供开发多种应用软件所需的各种工具和环境（软件工具与环境）。

4）为用户能完成特定信息处理任务而提供的各种处理软件（应用软件）。

软件的分类有多种，通常可分为两大类：系统软件和应用软件。

系统软件是指不需要用户干预就能生成、准备和执行其他程序所需的一组程序，它们就是为计算机所配置的用于完成上述功能 1）、2）、3）的基础性的软件。通常，这些软件在用户购置机器时由计算机供应商提供，如操作系统、某种程序设计语言的处理程序，以及一些常用的实用程序等。应用软件是指用于解决各种特定具体应用问题的专门软件。由于应用软件的多样性，现在尚无十分一致的分类标准，如数控机床的插补程序、控制系统的控制程序等。如果按照应用软件的开发方式和应用范围，可将应用软件大致分为以下两类：

1）定制软件：根据用户的特定需求而专门开发的应用软件。它的针对性强，运行效率高，相应地，成本也很高。

2）通用应用软件：为满足广大用户和多种行业的普遍需求而开发的应用软件，如文字处理软件、电子表格软件、多媒体制作软件、绘图软件、通信软件包、统计软件等。它的通用性强，版本升级更新快，使用效率和易用性也比较好。

应当指出，硬件系统和软件系统是相辅相成的，共同构成微机系统，缺一不可，如图1-3所示。

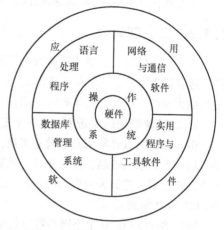

图1-3　计算机系统的层次构成

1.3　计算机的运算基础

计算机内部所有的数字逻辑部件都只能"识别"由0、1组成的二进制数，而人们在现实世界中所使用的任何形式的信息，不论是数字、文字、声音、图像，还是动画与视频等其他类型的信息，它们都必须转换成二进制数形式表示以后，才能在计算机内部进行计算、处理、存储和传输。本节将主要介绍各种数制之间相互转换的综合表示法、常见的二进制编码以及有关补码溢出等几个问题。

1.3.1　数制转换综合表示法

图1-4给出了各种数制之间的转换综合表。

下面简要说明各种进制计数之间的转换关系。在图1-4中，左边是3种非十进制数制（包括二进制、八进制和十六进制）及其转换示意，它们共同以 b 为基数来表示。它们之间的相互转换以二进制为中心，即二进制可以分别和八进制或十六进制之间相互转换，而八进制和十六进制之间的转换则要首先转换成二进制，然后再

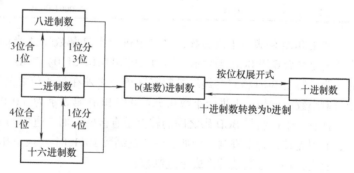

图1-4　各种数制之间转换综合表

经由二进制进行转换。图1-4的右边表示 b（基数）进制和十进制之间的相互转换，如果任一非十进制转换为十进制，则按位权展开式直接转换。这时，数 N 的按位权展开的一般通式为

$$N = \pm \sum_{i=n-1}^{-m} (k_i \times b^i) \tag{1-1}$$

式中，k_i 为第 i 位的数码；b 为基数；b^i 为第 i 位的权；n 为整数的总位数；m 为小数的总位数。

如果由十进制转换为六进制，则整数部分采用"除以6取余"法，而小数部分采用"乘以6取整"法。

请注意，这里强调的是各种数制之间相互转换的综合表示方法，后面就不再举例赘述了。

1.3.2　二进制编码

由于计算机只能识别二进制数，因此，输入的信息，如数字、字母、符号等都要转换成特定的二进制码来表示，这就是二进制编码。通常，将一般的无符号二进制数称为纯二进制代码，它与其他类型的二进制代码是有区别的。

1. 二进制编码的十进制（二-十进制或 BCD 码）

由于二进制数容易用硬件设备实现，运算规律也十分简单，所以在计算机中采用二进制。但是人们并不熟悉二进制，因此在计算机输入和输出时，通常还是用十进制数表示。不过，这样的十进制数是用二进制编码表示的。1 位十进制数用 4 位二进制编码来表示的方法很多，较常用的是 8421 BCD 编码。

8421 BCD 码有 10 个不同的数字符号，由于它是逢"十"进位的，所以它是十进制；同时，它的每一位是用 4 位二进制编码来表示的，因此称为二进制编码的十进制，即二-十进制码或 BCD（Binary Coded Decimal）码。BCD 码具有二进制和十进制两种数制的某些特征。表 1-2 列出了标准的 8421 BCD 编码和对应的十进制数。正像纯二进制编码一样，要将 BCD 码转换成相应的十进制数，只要把二进制数出现 1 的位权相加即可。注意，4 位码仅有 10 个数有效，表示十进制数 10 ~ 15 的 4 位二进制数在 BCD 数制中是无效的。

表 1-2　8421 BCD 编码表

十进制数	8421BCD 编码	十进制数	8421BCD 编码	十进制数	8421BCD 编码
0	0000	6	0110	12	0001 0010
1	0001	7	0111	13	0001 0011
2	0010	8	1000	14	0001 0100
3	0011	9	1001	15	0001 0101
4	0100	10	0001 0000	16	0001 0110
5	0101	11	0001 0001	17	0001 0111

要用 BCD 码表示十进制数，只要把每个十进制数用适当的二进制 4 位码代替即可。例如，十进制整数 256 用 BCD 码表示，则为（0010 0101 0110）BCD。每位十进制数用 4 位 8421 码表示时，为了避免 BCD 格式与纯二进制码混淆，必须在每 4 位之间留一空格。这种表示法也适用于十进制小数。例如，十进制小数 0.764 可用 BCD 码表示为（0.0111 0110 0100）BCD。

注意，十进制与 BCD 码之间的转换是直接的。而二进制与 BCD 码之间的转换却不能直接实现，必须先转换为十进制。例如，将二进制数 1011.01 转换成相应的 BCD 码。

首先，将二进制数转换成十进制数：

$1011.01B$——$(1 \times 2^3) + (0 \times 2^2) + (1 \times 2^1) + (1 \times 2^0) + (0 \times 2^{-1}) + (1 \times 2^{-2}) = 8 + 0 + 2 + 1 + 0 +$
0.25——$11.25D$

然后，将十进制结果转换成 BCD 码：11.25D——（0001 0001.0010 0101）BCD。

如果要将 BCD 码转换成二进制数，则完成上述运算的逆运算即可。

2. 字母与字符的编码

如上所述，字母和各种字符在计算机内是按特定的规则用二进制编码表示的，这些编码有各种不同的方式。目前在微机、通信设备和仪器仪表中广泛使用的是 ASCII（American Standard

Code for Information Interchange）码——美国标准信息交换码。7 位 ASCII 代码能表示 $2^7 = 128$ 种不同的字符，其中包括数码（0～9），英文大、小写字母，标点和控制的附加字符。图 1-5 为 ASCII 代码的格式，附录表示 7 位 ASCII 代码，又称全 ASCII 码。7 位 ASCII 码是由左 3 位一组和右 4 位一组组成的，图 1-5 表示这两组的安排和号码的顺序，位 6 是最高位，而位 0 是最低位。要注意这些组在附录的行、列中的排列情况，4 位一组表示行，3 位一组表示列。要确定某数字、字母或控制操作的 ASCII 码，在表中可查到对应的那一项，然后根据该项的位置从相应的行和列中找出 3 位和 4 位的码，就是所需的 ASCII 代码。例如，字母 A 的 ASCII 代码是 1000001

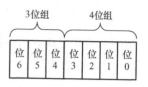

图 1-5　ASCII 代码格式

（41H），它在表的第 4 列、第 1 行，其高 3 位组是 100，低 4 位组是 0001。此外，还有一种 6 位的 ASCII 码，它去掉了 26 个英文小写字母。

1.3.3　带符号数的表示法

1. 机器数与真值

在上述讨论中的二进制数为无符号数。对于带符号的二进制数，其正负符号如何表示呢？在计算机中，为了区别正数或负数，是将数学上的"＋""－"符号数字化，规定 1 个字节中的 D_7 位为符号位，$D_0 \sim D_6$ 位为数字位。在符号位中，用"0"表示正，"1"表示负，而数字位表示该数的数值部分。例如：

Nl = 01011011——＋91D

N2 = 11011011——－91D

就是说，1 个数的数值和符号全都数码化了。数字（包括符号位）在机器中的二进制数表示形式称为"机器数"；而把它所表示的值称为机器数的"真值"。例如，上述 N1 与 N2 两个数的真值分别为 ＋91 与 －91。

2. 机器数的种类和表示方法

在机器中表示带符号的数有原码、反码和补码 3 种表示方法。为了方便运算带符号数，目前实际上使用的是补码，而引出原码与反码表示只是为了生成补码。

（1）原码

所谓数的原码表示，即符号位用 0 表示正数，而用 1 表示负数，其余数字位表示数值本身。例如，对于 0，可以认为它是（＋0），也可以认为它是（－0）。因此，0 在原码中有下列两种表示：

$[+0]_原 = 0\,0\,0\,0\,0\,0\,0\,0$

$[-0]_原 = 1\,0\,0\,0\,0\,0\,0\,0$

对于 8 位二进制来说，原码可表示的范围为 ＋（127）D ～ －（127）D。

原码表示简单易懂，而且与真值的转换很方便，但采用原码表示在计算机中进行加减运算时很麻烦。例如，进行两数相加，必须先判断两个数的符号是否相同。如果相同，则进行加法，否则就要做减法。做减法时，还必须比较两个数的绝对值的大小，再由大数减小数，差值的符号要和绝对值大的数的符号一致。要设计这种机器是可以的，但要求复杂而缓慢的算术电路使计算机的逻辑电路结构复杂化了。因此，采用简便的补码运算，这就引进了反码与补码。

（2）反码

正数的反码表示与其原码相同，即符号位用"0"表示正，数字位为数值本身。例如：

$$[+0]_反 = 0\ 0000000$$
$$[+4]_反 = 0\ 0000100$$
$$[+31]_反 = 0\ 0011111$$
$$[127]_反 = 0\ 1111111$$

符号位　数值本身

负数的反码是将它的正数按位（包括符号位在内）取反而形成的。例如，与上述正数对应的负数的反码表示如下：

$$[-0]_反 = 1\ 1111111$$
$$[-4]_反 = 1\ 1111011$$
$$[-31]_反 = 1\ 1100000$$
$$[-127]_反 = 1\ 0000000$$

符号位　数字位

8 位二进制数的反码表示见表 1-3，有如下特点：

1）"0"的反码有两种表示法：00000000 表示 +0，11111111 表示 −0。

2）8 位二进制反码所能表示的数值范围为 +127D ～ −127D。

3）当一个带符号数用反码表示时，最高位为符号位。若符号位为 0（正数）时，后面的 7 位为数值部分；若符号位为 1（负数）时，一定要注意后面 7 位表示的并不是此负数的数值，而必须把它们按位取反以后，才得到表示这 7 位的二进制数值。例如，一个 8 位二进制反码表示的数 10010100B。它是一个负数；但它并不等于 −20D，而应先将其数字位按位取反，然后才能得出此二进制数反码所表示的真值：

$$-1101011 = -(1 \times 2^6 + 1 \times 2^5 + 1 \times 2^3 + 1 \times 2^1 + 1)$$
$$= -(64 + 32 + 84 - 3)$$
$$= -107D$$

（3）补码

微机中都是采用补码表示法，因为用补码法以后，同一加法电路既可以用于有符号数相加，也可以用于无符号数相加，而且减法可用加法来代替，从而使运算逻辑大为简化，速度提高，成本降低。为了理解补码的意义，先举一个钟表对时的例子。

若标准时间是 6 点整，而有一只钟停在 10 点整。要把钟校准到 6 点整，可以倒拨 4 格，即 10 − 4 = 6；也可以顺拨 8 格，这是因为时钟顺拨时，到 12 点就从 0 重新开始计时，相当于自动丢失一个数 12，即 10 + 8 = 12（自动丢失）+ 6 = 6，这个自动丢失的数（12）是一个循环计数系统中所表示的最大数，称为"模"。由此可以看出，对于一个模数为 12 的循环计数系统来说，10 减 4 与 10 加 8 是等价的，或者说，（−4）与（+8）对模 12 互为补数。这可以用数学式表示为

$$10 - 4 = 10 + 8 \quad (\text{mod } 12)$$

或

$$-4 = +8 \quad (\text{mod } 12)$$

mod 12 表示以 12 为模数。当等式两边同除以模 12 时，它们的余数相同，故上式在数学上称为同余式。和（−4）与（+8）的同余相仿，（−5）与（+7）、（−6）与（+6）、（−7）与（+5）等也都同余，或互为补数。不难看出，一个负数的补数必等于模加上该负数或模减去该负数的绝对值。由此可以推论：对于某一确定的模，某数减去绝对值小于模的另一数，总可以用某数加上"另一数的负数与其模之和"（补数）来代替。所以，引进了补码以后，减法就可以转换为加法了。

不过在这里请注意，在模为 12 的情况下求补数时，还是不可避免地要做减法，因为计算

"另一数的负数与其模之和"时，实际上是做减法。但是，当把上述推论应用到二进制运算时，在求 2 的补码（以后在二进制运算中简称补码）的过程中可以不用减法而由另一途径能很方便地找到，这样，就可以真正实现把二进制减法转换为加法了。

现在来说明微机中补码的概念。例如，在字长为 8 位的二进制数制中，其模为 $2^8 = 256D$。若有十进制：$64 - 10 = 64 + (-10) \longrightarrow 64 + [256 - 10] = 64 + 246 = 256 + 54$

$$
\begin{array}{rr}
01000000 & 64 \\
-00001010 & -10 \\
\hline
00110110 & 54 \\
\end{array}
\qquad
\begin{array}{rr}
01000000 & 64 \\
+11110110 & +246 \\
\hline
[1]\,00110110 & 256 \\
& +54 \\
\end{array}
$$

（二进制）　　　　　　　　↓（二进制）

自动丢失

可见，在字长为 8 位（模为 2^8）的情况下，（64 - 10）与（64 + 246）的结果是相同的。所以，（-10）与（+246）同余或互为补数，而 246D = 11110110B 就是上述（-10）的补码表示。

由于利用了补码的概念，把上述的负数表示为它的补码，从而把减法转换为加法。实际上，对所有的负数（-X）的补码都可由模 $2^8 - X$ 来得到。但关键在以二进制数表示时，可利用把与负数对应的正数连同符号位按位取反再加 1 这样简便的方法来求该负数的补码，从而避免了求补码过程中的减法。这使 2 的补码的运算具有实用价值。

一般地说，对于 n 位二进制数，某数 X 的补码总可以定义为 $[X]_{\text{补}} = 2^n + X$。

下面讨论避免进行减法运算的补码表示法。

1）正数的补码。正数的补码与其原码相同，即符号位用"0"表示正，其余数字位表示数值本身。例如：

$$
\begin{array}{lcl}
(+4)_{\text{补}} & = & \underline{0} \quad \underline{0000100} \\
(+31)_{\text{补}} & = & \underline{0} \quad \underline{0011111} \\
(+127)_{\text{补}} & = & \underline{0} \quad \underline{1111111} \\
\end{array}
$$

↓　　　↓

符号位　数值本身

2）负数的补码。负数的补码表示为它的反码加 1（在其低位加 1）。例如：

$$
\begin{array}{lcl}
(-4)_{\text{补}} & = & \underline{1} \quad \underline{1111100} \\
(-31)_{\text{补}} & = & \underline{1} \quad \underline{1100001} \\
(-127)_{\text{补}} & = & \underline{1} \quad \underline{0000001} \\
\end{array}
$$

↓　　　↓

符号位　数字位

8 位二进制数的补码表示见表 1-3。

表 1-3　8 位二进制数的对照表

二进制数码表示	十进制数值			
	无符号数	原码	反码	补码
0000 0000	0	+0	+0	+0
0000 0001	1	+1	+1	+1
0000 0010	2	+2	+2	+2
⋮	⋮	⋮	⋮	⋮
0111 1100	124	+124	+124	+124

(续)

二进制数码表示	十进制数值			
	无符号数	原码	反码	补码
0111 1101	125	+125	+125	+125
0111 1110	126	+126	+126	+126
0111 1111	127	+127	+127	+127
1000 0000	128	−0	−127	−128
1000 0001	129	−1	−126	−127
1000 0010	130	−2	−125	−126
⋮	⋮	⋮	⋮	⋮
1111 1100	252	−124	−3	−4
1111 1101	253	−125	−2	−3
1111 1110	254	−126	−1	−2
1111 1111	255	−127	−0	−1

它有如下特点：

1）$[+0]_补 = [-0]_补 = 00000000$。

2）8 位二进制补码所能表示的数值为 +127 ~ −128。

3）当 1 个带符号数用 8 位二进制补码表示时，最高位为符号位。若符号位为"0"（正数）时，其余 7 位即为此数的数值本身；但当符号位为"1"（负数）时，一定要注意其余 7 位不是此数的数值，而必须将它们按位取反，且在最低位加 1，才得到它的数值。例如，一个补码表示的数为 $[X]_补 = 10011011B$，它是一个负数，但它并不等于 − 27D。它的数值为：将数字位 0011011 按位取反后得到 1100100，然后再加 1，即为 1100101，故

$$X = -(1 \times 2^6 + 1 \times 2^5 + 1 \times 2^2 + 1 \times 2^0) = -(64 + 32 + 4 + 1) = -101D$$

3. 补码的加减法运算

在微机中，凡是带符号数一律用补码表示，而且运算的结果自然也是补码。补码的加减运算是带符号数加减法运算的一种。其运算特点是符号位与数字位一起参加运算，并且自动获得结果（包括符号位与数字位）。

在进行加法时，按两数补码的和等于两数和的补码进行。

因为 $\qquad [X]_补 + [Y]_补 = 2^n + X + 2^n + Y = 2^n + (X + Y)$

而 $\qquad 2^n + (X + Y) = [X + Y]_补 (\bmod\ 2^n)$

所以 $\qquad [X]_补 + [Y]_补 = [X + Y]_补$

【例 1-1】 已知 X = + 1000000，Y = + 0001000，求两数的补码之和。

由补码表示法有 $[X]_补 = 01000000$，$[Y]_补 = 00001000$，则

$$
\begin{array}{r}
[X]_补 = 01000000 \qquad +64 \\
+\ [Y]_补 = 000010000 \qquad +8 \\
\hline
+72
\end{array}
$$

所以 $\qquad [X + Y]_补 = 01001000 \qquad (\bmod\ 2^8)$

此和数为正，而正数的补码等于该数原码，即 $[X + Y]_补 = [X + Y]_原 = 01001000$，其真值为 +72；又因 +64 + (+8) = +72，故结果是正确的。

【例1-2】 已知 $X = +0000111$，$Y = -0010011$，求两数的补码之和。

因 $[X]_补 = 00000111$，$[Y]_补 = 11101101$，则

$$
\begin{aligned}
&[X]_补 = 00000111 &&+7\\
+&[Y]_补 = 11101101 &&-19\\
\hline
&&&-12
\end{aligned}
$$

所以 $\qquad [X+Y]_补 = 11110100 \qquad (\bmod\ 2^8)$

此和数为负，将负数的补码还原为原码，即 $[X+Y]_原 = [(X+Y)_补]_补 = 10001100$，其真值为 -12；又因 $+7 + (-19) = -12$，故结果是正确的。

【例1-3】 已知 $X = -0011001$，$Y = -0000110$，求两数的补码之和。

因 $[X]_补 = 11100111$，$[Y]_补 = 11111010$，则

$$
\begin{aligned}
&[X]_补 = 11100111 &&-25\\
+&[Y]_补 = 11111010 &&-6\\
\hline
&[X]_补 + [Y]_补 = 1\ \ 11100001 &&-31
\end{aligned}
$$

自然丢失　符号位

所以 $\qquad [X+Y]_补 = 11100001 \qquad (\bmod\ 2^8)$

此和数为负数，如同例1-2求原码的方法一样，$[X+Y]_原 = 10011111$，其真值为 -31；又因 $25 + (-6) = -31$，故结果也是正确的。

在进行减法时，按两数补码的差等于两数差的补码进行。

因为 $\qquad [X]_补 - [Y]_补 = [X]_补 + [-Y]_补 = 2^n + X + 2^n + (-Y) = 2^n + (X-Y)$

而 $\qquad 2^n + (X-Y) = [X-Y]_补 \qquad (\bmod\ 2^n)$

所以 $\qquad [X]_补 + [Y]_补 = [X]_补 + [-Y]_补 = [X-Y]_补$

补码的减法运算可以归纳为：先求 $[X]_补$，再求 $[-Y]_补$，然后进行补码的加法运算。其具体运算过程与前述的补码加法运算过程一样，请读者自行验证，不再举例说明。

4. 溢出及其判断方法

（1）什么叫溢出

所谓溢出是指带符号数的补码运算溢出。例如，字长为 n 位的带符号数，用最高位表示符号，其余 $n-1$ 位用来表示数值。它能表示的补码运算的范围为 $-2^{n-1} \sim +2^{n-1}-1$。如果运算结果超出此范围，就叫补码溢出，简称溢出。在溢出时，将造成运算错误。

例如，在字长为8位的二进制数用补码表示时，其范围为 $-2^{8-1} \sim +2^{8-1}-1$，即 $-128 \sim +127$。如果运算结果超出此范围，就会产生溢出。

【例1-4】 已知 $X = 01000000$，$Y = 01000001$，进行补码的加法运算。

$$
\begin{aligned}
&[X]_补 = 01000000 &&(+64\ 的补码)\\
+&[Y]_补 = 01000001 &&(+65\ 的补码)\\
\hline
&[X]_补 + [Y]_补 = 10000001 &&(-127\ 的补码)
\end{aligned}
$$

即 $\qquad [X+Y]_补 = 10000001$

$\qquad [X+Y]_原 = 11111111 \qquad (-127)$

两正数相加，其结果应为正数，且为 $+129$，但运算结果为负数（-127），这显然是错误的。其原因是和数 $+129 > +127$，即超出了8位二进制正数所能表示的最大值，使数值部分占据了符号位的位置，产生了溢出错误。

【例1-5】 已知 X = − 1111111，Y = − 0000010，进行补码的加法运算。

$$[X]_补 = 1000001 \qquad (−127 \text{ 的补码})$$
$$+ [Y]_补 = 11111110 \qquad (−2 \text{ 的补码})$$
$$\overline{}$$
$$[X]_补 + [Y]_补 = 101111111 \qquad (+127 \text{ 的补码})$$

自动丢失　符号位

即　　　$[X + Y]_补 = 01111111$　　$(+127)$

两负数相加，其结果应为负数，且为 − 129，但运算结果为正数（ + 127），这显然是错误的，其原因是和数 − 129 < − 128，即超出了 8 位二进制负数所能表示的最小值，产生了溢出错误。

（2）判断溢出的方法

判断溢出的方法较多，如以上两例根据参加运算的两个数的符号及运算结果的符号可以判断溢出。此外，利用双进位的状态也是常用的一种判断方法：假设 D_{7C} 表示最高位（符号位）的进位，D_{6C} 表示次高位（数值部分最高位）的进位，用 V 表示溢出，则 $V = D_{7C} \oplus D_{6C}$。当 D_{7C} 与 D_{6C} 异或结果为 1，即 V = 1 时，表示有溢出；当异或结果为 0，即 V = 0 时，表示无溢出。

例如，上述例 1 − 4 与例 1 − 5，V 分别为 V = 0 ⊕ 1 = 1 与 V = 1 ⊕ 0 = 1，故两种运算均产生溢出。

（3）溢出与进位

进位是指运算结果的最高位向更高位的进位。如有进位，用 CF = 1 表示；无进位，用 CF = 0 表示。当 CF = 1（D_{7C} = 1）时，若 D_{6C} = 1，则 $D_{7C} \oplus D_{6C}$ = 1 ⊕ 1 = 0，表示无溢出；若 D_{6C} = 0，则 V = 1 ⊕ 0 = 1，表示有溢出。当 CF = 0（D_{7C} = 0）时，若 D_{6C} = 1，则 V = 0 ⊕ 1 = 1，表示有溢出；若 D_{6C} = 0，则 V = 0 ⊕ 0 = 0，表示无溢出。可见，进位与溢出是两个不同性质的概念，不能混淆。

例如，上述例1-5 中，既有进位也有溢出；而例1-4 中，虽无进位却有溢出。可见，两者没有必然的联系。在微机中，都有检测溢出的办法。为避免产生溢出错误，可用多字节表示更大的数。

对于字长为 16 位的二进制数用补码表示时，其范围为 $-2^{16-1} \sim +2^{16-1} -1$，即 − 32768 ~ + 32767，判断溢出的双进位式为

$$V = D_{15C} + D_{14C}$$

小结

本章介绍了微机的基本发展史和分类以及基本组成，重点讨论了微机的运算基础。

1）微机的发展经历了 4 位和低档 8 位微处理器、中档 8 位微处理器、16 位微处理器、高性能的 16 位机及 32 位微处理器 4 个时代后，目前正向第 5 代过渡，其研究重点主要是放在人工智能方面的突破上。

2）微机广泛采用了集成度相当高的器件和部件，因此具有以下一系列特点：体积小、重量轻、耗电低；可靠性高；系统设计灵活，方便使用；价格低廉；方便维护。

3）微机是以中央处理器为核心部件，配以内存储器、外存储器、输入设备（如键盘、鼠标）和输出设备（如显示器）等，再配以操作系统和应用系统所构成的计算机系统。它的主要类型有单片机、单板机、个人计算机、多用户系统、微型机网络。

4）二进制、八进制和十六进制之间的转换，它们共同以 b 为基数来表示。它们之间的相互

转换以二进制为中心，即二进制可以分别和八进制或十六进制之间相互转换。b（基数）进制和十进制之间的相互转换，如果任一非十进制转换为十进制，则按位权展开式直接转换。

5）由于计算机只能识别二进制数，输入的信息，如数字、字母、符号等都要转换成特定的二进制码来表示，这就是二进制编码。本章主要介绍了 8421BCD 码和 ASCII 码。

6）带符号数的表示有原码、反码和补码 3 种形式。运算时注意数的溢出和进位。

习题

1-1　微机的发展可分为哪几个阶段？每个阶段的特征是什么？

1-2　1971 年世界上第 1 片微处理器是由哪个公司开发的？当时开发的目的是什么？

1-3　微型计算机可分为哪些主要的类型？

1-4　微型计算机硬件技术发展的最显著的特点是什么？

1-5　微机硬件系统由哪几部分组成？一个流行的实用微机硬件系统包括哪些主要部件？

1-6　微机软件系统主要包括哪些组成部分？它和硬件系统之间的关系如何？

1-7　完成下列各进制数之间的转换：

（1）将十进制数 548.375D 转换成二进制、八进制、十六进制和 BCD 数。

（2）将十六进制数 D.58H 转换成上述其他进制数。

1-8　试计算 $(10101.01)_2 + (10101.01)_{BCD} + (15.4)_{16} = ($ 　　 $)_{10}$。

1-9　有十六进制数 X 和 Y，X = 34AH，Y = 8CH。问：

（1）若 X、Y 是纯数（无符号数），则 X + Y = (　　　)H，X − Y = (　　　)H。

（2）若 X、Y 是有符号数，则 X + Y = (　　　)H，X − Y = (　　　)H。

1-10　若 X = +107，Y = +74，按 8 位二进制可写出：$[X]_补 = ($ 　　 $)$，$[Y]_补 = ($ 　　 $)$，$[X + Y]_补 = ($ 　　 $)$，$[X − Y]_补 = ($ 　　 $)$。

1-11　选字长为 8 位，用补码列出竖式计算下列各式，并且回答是否有溢出？若有溢出，回答是正溢出还是负溢出？

（1）01111001 + 01110000　　　（2）−01111001 − 01110001

第 ② 章

8086/8088微处理器

学习目的：微处理器是微机系统的核心（本书特指 CPU），对其结构和工作原理的理解是必不可少的。8086/8088 作为微处理器的典型代表——到目前为止，运行 PC 软件的所有微处理器都是由早期的 Intel 8086 衍生出来的，所以了解其组成及工作原理是非常必要的。本章通过对 8086/8088 的介绍，目的是掌握 CPU 内部结构、存储器的组织和引脚功能，为学习后续微机的硬件设计和工作原理打下基础。

2.1 8086/8088 微处理器的功能结构

8086 是 Intel 系列的 16 位微处理器，也是 80x86 系列微处理器的基础。其主要技术参数及特性如下：

1）有 16 根数据线，可以处理 8 位或 16 位数据。

2）有 20 根地址线，可以寻址 1MB 的存储单元和 64KB 的 I/O 端口。

3）制造工艺采用具有高速运算性能的 HMOS 工艺，集成有 2.9 万个晶体管，采用 40 引脚的双列直插式封装。

4）时钟频率为 5 ~ 10MHz，最快的指令执行时间为 0.4μs。

5）可处理 256 个内部软件中断和外部硬件中断。

在推出 8086 之后不久，Intel 公司还推出了准 16 位微处理器 8088。8088 的内部寄存器、运算器以及内部数据总线都是按 16 位设计的，只是其外部数据总线设计为 8 位。这样设计的目的主要是为了与 Intel 原有的 8 位外围接口芯片直接兼容。

2.1.1 8086/8088 CPU 的寄存器结构

8086/8088 CPU 中可供程序员使用的寄存器共 14 个，均为 16 位，其中 4 个可拆分成 8 个 8 位的寄存器。一般将它们分成 3 类：通用寄存器、控制寄存器和段寄存器，如图 2-1 所示。

1. 通用寄存器

8086/8088 通用寄存器可分为两组。

（1）数据寄存器

数据寄存器包括 4 个 16 位寄存器 AX、BX、CX 和 DX，主要用来存放 16 位的数据或地址。而每个寄存器都能分成 2 个 8 位寄存器，即 AH、AL、BH、BL、CH、CL、DH 和 DL，用来存放 8 位数据。这些寄存器一般作为通用寄存器使用，但有些寄存器又有其自己的习惯用法，见表 2-1。

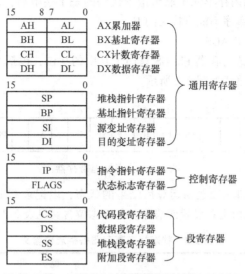

图 2-1 8086/8088 寄存器结构

表 2-1 数据寄存器的习惯用法

寄 存 器		名 称	主 要 用 途
AX	AH	累加器	算术、逻辑运算；乘、除法；I/O 操作、十进制运算、中断
	AL		(21H)
BX	BH	基址寄存器	转移、存放基址
	BL		
CX	CH	计数寄存器	存放循环次数（CX）和移位次数（CL）
	CL		
DX	DH	数据寄存器	字乘、除法；间接 I/O
	DL		

（2）指针和变址寄存器

指针寄存器是指堆栈指针寄存器 SP 和基址指针寄存器 BP，用来存放当前堆栈中的数据所在的偏移地址。变址寄存器是指源变址寄存器 SI 和目的变址寄存器 DI，一般用来存储当前数据段中操作数的索引地址（偏移地址的一部分）。指针和变址寄存器的习惯用法见表 2-2。

表 2-2 指针和变址寄存器的习惯用法

寄 存 器	名 称	主 要 用 途
SP	堆栈指针寄存器	存放堆栈段栈顶的偏移地址
BP	基址指针寄存器	存放堆栈操作中的基地址
SI	源变址寄存器	存放源操作数的偏移地址、串操作指令
DI	目的变址寄存器	存放目的操作数的偏移地址、串操作指令

2. 控制寄存器

控制寄存器包括指令指针寄存器 IP 和状态标志寄存器 FLAGS。

（1）指令指针寄存器 IP

IP（Instruction Pointer）称为指令指针寄存器，用以存放下一条指令的偏移地址。处理器从代码段中偏移地址为 IP 的内存单元中取出指令代码的一个字节后，IP 将自动加 1，指向代码的下一个字节。注意，用户程序不能直接访问 IP。

（2）状态标志寄存器 FLAGS

8086/8088 的 16 位标志寄存器 FLAGS 只用了其中的 9 位，包括 6 个状态标志位和 3 个控制标志位。状态标志寄存器格式如图 2-2 所示。

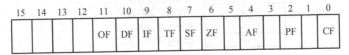

图 2-2　状态标志寄存器

状态标志位用来反映算术或逻辑运算后结果的状态，以记录 CPU 的状态特征；控制标志位用来控制 CPU 的操作，需由指令设置或清除。各标志位含义见表 2-3。

表 2-3　状态标志寄存器各标志位含义

类型	标志位名称	说　明
状态标志位	CF（进位标志）	当执行一个加法或减法运算使最高位产生进位或借位时，则 CF = 1，否则 CF = 0，此外，循环指令也会影响它
	PF（奇偶性标志）	当指令执行结果的低 8 位中含有偶数个 "1" 时，则 PF = 1，否则 PF = 0
	AF（辅助进位标志）	当执行一个加法或减法运算时，结果的低字节的低 4 位向高 4 位有进位或借位时，则 AF = 1，否则 AF = 0
	ZF（零标志）	执行一个算术或逻辑操作的结果是否为零。若当前的运算结果为零，则 ZF = 1，否则 ZF = 0
	SF（符号标志）	保持算术或逻辑运算指令执行后结果的算术符号。它和运算结果的最高位相同
	OF（溢出标志）	当算术运算的结果超出了带符号数的范围时，OF = 1，否则 OF = 0。简单地，当两个同号相加，结果的符号变反，则溢出；或两个异号相减，结果的符号和减数的符号相同，也溢出
控制标志位	DF（方向标志）	用来控制串操作指令的步进方向。若 DF = 0，则串操作过程中地址会自动递增；若 DF = 1，则地址自动递减。地址的增、减由 DI 或 SI 两个寄存器实现。可用 STD 指令将 DF 置 1，用 CLD 指令将 DF 清 0
	IF（中断允许标志）	控制可屏蔽中断的标志。若用 STI 指令将 IF 置 1，则允许 CPU 接受从 INTR 引脚发来的可屏蔽中断请求；若用 CLI 指令将 IF 清 0，则禁止 CPU 接受可屏蔽中断请求。IF 的状态不影响非屏蔽中断（NMI）和 CPU 响应内部中断的请求
	TF（跟踪标志）	它是为调试程序的方便而设置的。若将 TF 置为 1，则 8086/8088 CPU 处于单步工作方式；否则，将正常执行程序

【例 2-1】　分析 01100100B + 01100100B 和 10101011B + 11111111B 的运算结果对各状态标志位的影响。

```
  0 1 1 0 0 1 0 0 （+100）              1 0 1 0 1 0 1 1 （-85）
+ 0 1 1 0 0 1 0 0 （+100）          +   1 1 1 1 1 1 1 1 （ -1）
  ─────────────────                   ───────────────
  1 1 0 0 1 0 0 0 （ -56）          [1] 1 0 1 0 1 0 1 0 （-86）
```

　　　　　（a）　　　　　　　　　　　　　　　　（b）

两个运算的结果对各标志位的影响见表 2-4 和表 2-5。

表 2-4　例 2-1(a) 结果分析		
标志位	值	分　析
CF	0	D_7 向更高位无进位
PF	0	运算结果有 3 位为 1
AF	0	D_3 向 D_4 无进位
ZF	0	运算结果不为 0
SF	1	$D_7 = 1$
OF	1	两个正数相加，结果为负数，溢出

表 2-5　例 2-1(b) 结果分析		
标志位	值	分　析
CF	1	D_7 向更高位有进位
PF	1	运算结果有 4 位为 1
AF	1	D_3 向 D_4 有进位
ZF	0	运算结果不为 0
SF	1	$D_7 = 1$
OF	0	两个负数相加，结果仍为负数，无溢出

在计算 OF 标志时，可用另外的方法，即次高位向最高位的进位和最高位向更高位的进位相同时，OF = 0（不溢出），否则 OF = 1（溢出）。在例 2 - 1（a）中，D_6 向 D_7 有进位，但 D_7 向 D_8 无进位，则 OF = 1，溢出；在例 2 - 1（b）中，D_6 向 D_7 有进位，D_7 向 D_8 同样有进位，则 OF = 0，无溢出。

3. 段寄存器

8086/8088 CPU 内设置了 4 个 16 位段寄存器，用来存放段的起始地址，见表 2-6。

表 2-6　8086/8088 CPU 段寄存器

寄存器	名　称	说　明
DS	数据段寄存器	用来存放程序当前使用的数据段的段地址，程序所用的数据一般存放在数据段中
CS	代码段寄存器	用来存放程序当前使用的代码段的段地址，CPU 执行的指令将从代码段取得
SS	堆栈段寄存器	用来存放程序当前使用的堆栈段的段地址
ES	附加段寄存器	用来存放程序当前使用的附加段的段地址，它通常也用来存放数据

8088/8086 规定：段的起始地址必须是 16 的倍数，即 20 位地址中的低 4 位为 0，存储段地址只需要存储其高 16 位即可。因此用这些段寄存器的内容作为 16 位的段地址，再由段寄存器左移 4 位形成 20 位的段起始地址，这样就有可能寻址 1MB 存储空间并将其分成若干个逻辑段，使每个逻辑段的长度为 64KB（它由 16 位的偏移地址限定）。请注意，这些逻辑段可以通过修改段寄存器的内容被任意设置在整个 1MB 存储空间内。

2.1.2　8086/8088 CPU 的编程结构

所谓编程结构即从编程的角度看到的结构，也是功能结构。8086/8088 CPU 的编程结构如图 2-3 所示。从图中可以看出，将 8086/8088 CPU 分成了总线接口部件（Bus Interface Unit，BIU）和指令执行部件（Execution Unit，EU）。两者采用并行操作，极大地提高了计算机的运行效率。

1. 总线接口部件（BIU）

总线接口部件（BIU）主要由地址加法器、专用寄存器组、指令队列缓冲器及总线控制电路 4 个部分组成。其主要功能是负责 CPU 与存储器或 CPU 与 I/O 端口之间的数据传送，具体来说完成如下数据传送：

1）从存储器取指令到 CPU 的指令队列。

2）从存储器或 I/O 端口取数到 CPU 中。

3）将 CPU 中的数据写到存储器或从 I/O 端口输出。

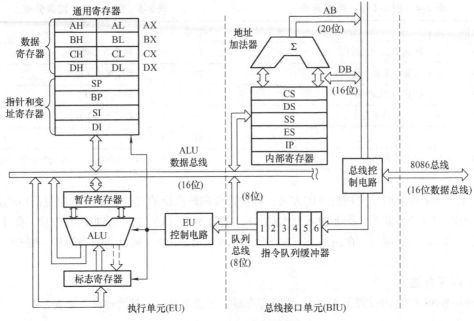

图2-3　8086内部结构

下面分别介绍各部分的功能。

（1）地址加法器

地址加法器将来自段寄存器的16位地址左移4位后与IP或EU提供的16位偏移地址相加，形成一个20位的实际地址即物理地址，以便对1MB的存储空间进行寻址。

（2）专用寄存器组

专用寄存器组主要包括4个16位的段寄存器CS、DS、ES、SS和一个16位指令指针寄存器IP。段寄存器主要负责存储4个段基址：代码段、数据段、附加段和堆栈段；指令指针指示下一条执行指令的偏移地址。

（3）指令队列缓冲器

指令队列缓冲器存储可能将要执行的语句。8086指令队列有6个字节，而8088有4个字节。指令队列缓冲器采用"先进先出"的原则，按顺序存放，并按顺序取到EU中去执行。

其操作原则如下：

1）取指令时，每当指令队列缓冲器中存满1条指令后，EU就立即开始执行。

2）指令队列缓冲器中只要空出2个（对8086）或者空出1个（对8088）字节时，BIU就会自动执行取指令操作，直到填满指令队列缓冲器为止。

3）在EU执行指令的过程中，如指令需要对存储器或I/O端口存取数据时，则BIU会在执行完现行取指令周期后的下一个存储器周期，对指定的内存单元或I/O端口进行存取操作，交换的数据经BIU由EU进行处理。

4）当EU执行完转移、调用和返回指令时，则要清除指令队列缓冲器中按原序列存放的指令，并要求BIU从新的地址重新开始取指令，新取的第1条指令将直接经指令队列送到EU去执行，随后取来的指令将填入指令队列缓冲器。

由于有指令队列缓冲器，使BIU与EU可以分开并独立工作，因此在一般情况下，当CPU正在执行一条指令时，可以同时取出一条或多条指令在指令队列中排队，并在执行完前一条指令时，可立即执行下一条指令。16位CPU这种指令预取与指令执行的并行重叠操作，提高了总线的信息传输效率和整个系统的执行速度。

（4）总线控制电路

总线控制电路将 CPU 的内部总线和外部总线相连，是 CPU 与外部交换数据的通路，包括 16 根（8086）或 8 根（8088）数据总线、20 根地址总线和若干控制总线。在此注意，8088 的外部数据总线是 8 位的，但其内部数据总线仍然是 16 位的。

2. 执行部件（EU）

执行部件（EU）的功能只是负责执行指令。执行的指令从 BIU 的指令队列缓冲器中取得，执行指令的结果或执行指令所需要的数据，都由 EU 向 BIU 发出请求，再由 BIU 对存储器或 I/O 端口进行存取。执行部件（EU）由算术逻辑单元（ALU）、通用寄存器组、标志寄存器和 EU 控制电路组成。

（1）算术逻辑单元（ALU）

算术逻辑单元（ALU）是 8086 的核心部件，主要任务是对内部总线传来的 16 位和 8 位二进制数据进行加工处理，将结果通过内部总线送到通用寄存器组或 BIU 的内部寄存器中以等待写到存储器中，同时修改标志寄存器的值。

（2）通用寄存器组

通用寄存器组包括 4 个 16 位的数据寄存器（可以拆成 8 个 8 位寄存器）、2 个基址寄存器和 2 个变址寄存器，主要用来存放数据和地址。

（3）标志寄存器

标志寄存器是一个 16 位的状态寄存器，主要存储运算结果的状态，8086/8088 用到了其中的 9 位，其内容称为程序状态字 FLAGS。

（4）EU 控制电路

EU 控制电路负责从 BIU 的指令队列中取指令、分析指令（指令译码），然后根据译码结果向 EU 内部各部件发出控制命令以完成指令的功能。

显然，由于执行单元与总线接口单元之间既互相配合又彼此独立的设计特点，使两者的操作可以同步进行。

2.1.3　8088 与 8086 的区别

8088 CPU 内部结构与 8086 的基本相似，只是 8088 的 BIU 中指令队列长度为 4 个字节；8088 的 BIU 通过总线控制电路与外部交换数据的总线宽度是 8 位，总线控制电路与专用寄存器组之间的数据总线宽度也是 8 位，而 8086 是 16 位的。8088 与 8086 在操作原理上是相同的，因此 8088 也称为准 16 位机。

2.2　8086/8088 CPU 的存储器

2.2.1　8086/8088 存储器的组织

8086/8088 微处理器有 20 根地址线，可寻址 1MB（$2^{20}=1\text{MB}$）的存储空间，地址范围是 00000H ~ FFFFFH，按字节编址，称为物理地址或实际地址。每个存储单元有一个唯一的物理地址和它对应，每个存储单元存储一个字节数据，也就是 8 位二进制数，如图 2-4 所示。

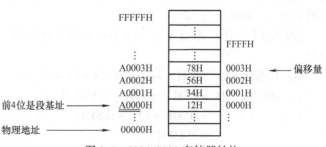

图 2-4　8086/8088 存储器结构

当需要存储的数据是多字节时，此时应遵循原则：高位数据在高地址，低位数据在低地址。图 2-4 中，在内存的 A0000H ～ A0003H 四个单元存放着双字数据 78563412H，在实际存储时，最高的字节 78H 存放在最高的地址 A0003H 处，而最低字节 12H 存放在最低地址 A0000H 处。

2.2.2 8086/8088 存储器的分段

前面讲述的存储器 20 位地址称为物理地址，它是 CPU 和存储器进行数据交换时实际寻址所使用的地址，在访问内存时也必须按物理地址来访问，但由于 8086/8088 CPU 是 16 位的，除了存放数据是 16 位以外，存放地址的寄存器也是 16 位的。因此，Intel 公司提出了对内存分段的方法。

所谓分段，即将 1MB 的内存空间从逻辑上划分成若干个小块，每一块称为一个段，每一段有一个起始地址，由于 8086/8088 规定段起始地址必须是 16 的倍数，也就是说 20 位的段起始地址的低 4 位始终是 0，因此，实际上只需要记住段起始地址的高 16 位即可，该 16 位地址称为段基址，如图 2-4 中的 A000H。除此之外，每一段均从 0 开始重新进行编址，这个地址称为段内偏移地址，简称偏移量。由于偏移量也是 16 位的，$2^{16} = 64$KB，所以一个段的最大长度是 64KB，其地址范围是 0000H ～ FFFFH。

在编程时，使用逻辑地址来描述存储单元的地址。所谓逻辑地址是段基址和偏移量的组合，其格式如下：

段基址：偏移量

例如，图 2-4 中的物理地址 A0002H 可用逻辑地址 A000H：0002H 来表示。

根据上面的逻辑地址的地址格式可知，一个逻辑地址对应一个唯一的物理地址，但一个物理地址可以用多个逻辑地址来表示。

例如，物理地址 A0002H 除了可用逻辑地址 A000H：0002H 来表示，也可以用逻辑地址 9F00H：1002H 来表示。

两个不同的段之间可以连续，也可以不连续。对两个不同的段允许有部分重叠，甚至可以是同一个内存块，如图 2-5 所示。

在图 2-5 中，堆栈段和附加段有部分重叠。

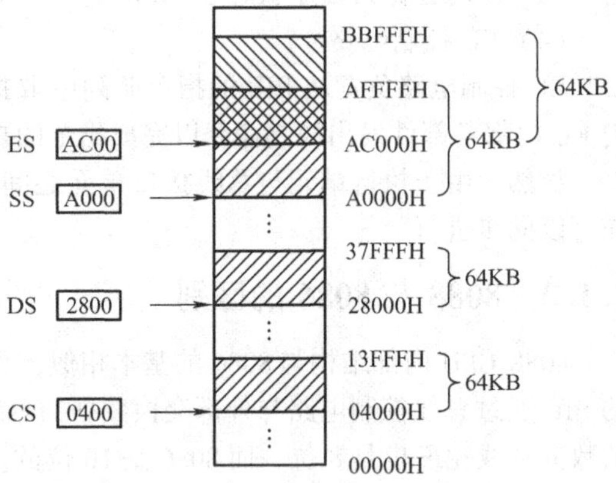

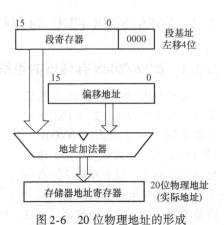

图 2-5　分段管理内存示意图

2.2.3 20 位物理地址的形成

根据前面提到的逻辑地址的格式，存储单元的 20 位物理地址是通过 16 位段基址左移 4 位再加上 16 位偏移地址而生成的，如图 2-6 所示。

【例 2-2】　计算逻辑地址 2000H：1234H 的物理地址。

解：段基址 SA = 2000H，偏移地址 EA = 1234H，则

物理地址 PA = 段基址 × 10H + 偏移地址
　　　　　　= 2000H × 10H + 1234H
　　　　　　= 21234H

图 2-6　20 位物理地址的形成

2.3　8086/8088 的引脚信号和工作模式

2.3.1　8086/8088 的引脚信号和功能

8086/8088 CPU 采用标准 DIP40 线封装，根据其基本性能至少包含 16/8 条数据线和 20 条地址线，再加上其他一些必要的控制信号，这样芯片引脚必定超过 40 个，因此对其部分引脚采用了分时复用的方式。8086/8088 CPU 的封装外形如图 2-7 所示。下面主要针对 8086 的引脚做一介绍。

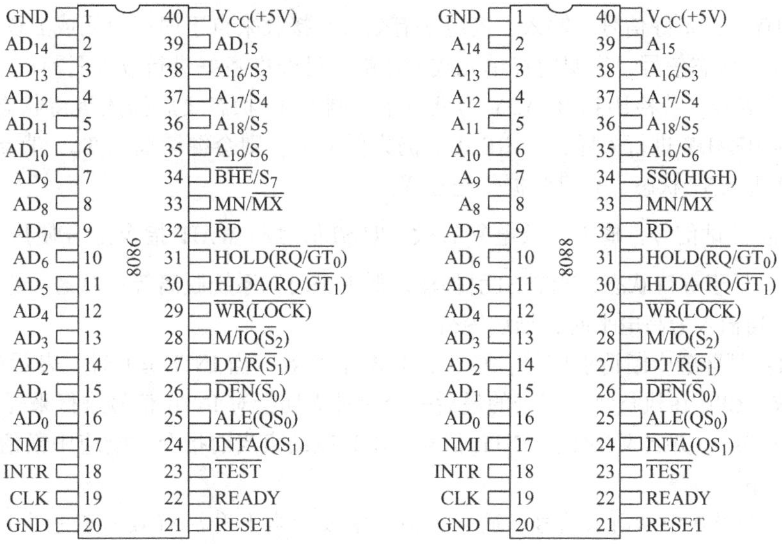

图 2-7　8086/8088 引脚

1. 数据和地址总线

1）$AD_{15} \sim AD_0$：地址/数据复用信号输入/输出引脚，三态、双向总线。分时输入/输出，在总线周期的 T_1 状态下，输出地址信号的低 16 位，在其他状态进行数据信号的输入/输出。在 8088 中，高 8 位地址线不作复用，只输出地址，称为 $A_{15} \sim A_8$。

2）$A_{19}/S_6 \sim A_{16}/S_3$：地址/状态复用信号引脚，三态输出总线。在总线周期的 T_1 状态输出地址的最高 4 位，在总线周期的 T_2、T_3、T_W 和 T_4 状态用来输出状态信息。其中，S_6 始终为 0，用以指示 8086/8088 CPU 当前与总线连通；S_5 表示可屏蔽中断请求允许的状态，它和标志位 IF 的状态一样；S_4、S_3 共有 4 个组态，以指明当前正在使用的段寄存器，00：ES、01：SS、10：CS、11：DS。

2. 电源和地线

1）V_{CC}：电源，输入。8086/8088 CPU 采用单一的 +5V 电压

2）GND：接地引脚。向 CPU 提供参考地电平，有两个接地引脚。

3. 控制总线

1）$\overline{BHE}/S_7$：高 8 位数据允许/状态复用信号引脚，三态输出。分时输出有效信号，在 T_1 状态，低电平有效，表示高 8 位数据线 $D_{15} \sim D_8$ 上的数据有效；在 T_2、T_3、T_4 及 T_W 状态，输出 S_7 状态信号，但 S_7 未定义任何实际意义。$\overline{BHE}$ 信号和 AD_0 信号的不同组合表示当前数据总线的操作方式，即操作类型，见表 2-7。

表 2-7　$\overline{\text{BHE}}$和 AD_0 的组合与数据总线的操作方式的关系

$\overline{\text{BHE}}$	AD_0	数据总线的操作方式
0	0	数据总线上进行 16 位字传送
0	1	数据总线的高 8 位进行字节传送
1	0	数据总线的低 8 位进行字节传送
1	1	无操作

2）$\overline{\text{RD}}$：读信号，三态输出。该引脚用以指明要执行一个对内存单元或 I/O 端口的读操作，具体是读内存单元，还是读 I/O 端口，取决于控制信号$\overline{\text{M}}/\text{IO}$（8088）或 $\text{M}/\overline{\text{IO}}$（8086）。

3）READY：准备好信号，输入，高电平有效。它接收来自于内存单元或 I/O 端口向 CPU 发来的"准备好"状态信号，表明内存单元或 I/O 端口已经准备好进行读/写操作。CPU 会在每个 T_3 状态检测该信号，若检测到 READY 为低电平，则在 T_3 状态之后插入等待状态 T_W。在 T_W 状态，CPU 也对 READY 进行采样，若 READY 仍为低电平，则会继续插入 T_W，直到 READY 变为高电平后，才进入 T_4 状态，完成数据传送过程。

4）$\overline{\text{TEST}}$：测试信号，输入，低电平有效。$\overline{\text{TEST}}$信号与 WAIT 指令配合使用，当 CPU 执行 WAIT 指令后，处于等待状态，当$\overline{\text{TEST}}$引脚输入低电平时，系统脱离等待状态，继续执行被暂停执行的指令；当输入为高电平时，继续等待。

5）INTR：可屏蔽中断请求信号，输入，高电平有效。当 INTR = 1 时，表示外设向 CPU 发出了中断请求。CPU 在执行每条指令的最后一个时钟周期会对 INTR 信号进行采样，若 CPU 的中断允许标志 IF 为 1，并且又接收到 INTR 信号，CPU 就结束当前指令，响应中断请求，执行一个中断处理子程序。

6）NMI：非屏蔽中断请求信号，输入，边缘触发。当上升沿有效时表示有中断请求信号，CPU 就会在结束当前指令后，执行对应于中断类型号为 2 的非屏蔽中断处理程序。该中断不受中断允许标志 IF 的影响，也不能用软件进行屏蔽，它的优先级比 INTR 类中断的优先级高。

7）RESET：复位信号，输入，高电平有效。RESET 信号要求至少维持 4 个时钟周期才能起到复位的效果。

注意，输入复位信号之后，CPU 结束当前操作，并对处理器的标志寄存器、IP、DS、SS、ES 寄存器及指令队列进行清零操作，而将 CS 设置为 FFFFH。因此，当复位信号变为低电平时或系统启动时，CPU 从内存的 FFFF0H 处开始执行程序。

8）CLK：时钟信号，输入。时钟信号的方波信号一般由 8284A 时钟发生器输入，占空比约为 1/3，即 1/3 周期为高电平，2/3 周期为低电平。8086/8088 的时钟频率（又称为主频）为 4.77～10MHz。时钟信号为 CPU 和总线控制逻辑电路提供定时手段。

4. 和工作方式有关的控制信号

8086/8088 有两种工作方式，即最大方式和最小方式，由 MN/$\overline{\text{MX}}$引脚决定。

1）MN/$\overline{\text{MX}}$：最小/最大模式设置信号，输入。该输入引脚电平的高、低决定了 CPU 工作在最小模式还是最大模式。当该引脚接 +5V 时，CPU 工作于最小模式下；当该引脚接地时，CPU 工作于最大模式下。

2）最小方式下的引脚信号：

① $\overline{\text{INTA}}$：中断响应信号，输出，低电平有效。该引脚是 CPU 响应中断请求后，向中断源发出的应答信号，用以通知中断源，以便提供中断类型码。该信号为两个连续的负脉冲。第一个负

脉冲通知外设的接口，它发出的中断请求已经得到允许；外设接口收到第二个负脉冲后，往数据总线上送出中断类型码，以便 CPU 执行中断服务程序。

② ALE：地址锁存允许信号，输出，高电平有效。CPU 在任何一个总线周期的 T_1 状态，通过该引脚向地址锁存器 8282/8283 发出地址锁存信号，把当前地址/数据复用总线上输出的地址信息，利用下降沿锁存到地址锁存器 8282/8283 中去。注意，ALE 信号不能被浮空。

③ $\overline{DEN}$：数据允许信号，三态输出，低电平有效。该引脚为总线收发器 8286/8287 提供一个控制信号，表示 CPU 当前准备发送或接收一项数据。该信号通常作为数据总线收发器的选通信号。

④ $DT/\overline{R}$：数据收发控制信号，三态输出。CPU 通过该引脚发出控制数据传送方向的控制信号。在使用 8286/8287 作为数据总线收发器时，该信号用以控制数据传送的方向。当该信号为高电平时，表示数据由 CPU 经总线收发器 8286/8287 输出，即发送数据；否则，数据传送方向相反。

⑤ $M/\overline{IO}$：存储器或 I/O 端口选择信号，三态输出。这是 CPU 区分进行存储器访问还是 I/O 访问的输出控制信号。在 8086 中，当该信号为低电平时，表明 CPU 要进行 I/O 端口的读/写操作，低位地址总线上出现的是 I/O 端口的地址；当该引脚输出高电平时，表明 CPU 要进行存储器的读/写操作，地址总线上出现的是访问存储器的地址。注意，在 8088 中，该引脚为 $\overline{M}/IO$，正好相反。

⑥ $\overline{WR}$：写控制信号，三态输出，低电平有效。有效时，表示 CPU 当前正在进行存储器或 I/O 的写操作。与 $M/\overline{IO}$ 配合实现对存储单元、I/O 端口所进行的写操作的控制。

⑦ HOLD：总线请求信号，输入，高电平有效。这是系统中的其他总线部件向 CPU 发来的总线请求，要求 CPU 放弃对总线的控制，以满足其他总线部件的总线要求。

⑧ HLDA：总线响应信号，输出，高电平有效。当 HLDA 有效时，表示 CPU 认可其他总线部件提出的总线占用请求，准备让出总线控制权。同时，所有与三态门相接的 CPU 的引脚呈现高阻状态，从而让出了总线。当 HOLD 变为低电平时，主 CPU 将 HLDA 变为低电平，重获总线控制权。

3）最大方式下的引脚信号：

① $\overline{S_2}$、$\overline{S_1}$、$\overline{S_0}$：总线周期状态信号，三态输出，低电平有效。这些信号组合起来可以指出当前总线周期中所进行数据传输过程的类型。总线控制器 8288 利用这些信号来产生对存储单元、I/O 端口的控制信号。$\overline{S_2}$、$\overline{S_1}$、$\overline{S_0}$ 的编码和操作直接的对应关系见表 2-8。

表 2-8 $\overline{S_2}$、$\overline{S_1}$、$\overline{S_0}$ 的状态编码

$\overline{S_2}$	$\overline{S_1}$	$\overline{S_0}$	操 作
0	0	0	中断响应
0	0	1	读 I/O 端口
0	1	0	写 I/O 端口
0	1	1	暂停
1	0	0	取指
1	0	1	读存储器
1	1	0	写存储器
1	1	1	无操作

② QS_1、QS_0：指令队列状态信号，输出。这两个信号的组合给出了前一个 T 状态中指令队列的状态，以便于外部主控设备对 8086/8088 CPU 内部指令队列的动作进行跟踪。其编码状态见表 2-9。

表 2-9　QS_1、QS_0 的编码状态

QS_1	QS_0	操　　　作
0	0	无操作
0	1	从指令队列的第一个字节取走代码
1	0	队列为空
1	1	除第一个字节外，还取走了后续字节中的代码

③ $\overline{LOCK}$：总线封锁信号，三态输出，低电平有效。当该引脚输出低电平时，系统中其他总线部件就不能占用系统总线。$\overline{LOCK}$信号是由指令前缀LOCK产生的，在$\overline{LOCK}$前缀后面的一条指令执行完毕之后，便撤消$\overline{LOCK}$信号。此外，在 8086/8088 的 2 个中断响应周期之间，$\overline{LOCK}$信号也自动变为有效的低电平，以防止其他总线部件在中断响应过程中占有总线而使一个完整的中断响应过程被中断。在 DMA 方式下，该信号处于浮空状态。

④ $\overline{RQ}/\overline{GT_1}$、$\overline{RQ}/\overline{GT_0}$：总线请求信号输入/总线允许信号输出信号，三态双向，低电平有效。这两个信号端可供 CPU 以外的两个处理器用来发出使用总线的请求信号和接收 CPU 对总线请求信号的应答。这两个引脚都是双向的，请求与应答信号在同一引脚上分时传输，方向相反。其中$\overline{RQ}/\overline{GT_0}$比$\overline{RQ}/\overline{GT_1}$的优先级高。

2.3.2　8086/8088 的工作模式

为了能适应不同的使用场合，8086/8088 CPU 可以工作在两种方式下，即最小模式和最大模式。8086/8088 具体工作在何方式，由 $MN/\overline{MX}$信号来决定。

1. 最小模式

在最小模式中，系统只有一个 8086/8088 微处理器，所有的总线控制信号都是直接由 8086/8088 产生的，系统中的总线控制逻辑电路被减到最少。该模式适用于规模较小的微机应用系统。最小模式典型的系统结构如图 2-8 所示。

图 2-8 中 8284A 为时钟发生器，外接晶体的基本振荡频率为 15MHz，经 8284A 三分频后，送给 CPU 作为系统时钟，同时它为 CPU 提供准备就绪（READY）以及复位（RESET）信号。

由于 8086/8088 的 $AD_{15} \sim AD_0/AD_7 \sim AD_0$是数据/地址复用线，为了把地址信息分离出来加以保存，为访问存储器或 I/O 端口提供稳定的地址信息，系统中采用了 8282（8283）地址锁存器。8282（8283）是带三态缓冲器的通用 8 位数据锁存器，其封装引脚如图 2-9 所示。

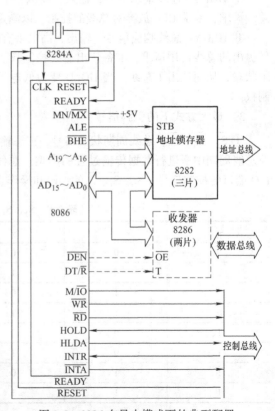

图 2-8　8086 在最小模式下的典型配置

STB：输入选通信号，高电平有效，与 CPU 的地址锁存允许信号 ALE 相连。当 STB 有效时，输入端上的 8 位数据送入锁存器中，ALE 下降沿将数据锁存。

$\overline{OE}$：输入，低电平有效。当$\overline{OE}$有效时，被锁存的信号输出；当$\overline{OE}$无效时，8282（8283）输出呈高阻状态。

由于 8086（8088）系统采用 20 位地址，加上$\overline{BHE}$信号，故需要 3 片 8282（8283）作为地址锁存，每片的$\overline{OE}$固定接地，所以 CPU 输出地址码在 ALE 控制下一旦被锁存后，立即稳定地输出在地址总线上。

8286（8287）是为数据总线接口设计的三态输出 8 位双向数据缓冲器，其封装引脚如图 2-10 所示。

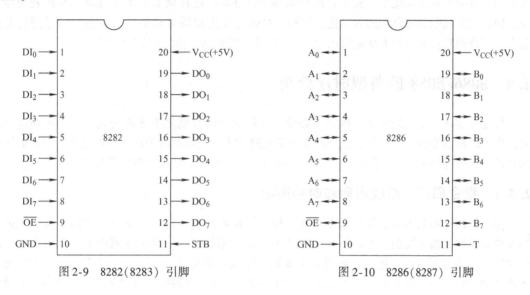

图 2-9　8282（8283）引脚　　　　　图 2-10　8286（8287）引脚

图 2-10 中$\overline{OE}$是开启缓冲器的控制信号。$\overline{OE}$有效时，允许数据通过；$\overline{OE}$无效时，禁止数据通过缓冲器，输入/输出呈现高阻状态。T 控制数据传送方向，当 T 为高电平时，8 位数据正向传送（A 端→B 端），即从 CPU 到存储器或 I/O 端口；反之，T 为低电平时，数据反向传送（B 端→A 端）。$\overline{OE}$与 T 的定义见表 2-10。

表 2-10　$\overline{OE}$与 T 的控制功能

$\overline{OE}$	T	传送方向
1	*	高阻状态
0	1	从 A 端到 B 端，即从 CPU 到存储器或 I/O 端口
0	0	从 B 端到 A 端，即从存储器或 I/O 端口到 CPU

在 8086 最小模式系统中采用 2 片 8286/8287 来完成 16 位数据的传送。8286/8287 的$\overline{OE}$与 CPU 的数据允许信号$\overline{DEN}$相连，当 CPU 与存储器或 I/O 端口进行数据传输时，$\overline{DEN}$有效（$\overline{DEN}$ = 0），使 8286/8287 的$\overline{OE}$有效，允许数据通过；否则$\overline{DEN}$ = 1，$\overline{OE}$无效。8286/8287 的 T 则与 8086 的 DT/$\overline{R}$相连接，当 CPU 写存储器或 I/O 端口时，DT/$\overline{R}$为高电平，使 T 为高电平，8 位数据由 CPU 传送至存储器或 I/O 端口；反之，完成 CPU 读存储器或 I/O 端口操作。

此外，8086 最小模式系统中，还允许接入其他要求共享总线的设备，如 DMA 控制器，此时通过 HOLD 和 HLDA 进行总线请求与响应。当 CPU 让出总线使用权后，系统在 DMA 控制器的控制下，为外设与存储器之间提供直接传送数据通道，直到 DMA 控制器操作结束。

2. 最大模式及其和最小模式的区别

最大模式是相对于最小模式而言的，用在中、大规模的微机应用系统中，在此模式下，系统至少包含两个微处理器，其中一个为主处理器，即 8086/8088 CPU，另一个称为协处理器，它是协助主处理器工作的。与 8086/8088 配合的协处理器有两个，一个是数值运算协处理器 8087，一个是输入/输出协处理器 8089。

最大模式配置和最小模式配置有一个主要的区别：最小模式下，所有的总线控制信号直接由 CPU 提供，而在最大模式下多了一个 8288 总线控制器，所有的总线控制信号由 8288 来提供。这是因为在最大模式系统中一般包含两个或多个处理器，这样就要解决主处理器和协处理器之间的协调工作问题和对总线的共享控制问题。8288 总线控制器对 CPU 发出的控制信号进行变换组合，以得到对存储器和 I/O 端口的读/写信号和对 8282 及 8286 的控制信号。

2.4 8086/8088 的典型时序分析

微处理器所要完成的一系列操作，必须在严格的时序控制之下才能完成。为了达到这一目的，微处理器需要有一个时钟，微处理器内部电路的工作均以此时钟作为时间基准，不同的操作均在此时钟的控制下，按时间顺序一步步地执行，这就构成了微处理器的操作时序。

2.4.1 指令周期、总线周期和时钟周期

指令的执行由取指令、分析指令和执行指令等步骤组成，将一条指令从取指到运行结束所需要的时间称为指令周期，不同指令的指令周期是不相等的。一个指令周期由一个或若干个总线周期（又称机器周期）组成。所谓总线周期是指 CPU 访问（读或写）一次存储器或 I/O 接口所需要的时间。一个基本的总线周期由 4 个时钟周期组成。时钟周期又称 T 状态，是两个时钟上升沿之间持续的时间，它是计算机系统的最小定时单位。8086CPU 的总线周期最少由 4 个时钟周期组成，分别以 T_1、T_2、T_3 和 T_4 表示，称为 T 状态。

T_1 状态：CPU 往地址总线发送要访问的存储单元或 I/O 端口的地址信息。

T_2 状态：撤消地址，使低 16 位为高阻状态，高 4 位输出状态信息，为在 T_3 状态进行数据传送做好准备。

T_3 状态：低 16 位产生数据（输入或输出）。

T_4 状态：总线周期结束。

T_W 状态：若存储器或外设速度较慢，不能及时送上数据的话，则通过 READY 线通知 CPU，CPU 在 T_3 的前沿（T_2 结束末的下降沿）检测 READY，若发现 READY $=0$，则在 T_3 结束后自动插入 1 个或几个 T_W，并在每个 T_W 的前沿处检测 READY，等到 READY 变高后，则自动脱离 T_W 进入 T_4。

2.4.2 最小模式下 8086/8088 的读/写周期

1. 8086 总线读周期

8086 存储器读周期时序如图 2-11 所示。具体过程按 4 个 T 状态的顺序可描述如下：

（1）T_1 状态

1）首先 M/$\overline{\text{IO}}$ 有效，用来指出本次读周期是存储器读还是 I/O 读，它一直保持到整个总线周期的结束即 T_4 状态。

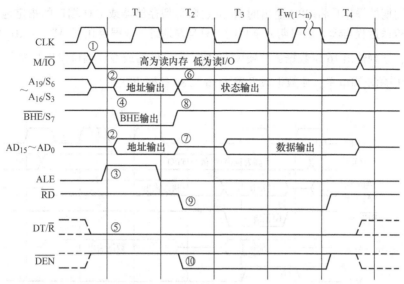

注：$T_{W(1\sim n)}$是（1~n）个等待周期T_W。

图2-11 8086 存储器读周期时序

2）地址线信号有效，高4位通过地址/状态线 $A_{19}/S_6 \sim A_{16}/S_3$ 送出，低16位通过地址/数据线 $AD_{15} \sim AD_0$ 送出，用来指出操作对象的地址，即存储器单元地址或I/O端口地址。

3）ALE 有效，在最小模式的系统配置中讲过，地址信号通过地址锁存器8282锁存，ALE即为8282的锁存信号，下降沿有效。

4）$\overline{BHE}$（对8088无用）有效，用来表示高8位数据总线上的信息有效，现在总线上通过/传送的是有效地址信息。$\overline{BHE}$常作为奇地址存储体的选通信号，因为奇地址存储体中的信息总是通过高8位数据线来传输，而偶地址体的选通则用 A_0。

5）当系统中配有总线驱动器时，T_1 使 $DT/\overline{R}$ 变低，表示本周期为读周期，并通知总线驱动器接收数据（$DT/\overline{R}$接收 T）。

（2）T_2 状态

1）高4位地址/状态线送出状态信息，$S_7 \sim S_3$。

2）低16位地址/数据线浮空，为下面传送数据准备。

3）$\overline{BHE}/S_7$引脚成为 S_7（无定义）。

4）$\overline{RD}$有效，表示要对存储器或I/O端口进行读。

5）$\overline{DEN}$有效，使得总线收发器（驱动器）可以传输数据（发送或接收）。

（3）T_3、T_W状态在基本总线周期的 T_3 状态，内存单元或者 I/O 端口将数据送到数据总线上，CPU 通过 $AD_{15} \sim AD_0$ 接收数据。若存储器或外设速度较慢，不能及时送上数据时，则需要插入 T_W 状态。

（4）T_4状态在 T_4 与 T_3（或 T_W）的交界处（下降沿），CPU 对数据总线进行采样，从而获得数据，并使各控制及状态线进入无效。

2. 8086 总线写周期

8086 在最小模式下的存储器写周期时序如图2-12所示。

8086 在最小模式下的存储器写周期时序和存储器读周期时序有很多相似之处，下面只说明它们的不同之处。

写总线周期的操作是将 CPU 输出的 16 位数据写到存储器或 I/O 端口的指定地址单元中去，对于地址的传送过程与读总线周期完全相同，只是在地址/数据复用线 $AD_{15} \sim AD_0$ 上一旦输出地址被锁存后，立刻输出 16 位数据，并使 $\overline{WR}$ 有效，向存储器或 I/O 端口发出写命令，在写总线周期中，$DT/\overline{R}$ 应输出高电平，使数据收发器 8286/8287 呈输出状态。

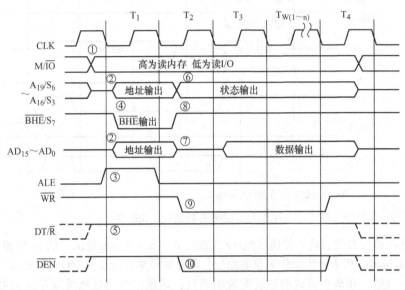

图 2-12　8086 存储器写周期时序

3. 8088 总线读/写周期

8088 CPU 在最小模式下的读/写总线周期时序与 8086 读/写总线周期时序基本相同，所不同的是 8088 CPU 数据总线是 8 位，只有 $AD_7 \sim AD_0$ 是地址/数据复用线，$A_{15} \sim A_8$ 是 8 根地址线，因此也就不存在总线高位地址有效信号 $\overline{BHE}$。请读者自行分析。

2.4.3　最大模式下的总线读/写周期

8086 最大模式系统和最小模式系统在总线操作逻辑上基本一致，但由于增加了总线控制器 8288，控制信号不再由 CPU 直接给出，而是由 8288 产生。它首先对 CPU 的 3 个状态信号 $\overline{S_2}$、$\overline{S_1}$、$\overline{S_0}$ 进行译码，根据译码结果对存储器或 I/O 端口发出相应的控制命令，完成读/写操作。

小结

1）8086/8088 有 16 根数据线，可以处理 8 位或 16 位数据；有 20 根地址线，可寻址 1MB 存储单元，可以处理 256 个中断。

2）8086/8088 的内部结构可以分成总线接口部件 BIU 和执行部件 EU，前者主要负责 CPU 与存储器或 I/O 端口之间的数据传送，后者负责执行指令。

3）8086/8088 的内部寄存器共有 14 个：AX、BX、CX、DX、SP、BP、SI、DI 共 8 个通用寄存器；CS、DS、SS、ES 4 个段寄存器；指令指针寄存器 IP 和标志寄存器 FLAGS。

4）8086/8088 的标志寄存器各位含义如下：

CF：进位标志　　　　　ZF：零标志　　　　SF：符号标志

OF：溢出标志　　　　　PF：奇偶性标志　　AF：辅助进位标志

DF：方向标志　　　　IF：中断允许标志　　TF：跟踪（陷阱）标志

5）8086/8088 的地址格式如下：

段基址：段内偏移

其物理地址 = 段基址 ×10H + 段内偏移

复位或启动时，只有 CS 寄存器为 FFFF，其余寄存器内容均为 0，因此，系统执行的第一条指令地址是 FFFF0H。

6）8086/8088 微处理器有两种工作模式：最小模式和最大模式。最小模式下的总线控制信号均由 8086/8088 产生，而最大模式下的总线控制信号则由专门的总线控制器 8288 产生。

7）基本的 8086/8088 总线周期有 T_1、T_2、T_3、T_4 四个 T 状态，如果外设未准备好，则在 T_3 和 T_4 之间插入 T_W 状态。

习题

2-1 8086/8088 CPU 各有多少根数据线和地址线？它们各能寻址多少内存地址单元和 I/O 端口？

2-2 8086 CPU 内部按功能可分为哪两大部分？它们各自的主要功能是什么？

2-3 8086 CPU 内部的总线接口单元 BIU 由哪些功能部件组成？它们的基本操作原理是什么？在什么情况下 8086 的执行单元 EU 才需要等待总线接口单元 BIU 提取指令？

2-4 逻辑地址和物理地址有何区别？8086/8088 是如何形成 20 位物理地址的？

2-5 对于下列 CS：IP 的地址组合，计算出要执行的下条指令的存储器地址。

（1）CS = 1000H 和 IP = 2000H　　　（2）CS = 2400H 和 IP = 1A00H

（3）CS = 1A00H 和 IP = B000H　　　（4）CS = 3456H 和 IP = ABCDH

2-6 8086 在使用 LOOP 指令时，用哪个寄存器来保存计数值？

2-7 IP 寄存器的用途是什么？

2-8 如果带符号数 FFH 与 01H 相加，会产生溢出吗？

2-9 用什么指令设置哪个标志位，就可以控制微处理器的 INTR 引脚？

2-10 微处理器在什么情况下才执行总线周期？一个基本的总线周期由几个状态组成？在什么情况下需要插入等待状态？

2-11 什么叫作非规则字？微处理器对非规则字是怎样操作的？

2-12 堆栈的深度由哪个寄存器确定？为什么说一个堆栈的深度最大为 64KB？在执行一条入栈或出栈指令时，栈顶地址将如何变化？

2-13 填空题：

（1）8088 上电复位后，其内部 CS = _____ H，IP = _____ H。

（2）计算机的硬件组成包括_____、_____、输入/输出设备。

（3）8088 CPU 的 4 个段寄存器分别是 DS、_____、_____、_____。

（4）8088/8086 的总线周期一般包括_____个时钟周期，若外设在 T_3 的前沿之前不能准备好，则须插入_____。

（5）8088/8086 共有_____根地址线，可寻址_____字节的存储单元。

（6）8088 的一个基本总线周期通常是由_____个时钟周期构成的。

（7）由 8086/8088 CPU 构成的微机系统有_____和_____两种系统配置。

（8）8088 CPU 内部设有一个_____字节的指令队列寄存器。

（9）8086 微处理器的编程结构主要分为两个部分：_____和_____。

（10）微机系统的三总线通常是指_____、_____、_____。

（11）8086 CPU 内部设有一个_____字节的指令队列寄存器。

第 **3** 章

8086/8088指令系统

学习目的：软件和硬件作为计算机的两个重要组成部分，两者互相配合才能发挥作用。本章通过对 8086/8088 的寻址方式和常用指令以及汇编语言的基本编程方法的介绍，使读者掌握 8086/8088 指令系统和汇编语言的编程方法。本章内容是学好本课程的关键之一。

3.1 8086/8088 的指令格式和寻址方式

3.1.1 指令格式

汇编指令的一般格式如下：

[标号：] 指令助记符 [操作数1[,操作数2]] [;注释]

其中，[ ] 中的内容是可选的。由指令格式可以看出，汇编指令主要由操作码和操作数两部分组成。操作码表示指令完成的功能，操作数指示指令的处理对象。一条指令可以没有操作数，也可以有 1 个或 2 个操作数。一般情况下，操作数 1 指示目的操作数，用以指示操作结果的存放位置；操作数 2 指示源操作数，用于提供操作数据，其值不变，2 个操作数之间用 "," 号分隔。例如：

Loo1： MOV AX, BX ;将寄存器 BX 的内容传送到寄存器 AX 中

  ↓   ↓   ↓   ↓   ↓

标号 指令助记符 目的操作数 源操作数   注释

3.1.2 操作数类型

8086/8088 系统中的操作数从存放位置来看，有 3 种方式：直接由指令提供操作数、存放在寄存器中，存放在存储器中，分别对应立即数操作数、寄存器操作数、存储器操作数。

1. 立即数操作数

立即数是由指令直接提供操作数，即操作数作为指令代码的一部分出现在指令中，以可以求出确定值的表达式或常数的形式出现，如下列指令中的源操作数：

MOV AL,12H ;12H 是立即数
MOV AX,2 +3 ;2 +3 可以求出确定数 5,是立即数

2. 寄存器操作数

操作数存放在由指令指定的寄存器当中，可以是 8 位的字节操作数，也可以是 16 位的字操作数，还可以是 32 位操作数。例如：

```
MOV   AL,BL              ;8 位
MOV   AX,1234H           ;16 位
MUL   BX                 ;DX,AX←(AX)×(BX),源操作数是16位,目的操作数是32位
```

3. 存储器操作数

操作数存放在存储器中，长度同样可以是 8 位、16 位或 32 位。例如：

```
MOV   AL,[1200H]         ;8 位(因为 AL 是 8 位)
MOV   AX,[1200H]         ;16 位(因为 AX 是 16 位)
```

该指令是将内存数据段中 1200H、1201H 单元的一个字数据的内容送给 AX 寄存器。

数据在存储器中的存放遵循"高位在高地址、低位在低地址"的原则，即将 1200H 单元的内容放入 AL，1201H 单元的内容存入 AH。

3.1.3　有效地址和段超越

当操作数在存储器中时，其存储单元的物理地址由两部分组成，格式如下：

段地址:偏移地址

其中，偏移地址又称有效地址，用 EA 表示，可以由多个部分组成，不同的寻址方式，有效地址的构成也不一样。

而段地址（用 SA 表示）指示数据所在段的起始地址。在 8086/8088 指令系统中规定：

1) 段的起始地址必须是 16 的倍数，即段地址低 4 位为 0，因此段地址只需要给出高 16 位；

2) 默认状态下数据是在数据段 DS 寄存器指定的段中，只有当寻址方式中出现了 BP 寄存器作为基址时，段寄存器采用堆栈段 SS 寄存器，在默认状态下，段地址可以不指定；

3) 串操作指令则采用 DS、ES 寄存器作为段地址，详细介绍将在串操作指令中给出；

4) 操作数如果不在默认的段中，则需在指令中指定段地址，这就是段超越。

存储在内存单元中的数据，其物理地址（PA）的计算有如下公式：

$$PA = SA \times 10H + EA$$

【例 3-1】 设(DS)=2000H,(ES)=3000H,计算下列指令中源操作数的物理地址。

(1) MOV   AL,[1200H]

因数据默认在数据段中，所以有

$$PA = (DS) \times 10H + 1200H = 2000H \times 10H + 1200H = 21200H$$

(2) MOV   AL,ES:[1200H]

本指令采用了段超越格式，指定数据在附加段中，所以有

$$PA = (ES) \times 10H + 1200H = 3000H \times 10H + 1200H = 31200H$$

3.1.4　和数据有关的寻址方式

指令执行时首先要找到操作数，寻找操作数地址的过程称为寻址。寻找操作数存放地址的方式称为寻址方式。下面将主要介绍 8086/8088 和数据有关的寻址方式。

1. 立即寻址

操作数在指令中直接提供，作为指令的一部分存放在代码段中，数据可以是 8 位或者 16 位。主要用于给寄存器或存储单元赋值。

【例 3-2】

```
MOV   AX,1234H          ;16 位立即数 1234H 存入 AX 中
MOV   AL,36H            ;8 位立即数 36H 存入 AL 中
```

注意：立即数只能作为源操作数，不能作为目的操作数。

【例3-3】

MOV 1200H,AX   ;错误指令

本指令为错误指令，立即数1200H不能作为目的操作数。

立即数可以是用伪指令 EQU 定义的符号常数。

【例3-4】

NUM EQU 64   ;定义符号常量

   ⋮

MOV AL,NUM

2. 寄存器寻址

操作数存放在指令中指定的寄存器中，由于操作数在 CPU 内部，所以执行速度快。如果是 8 位操作数，则只能是 AH、AL、BH、BL、CH、CL、DH、DL 寄存器。如果是 16 位操作数，则可以是 8 个通用寄存器 AX、BX、CX、DX、BP、SP、SI、DI 和 4 个段寄存器 DS、CS、ES、SS，而其中的 CS 不能作为目的操作数出现。

【例3-5】

MOV AL,BH   ;AL←(BH)

MOV AX,BX   ;AX←(BX)

MOV SI,BX   ;SI←(BX)

INC CX   ;CX←(CX)+1

3. 存储器寻址

操作数在存储器中，指令中以某种方式给出操作数在存储器中的单元地址，该地址包括段基址和偏移地址。存储器寻址方式有如下几种：

（1）直接寻址方式

指令中直接给出操作数在段内的有效地址 EA，段基址则隐含给出或用段超越前缀的形式给出。寻址单元的物理地址为

$$物理地址\ PA = 段地址\ SA×10H + 有效地址\ EA$$

【例3-6】 已知(DS) = 2000H，[21200H] = 66H，[21201H] = 77H。问指令 MOV AX，[1200H] 的源操作数的物理地址是多少？执行后 AX 的值是多少？

解：其中，有效地址 EA 在指令中直接给出，默认段为 DS 寄存器，段地址为 2000H，所以有

$$物理地址\ PA = 2000H×10H + 1200H = 21200H$$

因为是字操作，所以是将 21200H、21201H 两个单元的字数据，按照高位在高地址，低位在低地址的原则，传送给 AX 寄存器，即（AX）= 7766H。

有效地址可用符号地址代替。

【例3-7】

MOV AX,BUFFER

其中，BUFFER 为存放操作数的符号地址，即变量名，也可写成：

MOV AX,[BUFFER]

（2）寄存器间接寻址

操作数在存储器中，而存储单元的有效地址 EA 由寄存器指定，这些寄存器只能是基址寄存器 BX 和 BP、变址寄存器 SI 和 DI 四者之一。书写指令时，这些寄存器带有方括号 [ ]。

【例3-8】 设（BX）＝2000H，（DS）＝3000H，则执行MOV AX，［BX］指令后，数据段存储单元32000H处的字内容将被复制到AX中，即32000H的内容送到AL，32001H的内容送到AH。

其中，EA＝（BX）＝2000H，PA＝（DS）×10H＋EA＝32000H。

注意：

1）当使用BX、DI和SI寄存器作为有效地址时，操作数默认存放在数据段中，即使用DS为段地址，而使用BP寄存器作为有效地址时，则数据默认存放在堆栈段中，即使用SS为段地址，在使用段超越前缀的方式时，数据在指令指定的段中。

2）在某些不能确定数据类型的情况下，要求用指定的类型运算伪指令BYTE PTR、WORD PTR或DWORD PTR来规定数据的长度。

【例3-9】 设（BX）＝1000H，（DS）＝2000H，（SS）＝3000H，（SI）＝120H，（BP）＝30H。

```
MOV AL,[BX]            ;EA=1000H,PA=2000H×10H+1000H=21000H
MOV AX,[SI]            ;EA=120H, PA=2000H×10H+120H=20120H
MOV AL,[BP]            ;EA=30H,  PA=3000H×10H+30H=30030H
MOV AL,DS:[BP]         ;EA=30H,  PA=2000H×10H+30H=20030H
MOV BYTE PYR[DI],12H   ;字节操作数
MOV WORD PYR[DI],12H   ;字操作数
```

（3）寄存器相对寻址方式

操作数在存储器中，而存储单元的有效地址EA则由BX、BP、SI、DI四个寄存器之一及指令中指定的位移量（8位或16位）之和来确定。

【例3-10】 设（BX）＝2000H，（DS）＝3000H，（SS）＝5000H，则执行MOV AX，100H［BX］（同MOV AX，［100H＋BX］指令等效）时，EA＝（BX）＋100H＝2100H，PA＝（DS）×10H＋EA＝32100H。

寄存器相对寻址的有效地址EA的计算是在寄存器寻址的有效地址EA的基础之上再加一个指定的偏移量（8位或16位）来确定的。

【例3-11】 设（BX）＝1000H，（DS）＝2000H，（SI）＝120H。

```
MOV AL,50[BX]         ;EA=1050H,PA=2000H×10H+EA=21050H
MOV AX,[SI+50]        ;EA=170H,PA=2000H×10H+EA=20170H
```

（4）基址变址寻址方式

操作数在存储器中，而存储单元的有效地址EA由一个基址寄存器和一个变址寄存器指定。

注意： 两个寄存器只能是一个为基址寄存器，一个为变址寄存器，其有效地址EA是两者之和。

【例3-12】 设（BX）＝1000H，（DS）＝2000H，（SS）＝3000H，（SI）＝120H，（BP）＝30H。

```
MOV AH,[BX][SI]       ;和MOV AH,[BX+SI]等效
                      ;EA=(BX)+(SI)=1000H+120H=1120H
                      ;PA=2000H×10H+EA=21120H
MOV AX,[BP+SI]        ;EA=30H+120H=150H,PA=3000H×10H+EA=30150H
```

（5）相对基址变址寻址方式

相对基址加变址寻址是用基址、变址与位移量3个分量之和形成有效地址的寻址。其有效地址EA的计算是在基址变址寻址的有效地址EA的基础之上再加一个指定的偏移量disp（8位或16位）来确定的。

【例 3-13】 设（BX）=1000H，（DS）=2000H，（SS）=3000H，（SI）=120H，（BP）=30H。

```
MOV AH,60H[BX][SI]        ;和 MOV AH,[BX+SI+60H]等效
                          ;EA=(BX)+(SI)+60H=1000H+120H+60H=1180H
                          ;PA=2000H×10H+EA=21180H
MOV AX,20H[BP+SI]         ;EA=30H+120H+20H=170H
                          ;PA=3000H×10H+EA=30170H(用了 BP 寄存器,所以在 SS 段)
```

注意：在相对寻址方式中，偏移量也可用符号地址来表示。

【例 3-14】

```
MOV AX,BUF[BX]            ;BUF 为符号地址
MOV AX,ARRAY[BX][SI]      ;ARRAY 为符号地址
```

3.1.5 和转移地址有关的寻址方式

和转移地址有关的寻址方式用来确定转移指令或 CALL 指令的转移地址。转移地址是由前面介绍的各种寻址方式得到的有效地址 EA 和段地址组成的。其中，EA 存入 IP 寄存器，段地址指定为 CS 段寄存器。

1. 段内直接寻址

转移的有效地址是当前 IP 寄存器的内容和指令中指定的 8 位或 16 位位移量之和，用于条件转移和无条件转移，但用于前者时只允许 8 位位移量。

【例 3-15】

JMP SHORT FNAME

FNAME 是一个 8 位带符号数，数值范围为 80H~7FH，即 -128~+127。这种转移称为短转移。

【例 3-16】

JMP NEAR PTR FNAME

加了 NEAR PTR 时，FNAME 是一个 16 位带符号数，数值范围为 8000H~7FFFH，即 -32768~+32767。

【例 3-17】

```
JMP   SHORT HELLO
       :
HELLO:MOV AL,3
```

如图 3-1 所示。

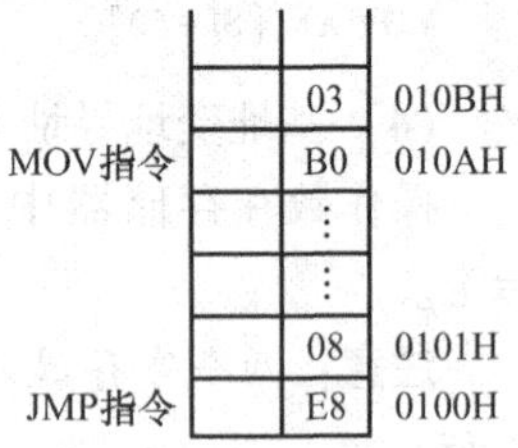

注意：条件转移指令只能使用段内直接寻址的 8 位位移量。

图 3-1 段内直接转移

2. 段内间接寻址

转向的有效地址是一个寄存器或存储单元的内容，而存储单元内容可以用与数据有关的寻址方式中的任何一种寻址方式取得。转向的有效地址用来取代 IP 的值。这种寻址方式不能用于条件转移。

【例 3-18】

JMP BX

有效地址 EA=BX

执行前，（BX）=2000H，（IP）=2040H；

执行后，（BX）= 2000H，（IP）= 2000H，程序转移到 2000H 处开始执行。

【例 3-19】 设（DS）= 2000H，（BX）= 1256H，（SI）= 528FH，位移量 = 20A1H，（232F7H）= 3280H，（264E5H）= 2450H，求执行下列指令后 IP 寄存器的值。

（1）JMP BX 　　　　　　　；（IP）=（BX）= 1256H

（2）JMP TABLE［BX］；（IP）=（20000H + 1256H + 20A1H）=（232F7H）= 3280H

（3）JMP［BX］［SI］　　；（IP）=（20000H + 1256H + 528FH）=（264E5H）= 2450H

3. 段间直接寻址

指令中直接提供了转向的段地址和偏移地址。

格式：JMP　FAR　PTR　FNAME

其中，FAR PTR 是段间转移操作符；FNAME 是不同于当前段的目标地址，包括段地址和段内偏移地址，可以是一个符号地址。

4. 段间间接寻址

用存储器中的两个相继字取代 IP 和 CS。

格式：JMP　DWORD　PTR　［INTERS + BX］

其中，DWORD　PTR 是段间间接转移操作符；INTERS 是不同于当前段的相对于 BX 的偏移地址，包括段地址和段内偏移地址，可以是一个符号地址。

3.1.6　I/O 端口寻址方式

在微机系统中，对 I/O 端口的编址方式有两种：独立编址和统一编址。在 8086/8088 系统中采用的是独立编址，I/O 指令独立于数据传送指令，因此寻址方式也独立于数据的寻址方式。在 8086/8088 指令系统中，输入/输出指令对 I/O 端口的寻址可采用直接或间接两种方式。

1. 直接端口寻址方式

I/O 端口地址以 8 位立即数方式在指令中直接给出。

【例 3-20】

```
IN AL,20H          ;将 20H 端口输入的数据传送给 AL 寄存器
IN AL,port         ;将 port 端口输入的数据传送给 AL 寄存器
OUT 30H,AL         ;将 AL 寄存器中的内容从 port 端口输出
```

其中，port 是所寻址的端口号，只能在 0 ~ 255 范围内。这种方式的 I/O 指令和间接端口寻址方式相比，指令长度长，所以又称长格式 I/O 指令。

2. 间接端口寻址方式

当端口号小于 256 时，采用直接端口寻址方式，但当端口号大于等于 256 时，必须通过 DX 寄存器提供 16 位端口号，即为间接端口寻址，故可寻址的端口号为 0 ~ 65535。间接端口寻值方式又称短格式 I/O 指令。

【例 3-21】

```
OUT DX,AL          ;它是将 AL 的内容输出到由（DX）指定的端口中去
IN  AL,DX          ;从（DX）指定的端口输入数据到 AL 寄存器
```

3.1.7　串操作指令寻址方式

数据串（或称字符串）指令不能使用正常的存储器寻址方式来存取数据串指令中使用的操作数。执行数据串指令时，源串操作数第 1 个字节或字的有效地址应存放在源变址寄存器 SI 中（不允许修改），目标串操作数第 1 个字节或字的有效地址应存放在目标变址寄存器 DI 中（不允

许修改)。在重复串操作时,8086/8088能自动修改SI和DI的内容,以使它们能指向后面的字节或字。因指令中不必给出SI或DI的编码,故串操作指令采用的是隐含寻址方式。具体内容和使用方法将在串指令中详细介绍。

3.2 8086/8088 指令系统及汇编语言程序

8086/8088的指令按功能可分为数据传送、算术运算、逻辑运算、串操作、程序控制和CPU控制6大类。表3-1列出了8086/8088指令系统中的全部指令助记符。

表3-1 8086/8088 指令助记符

指 令 类 型			助 记 符
数据传送	通用数据传送		MOV, PUSH, POP, XCHG, XLAT
	目标地址传送		LEA, LDS, LES
	标志位传送		LAHF, SAHF, PUSHF, POPF
	I/O 数据传送		IN, OUT
算术运算	加法		ADD, ADC, INC
	减法		SUB, SBB, DEC, NEG, CMP
	乘法		MUL, IMUL
	除法		DIV, IDIV, CBW, CWD
	十进制调整		AAA, DAA, AAS, DAS, AAM, AAD
逻辑运算和移位	逻辑运算		AND, OR, XOR, NOT, TEST
	移位		SAL, SAR, SHL, SHR, ROL, ROR, RCL, RCR
程序控制	无条件转移		JMP
	条件转移	单标志位	JC, JNC, JE/JZ, JNS, JS, JNE/JNZ, JO, JNO, JNP/JPO, JP/JPE
		对无符号数	JA/JNBE, JAE/JNB, JB/JNAE, JBE/JNA
		对带符号数	JG/JNLE, JGE/JNL, JL/JNGE, JLE/JNG
	循环控制		LOOP, LOOPE/LOOPZ, LOOPNE/LOOPNZ, JCXZ
	过程调用		CALL, RET
	中断控制		INT, INTO, IRET
串操作	基本字符串指令		MOVS, CMPS, SCAS, LODS, STOS
	重复前缀		REP, REPE/REPZ, REPNE/REPNZ
处理器控制	对标志位操作		CLC, STC, CMC, CLD, STD, CLI, STI
	同步控制		WAIT, ESC, LOCK
	其他		HLT, NOP

3.2.1 数据传送类指令

数据传送类指令可完成寄存器与寄存器之间、寄存器与存储器之间以及寄存器与I/O端口之间的字节或字传送,除SAHF和POPF指令对标志位有影响外,这类指令不影响标志寄存器的内容。

1. 通用数据传送指令

通用数据传送指令包括基本传送指令 MOV、堆栈操作指令 PUSH 和 POP、数据交换指令 XCHG 与换码指令 XLAT。

（1）基本传送指令 MOV

格式：MOV DST, SRC

操作：DST←(SRC)

功能：把 SRC 指定的源操作数的内容送到 DST 指定的目的操作数，具体可表示为：

1）(REG) ⟷ (REG)　　　　　　　　　　;寄存器到寄存器
2）(MEM) ⟷ (REG)　　　　　　　　　　;存储器到寄存器或寄存器到存储器
3）立即数→ (MEM/REG)　　　　　　　　;立即数到存储器或寄存器

源操作数可以是 8/16 位寄存器、存储器中的某个字节/字或者是 8/16 位立即数；目标操作数不允许为立即数，其他同源操作数。

注意：

① 目的数不允许用立即数方式和 CS 寄存器。

② 不允许两个存储单元之间直接传送数据。

③ 不允许两个段寄存器之间传送。

④ MOV 指令不影响标志位。

⑤ 段寄存器必须通过寄存器（如 AX）送入。

【例 3-22】

```
MOV AX,BX              ;AX←(BX)
MOV AX,[BX]            ;AX←((BX))
MOV AL,[1200H]        ;AL←(1200H)
MOV BX,1234H          ;BX←1234H
MOV [2000H],BX        ;(2000H)←(BX)
MOV AX,[SI]           ;AX←((SI))
```

【例 3-23】 下列指令为非法指令。

```
MOV 1200H,AX          ;目的操作数不能为立即数
MOV CS,AX             ;CS 寄存器不能为目的操作数
MOV [BX],[1200H]      ;不允许两个存储单元之间直接传送数据
MOV AL,BX             ;数据类型不一致
```

【例 3-24】 MOV [100], 10H 是错误的，因为数据类型无法确定。而下列两句是正确的。

```
MOV BYTE PTR[100],10H    ;字节类型
MOV WORD PTR[100],10H    ;字类型
```

【例 3-25】 将数据段存储单元 ARRAY1 中的 8 位数据传送到存储单元 ARRAY2 中，可用下列指令：

```
MOV AL,ARRAY1
MOV ARRAY2,AL
```

注意： MOV 指令不能直接实现从存储器到存储器之间的数据传送，但可以通过寄存器作为中转站来完成这种传送。

（2）堆栈操作指令

堆栈操作指令有两条：

1) 入栈操作指令 PUSH：

格式：PUSH　SRC

操作：SP←(SP) − 2

　　　(SP) + 1，(SP)←(SRC)

功能：将 SRC 的内容压入堆栈，并修改栈顶指针 SP。

2) 出栈操作指令 POP：

格式：POP　DST

操作：DST←((SP) + 1，(SP))

　　　SP←(SP) + 2

功能：将堆栈中当前栈顶的一个字数据弹出到 DST，并修改栈顶指针 SP。

说明：入栈和出栈指令都是字操作指令，SP 指示堆栈的栈顶。

【例 3-26】

```
PUSH   AX                    ;将 AX 的内容压入堆栈
PUSH   BLOCK                 ;将 BLOCK 单元的内容压入堆栈
PUSH   BLOCK[BX]
POP  AX
POP [1200H]
POP  CS                      ;错误指令,CS 不能作为目的操作数
POP  1200H                   ;错误指令,立即数不能作为目的操作数
```

PUSH 和 POP 是两条很重要的指令，在子程序调用或中断处理时，可用来保存和恢复现场信息。堆栈中的内容是按 LIFO（后进先出）的次序进行传送的，因此，保存内容和恢复内容时，需按照对称的次序执行一系列压入指令和弹出指令。例如，在一段子程序开头需要这样保存寄存器的内容：

```
PUSH AX
PUSH BX
PUSH DI
PUSH SI
```

则由子程序返回前，应如下一一对应恢复寄存器的内容：

```
POP SI
POP DI
POP BX
POP AX
```

【例 3-27】　用堆栈实现 AX、BX 的内容互换。

```
PUSH AX
PUSH BX
POP  AX
POP  BX
```

(3) 数据交换指令 XCHG

格式：XCHG OPR1，OPR2

操作：(DST) ←→ (SRC)

功能：将源操作数与目标操作数（字节或字）相互对应交换位置。

注意：交换只允许在通用寄存器之间、通用寄存器和存储器之间进行，且不分源和目的，不能在两个存储单元之间交换，段寄存器与IP也不能作为源或目标操作数。

【例3-28】

```
XCHG AL,BL
XCHG BX,[1234H]
XCHG [DI],CX
```

【例3-29】　设当前（CS）=1000H，（IP）=0064H，（DS）=2000H，（SI）=3000H，（AX）=1234H，则指令 XCHG AX，［SI＋0400H］执行后，将把 AX 寄存器中的1234H 与物理地址23400H（＝DS×16＋SI＋0400H）单元开始的数据字（设为5678H）相互交换位置，即（AX）=5678H，（23400H）=34H，（23401H）=12H。

（4）换码指令 XLAT

格式：XLAT

或：XLAT　OPR　　　　　　　　　；OPR 不起作用

入口：BX：表起址

　　　　AL：转换序号

返回：AL 中存放的是指定下标的元素值。

操作：AL←（（BX）+（AL））

常用于编码转换。

【例3-30】　设有一个七段显示码表存放在当前数据段中，如图3-2所示，其符号名为 TABLE（设偏移量为30H）。假定（DS）=4000H，若欲将 AL 中待转换的十进制数5转换成对应的七段码12H，实现代码如下：

```
MOV BX,OFFSET TABLE  ;BX←七段码表的起始地址
MOV AL,05H           ;AL←转换序号
XLAT
```

指令的执行过程可用图3-2表示。

XLAT 指令执行后（AL）=12H。

2. 目标地址传送指令

目标地址传送指令是一类专用于 8086/8088 中传送地址码的指令，可传送存储器的逻辑地址（存储器操作数的段地址或偏移地址）到指定寄存器中，共包含 LEA、LDS 和 LES 3 条指令。

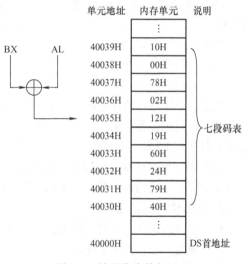

图3-2　换码指令执行过程

（1）有效地址送寄存器指令 LEA

格式：LEA　REG，SRC

操作：REG←SRC

功能：把源操作数的有效地址传送到指定的16位通用寄存器中。

【例3-31】　设（BX）=0400H，（SI）=003CH，（DS）=1000H，（1139E）=1234H，则执行指令 LEA　AX，［BX＋SI＋0F62H］后，（AX）=400＋003C＋0F62＝139EH。

注意：和相应的 MOV 指令的区别。

例如，执行指令 MOV AX，［BX＋SI＋0F62H］后，（AX）=1234H。

（2）指针送寄存器和 DS 指令 LDS

格式：LDS REG，SRC

操作：REG←（SRC）

DS←（SRC＋2）

功能：把源操作数指定的 4 个相继字节送到指令指定的寄存器及 DS 寄存器中。其中，前 2 个字节（变量的偏移地址）传送到由指令中 REG 指定的通用寄存器中，后 2 个字节（变量的段地址）传送到 DS 段寄存器中。

【例 3-32】 设当前（DS）＝2000H，（DI）＝2400H，则执行指令：

LDS SI，[DI＋100AH]

待传送的地址指针其偏移地址为 0180H，段地址为 2230H，则该指令的操作过程如图 3-3 所示。

该指令执行后，将物理地址 2340AH 单元开始的 4 个字节中前 2 个字节（偏移地址值）0180H 传送到 SI 寄存器中，后 2 个字节（段地址）2230H 传送到 DS 段寄存器中，并取代它的原值 2000H。

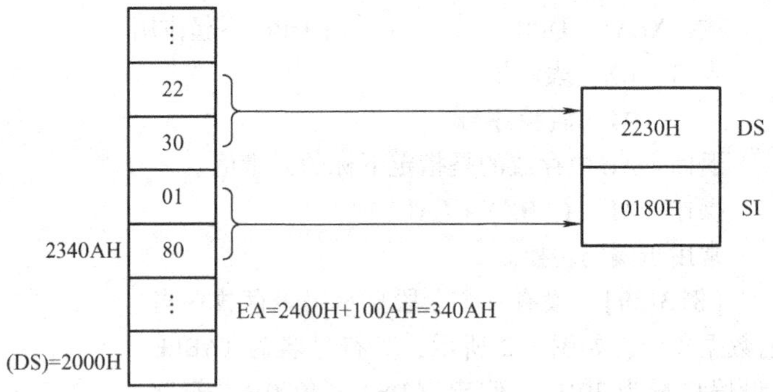

（3）指针送寄存器和 ES 指令 LES

格式：LES REG，SRC

操作：REG←（SRC）

ES←（SRC＋2）

图 3-3　LDS 指令执行过程

功能：把源操作数指定的 4 个相继字节送到指令指定的寄存器及 ES 寄存器中。其中，前 2 个字节（变量的偏移地址）传送到由指令中 REG 指定的通用寄存器中，后 2 个字节（变量的段地址）传送到 ES 段寄存器中。

这条指令与 LDS 指令的操作基本相同，其区别仅在于将把由源所指定的某变量的地址指针中后 2 个字节（段地址）传送到 ES 段寄存器，而不是 DS 段寄存器。

3. 标志位传送指令

标志位传送指令用于传送标志位，共有 4 条。

（1）标志送 AH 指令 LAHF

格式：LAHF

操作：AH←（FLAGS 的低字节）

功能：将标志寄存器 FLAGS 的低 8 位（共包含 5 个状态标志位）传送到 AH 寄存器中。

LAHF 指令执行后，AH 的 D_7、D_6、D_4、D_2 与 D_0 将分别被设置成 SF（符号标志）、ZF（零标志）、AF（辅助进位标志）、PF（奇偶标志）与 CF（进位标志），而 AH 的 D_5、D_3、D_1 位没有意义。

（2）AH 送标志寄存器指令 SAHF

格式：SAHF

操作：FLAGS 的低字节←（AH）

功能：将 AH 寄存器内容传送到标志寄存器 FLAGS 的低字节。

SAHF 与 LAHF 的功能相反，它常用来通过 AH 对标志寄存器的 SF、ZF、AF、PF 与 CF 标志位分别置 1 或复 0。

（3）标志进栈指令 PUSHF

格式：PUSHF

操作：SP←(SP)−2

　　　(SP)+1，(SP)←(FLAGS)

功能：将 16 位标志寄存器 FLAGS 内容入栈保护。其操作过程与前述的 PUSH 指令类似。

（4）标志出栈指令 POPF

格式：POPF

操作：FLAGS←((SP−1)，(SP))

　　　SP←(SP)+2

功能：将当前栈顶和次栈顶中的数据字弹出送回到标志寄存器 FLAGS 中。

以上两条指令常成对出现，一般用在子程序和中断处理程序的首尾，用来保护和恢复主程序涉及的标志寄存器内容，必要时可用来修改标志寄存器的内容。

4. I/O 数据传送指令

（1）输入指令 IN

格式 1：IN AL，PORT　　；AL←(端口 PORT)，把端口 PORT 中的字节内容读入 AL

格式 2：IN AX，PORT　　；AX←(端口 PORT)，把端口 PORT 中的字内容读入 AX

格式 3：IN AL，DX　　　；AL←(端口 (DX))，从 DX 指定的端口中读取 1 个字节内容送 AL

格式 4：IN AX，DX　　　；AX←(端口 (DX))，从 DX 指定的端口中读取 1 个字内容送 AX

操作：AL/AX←(PORT)/([DX])

功能：将指定端口中的内容输入到累加器 AL/AX 中

端口号可以用 8 位立即数直接给出；也可以将端口号事先存放在 DX 寄存器中，间接寻址 16 位长端口号（可寻址的端口号为 0~65535）。当端口号大于 255 时，必须使用 DX 间接寻址方式。

【例 3-33】

```
IN AL,40H              ;从 40H 端口读字节数据送给 AL 寄存器
IN AX,60H              ;从 60H 端口读字数据送给 AX 寄存器
MOV DX,160H
IN AL,DX               ;从 160H 端口读字节数据送给 AL 寄存器
```

（2）输出指令 OUT

格式 1：OUT PORT，AL　　；把 AL 中的字节内容输出到由 PORT 直接指定的端口

格式 2：OUT PORT，AX　　；把 AX 中的字内容输出到由 PORT 直接指定的端口

格式 3：OUT DX，AL　；把 AL 中的字节内容输出到由 DX 所指定的端口

格式 4：OUT DX，AX　；把 AX 中的字内容输出到由 DX 所指定的端口

操作：(PORT)/([DX])←(AL/AX)

与 IN 指令相同，端口号可以由 8 位立即数给出，也可由 DX 寄存器间接给出。OUT 指令是把累加器 AL/AX 中的内容输出到指定的端口。

【例 3-34】

```
OUT 40H，AL
OUT 60H,AX
MOV DX,160H
OUT DX，AX              ;将 AX 寄存器的内容输出到 160H 端口
```

3.2.2 算术运算类指令

算术运算类指令主要有加、减、乘、除以及十进制调整 5 类指令。

注意： 算术运算类指令中操作数的寻址方式和传送类指令的寻址方式相同。

1. 加法指令

（1）ADD 加法指令

格式：ADD DST，SRC

操作：DST←(SRC) + (DST)

功能：将源操作数与目标操作数相加，结果保留在目标中，并根据结果置标志位。

【例 3-35】

```
ADD AL,12H              ;AL←(AL) +12H
ADD AX,[1200H]          ;AX←(AX) + (1200H)
ADD [BX],AL            ;(BX)←((BX)) + (AL)
```

【例 3-36】

```
ADD WORD PTR[BX + 106BH],1234H
```

设当前（DS）= 2000H，（BX）= 1200H，则目的操作数的偏移地址 EA = 1200H + 106BH = 226BH，物理地址 PA = (DS)×10H + EA = 2226BH，所以该指令执行时，将立即数 1234H 与物理地址为 2226BH 和 2226CH 的存储单元的字数据相加，结果保存在目标地址 2226BH 和 2226CH 单元中。

（2）ADC 带进位加法指令

格式：ADC DST，SRC

操作：DST←(SRC) + (DST) + CF

功能：ADC 指令的操作过程与 ADD 指令基本相同，只是进位标志位 CF 也将一起参与加法运算，待运算结束，CF 将重新根据结果置成新的状态。

ADC 指令一般用于 16 位以上的多字节数相加中。

【例 3-37】 双精度加法，目的数在 DX 和 AX 中，源数在 BX 和 CX 中，指令如下：

```
ADD AX,CX              ;低 16 位相加
ADC DX,BX              ;高 16 位相加
```

（3）INC 加 1 指令

格式：INC OPR

操作：OPR←(OPR) + 1

功能：将目的操作数当作无符号数，完成加1操作后，结果仍保留在目的数中。

目的操作数可以是 8/16 位通用寄存器或存储器操作数，但不允许是立即数。

【例 3-38】

```
INC SP                 ;SP = SP + 1
INC WORD PTR[SI]       ;把数据段中由 SI 寻址的存储单元字的内容加1
INC DATAl              ;把数据段中 DATAl 存储单元的内容加1
INC AX                 ;将 AX 寄存器内容加1
```

注意： INC 指令只影响 OF、SF、ZF、AF、PF 这 5 个标志，而不影响进位标志 CF。

2. 减法指令

（1）SUB 减法指令

格式：SUB DST，SRC

操作：DST←（DST）–（SRC）

功能：将目标操作数减去源操作数，其结果送回目标，并根据运算结果置标志位。

【例3-39】

SUB CL,BL	;CL←（CL）–（BL）
SUB AX,SP	;AX←（AX）–（SP）
SUB BH,6AH	;BH←（BH）–6AH
SUB AX,0AAAAH	;AX←（AX）–AAAAH
SUB DI,TEMP[SI]	;从 DI 中减去 TEMP 缓冲区中偏移量是 SI 的字存储单元内容

（2）SBB 带借位减法指令

格式：SBB DST，SRC

操作：DST←（DST）–（SRC）–CF

功能：SBB 指令的操作过程与 SUB 指令基本相同，只是进位标志位 CF 也将一起参与减法运算，待运算结束，CF 将重新根据结果置成新的状态。常用于比16位数长的多字节减法。

【例3-40】 存于 BX 和 AX 中的 4 字节数减去存于 SI 和 DI 中的 4 字节数，则程序段为：

SUB AX,DI
SBB BX,SI

（3）DEC 减 1 指令

格式：DEC OPR

操作：OPR←（OPR）–1

功能：将目标操作数的内容减 1 后送回目标。

目标操作数可以是8/16位通用寄存器和存储器操作数，但不允许是立即数。

【例3-41】

DEC BL	;BL←（BL）–1
DEC CX	;CX←（CX）–1
DEC BYTE PTR[DI]	;由 DI 寻址的数据段字节存储单元的内容减1

（4）NEG 求补指令

格式：NEG OPR

操作：OPR←0–（OPR）

功能：将目标操作数取负后送回目标。目标操作数可以是8/16位通用寄存器或存储器操作数。

NEG 指令是把目标操作数当成一个带符号数，如果原操作数是正数，则 NEG 指令执行后将其变成绝对值相等的负数（用补码表示）；如果原操作数是负数（用补码表示），则 NEG 指令执行后将其变成绝对值相等的正数。

【例3-42】

NEG BYTE PTR[BX]

设当前（DS）=2000H，（BX）=3000H，（23000H）=0FDH，则该指令执行后，（23000H）=03H。

注意：执行该指令后，CF 通常被置成 1，只有当操作数为 0 时，才使 CF 为 0。

（5）CMP 比较指令

格式：CMP OPR1，OPR2

操作：（OPR1）-（OPR2）

功能：将目标操作数与源操作数相减但不送回结果，只根据运算结果置标志位。

说明：

① 执行比较指令时，会影响标志位 OF、SF、ZF、AF、PF、CF。

② 两数相等的判定条件：ZF = 1。

③ 两个无符号数的比较判定：当 CF = 0 时，被减数大；当 CF = 1 时，被减数小。

④ 两个有符号数的比较判定：当 OF = CF（OF⊕SF = 0）时，被减数大；当 OF ≠ CF（OF⊕SF = 1）时，被减数小。

【例 3-43】

```
CMP BL,CL              ;(BL) - (CL)
CMP AX,SP              ;(AX) - (SP)
CMP AX,1000H           ;(AX) - 1000H
CMP [DI],BL            ;((DI)) - (BL)
```

CMP 指令后往往跟着一条条件转移指令，根据比较结果产生不同的程序分支。

【例 3-44】

```
CMP CL,64H             ;CL 与 64H 做比较
JAE SUBER              ;如果(CL)≥64H 则跳转到 SUBER 处
```

JAE 是用于判断无符号数的大于等于的条件转移指令，将在转移指令中介绍。

3. 乘法指令

在加、减法指令中是不区分带符号数和无符号数的，但在乘、除法指令中有带符号数和无符号数之分。乘法指令对除 CF 和 OF 以外的标志位无定义。

（1）无符号数乘法指令 MUL

格式：MUL SRC

操作：AX←（AL）×（SRC）   ；字节操作数

DX，AX←（AX）×（SRC） ；字操作数：

当高部≠0 时，CF = OF = 1，否则 CF = OF = 0。

功能：完成两个无符号的 8 位或 16 位二进制数相乘的功能。被乘数隐含在累加器 AL 或 AX 中；指令中由 SRC 指定的源操作数作为乘数，它可以是 8 或 16 位通用寄存器或存储器操作数。相乘所得双倍位长的积，存放在 AX（字节相乘）或 DX 与 AX（字相乘）中去。

【例 3-45】 已知当前（AL）= 12H，（DS）= 2000H，（BX）= 0234H，（2025E）= 66H，则执行指令 MUL BYTE PTR[BX + 2AH] 后，乘积072CH 存放于 AX 中。

根据机器的约定，因 AH≠0，故 CF 与 OF 两位置"1"，其余标志位为任意状态，是不可预测的。

（2）带符号数乘法指令 IMUL

格式：IMUL SRC

操作：AX←（AL）×（SRC）   ；字节操作数

DX，AX←（AX）×（SRC）   ；字操作数

当高部≠0 时，CF = OF = 1，否则 CF = OF = 0。

说明：IMUL 指令的操作过程与 MUL 指令相同，但必须是带符号数，而 MUL 是无符号数。

IMUL 指令对 OF 和 CF 的影响：若乘积的高一半是低一半的符号扩展，则 OF = CF = 0，否则 OF = CF = 1。IMUL 指令对其他标志位没有定义。

4. 除法指令

除法指令包括无符号数除法指令 DIV 和有符号数除法指令 IDIV，以及字节和字扩展指令 CBW、CWD。除法指令对标志位无定义。

（1）无符号数除法指令 DIV

格式：DIV SRC

操作：除数为 8 位：（AX）/SRC→AL（商）

（AX）/SRC→AH（余数）

除数为 16 位：（DX）（AX）/SRC→AX（商）

（DX）（AX）/SRC→DX（余数）

说明：若除法运算所得的商数超出累加器的容量，则系统将其当作除数为 0 处理，自动产生类型 0 中断。

【例 3-46】

```
MOV AX,1500H
MOV BL,22H
DIV BL
```

指令执行后，所得商数 9EH 存于 AL 中，余数 04H 存于 AH 中。

（2）有符号数除法指令 IDIV

格式：IDIV SRC

操作：除数为 8 位：（AX）/SRC→AL（商）

（AX）/SRC→AH（余数）

除数为 16 位：（DX）（AX）/SRC→AX（商）

（DX）（AX）/SRC→DX（余数）

说明：

① 根据 8086 的约定，余数的符号应与被除数的符号一致。

② 它与 DIV 指令的主要区别在于对符号位处理的约定，其他约定相同。

（3）字节扩展指令 CBW 和字扩展指令 CWD

CBW 和 CWD 是两条专门为 IDIV 指令设置的符号扩展指令，分别用来将字节和字数据扩展为字和双字数据，所扩展的高位字节/字部分均为低位的符号位。它们在使用时应安排在 IDIV 指令之前，执行结果对标志位没有影响。

格式：CBW   ；将 AL 的最高有效位 D_7 扩展至 AH

；若 AL 的最高有效位为 0，则（AH）= 00

；若 AL 的最高有效位为 1，则（AH）= FFH

CDW   ；将 AX 的最高有效位 D_{15} 扩展至 DX

；若 AX 的最高有效位为 0，则（DX）= 0000

；若 AX 的最高有效位为 1，则（DX）= FFFFH

【例 3-47】   若要进行有符号数的除法 AX ÷ BX，则需执行以下指令：

```
CWD
IDIV BX
```

注意：对无符号数除法应该采用直接使高 8 位或高 16 位清 0 的方法，以获得倍长的被除数。

5. 十进制调整指令

为了能方便地进行十进制运算，必须对二进制运算的结果进行十进制调整，以得到正确的十进制运算结果。为此，8086专门为完成十进制数运算而提供了一组十进制调整指令。

（1）压缩的加法十进制调整指令 DAA

格式：DAA

操作：把 AL 中的和调整为压缩的 BCD 码，结果在 AL 中。

功能：将存于 AL 中的2位 BCD 码加法运算的结果调整为2位压缩型十进制数。

说明：该指令在 ADD 或 ADC 指令之后使用，并且和一定要放在 AL 中。

【例3-48】

```
MOV AL,38H
MOV BL,48H
ADD AL,BL
DAA
```

其中，DAA 执行前，（AL）=80H；DAA 执行后，（AL）=86H。

由于 DAA 指令只能对 AL 中的结果进行调整，因此，对于多字节的十进制加法，只能从低字节开始，逐个字节地进行运算和调整。

【例3-49】 设当前（AX）=6698H，（BX）=2877H，如果要将这两个十进制数相加，结果保留在 AX 中，则需要用下列几条指令来完成。

```
ADD AL,BL        ;低字节相加
DAA              ;低字节调整
MOV CL,AL
MOV AL,AH
ADC AL,BH        ;高字节相加
DAA              ;高字节调整
MOV AH,AL
MOV AL,CL
```

（2）压缩的减法十进制调整指令 DAS

格式：DAS

操作：把 AL 中的差调整为压缩的 BCD 码，结果在 AL 中。

功能：将存于 AL 中的2位 BCD 码减法运算的结果调整为2位压缩型十进制数。

说明：该指令在 SUB 或 SBB 指令之后使用，并且差一定要放在 AL 中。

【例3-50】

```
MOV AL,85H
MOV AH,07H
SUB AL,BL        ;(AL)=7EH
DAS              ;(AL)=78H
```

减法是加法的逆运算，对减法的调整操作是减6调整。

（3）非压缩的加法十进制调整指令 AAA

格式：AAA

操作和功能：把 AL 中的2个非压缩 BCD 码之和调整为2位非压缩的 BCD 码，结果在 AX 中。

说明：该指令在 ADD 或 ADC 指令之后使用，并且和一定要放在 AL 中。

【例3-51】

```
MOV AL,08H
MOV AH,06H
ADD AL,BL          ;(AL)=0EH
AAA                ;(AX)=0104H
```

（4）非压缩的减法十进制调整指令 AAS

格式：AAS

操作和功能：把 AL 中的 2 个非压缩 BCD 码之差调整为 2 位非压缩的 BCD 码，结果在 AX 中。

说明：该指令在 SUB 或 SBB 指令之后使用，并且差一定要放在 AL 中。

（5）非压缩 BCD 码乘法调整指令 AAM

格式：AAM

操作和功能：将 AL 中 2 个非压缩 BCD 码之积调整成非压缩 BCD 码，结果送 AX。

说明：该指令在 MUL 指令之后使用，并且乘积一定在 AL 中。

注意：参加乘法运算的十进制数必须是非压缩型。

【例3-52】

```
AND AL,08H
AND BL,08H
MUL BL             ;(AX)=40H
AAM                ;(AX)=0604H
```

（6）非压缩 BCD 码除法调整指令 AAD

格式：AAD

操作：AL←10×(AH)+AL，AH←0

功能：把 AX 中非压缩 BCD 码被除数调整为二进制数。

注意：它与上述调整指令的操作不同，它是在除法之前进行调整操作。

【例3-53】

```
MOV AX, 0408H      ; 被除数为非压缩十进制数 48
MOV BL, 4          ; 除数为 4
AAD                ; 调整，(AX)=48=30H
DIV BL             ; 除运算，(AL)=12, (AH)=0
```

3.2.3　逻辑运算和移位类指令

1. 逻辑运算指令

在逻辑运算指令中，非指令不影响标志位，其他指令影响 SF、ZF、PF，同时使 CF=OF=0。

（1）逻辑与指令 AND

格式：AND DST, SRC

操作：DST←(DST)∧(SRC)

功能：将目的操作数和源操作数进行按位的逻辑乘运算，结果存目的地址。

运算法则：1∧1=1，1∧0=0，0∧1=0，0∧0=0。

该指令常用于将目的操作数中的指定位清 0。

【例3-54】

```
AND   AL,77H       ;将 AL 中 D₃ 位和 D₇ 位清 0
```

（2）测试指令 TEST

格式：TEST　DST, SRC

操作：（DST）∧（SRC）

功能：源地址和目的地址的内容执行按位的逻辑乘运算，但结果不送入目的地址。

说明：TEST 指令除了不保存结果外，其他操作和 AND 指令完全一样，常用于测试操作数中的某位的值。

【例 3-55】　测试 AL 中的 D_4 位是否为 0，不为 0 则转 NEXT，指令如下：

TEST AL,00010000B

JNE　NEXT

（3）逻辑或指令 OR

格式：OR　DST, SRC

操作：DST←（DST）∨（SRC）

功能：将目的操作数和源操作数进行按位的逻辑或运算，结果存目的地址。

运算法则：$1 \vee 1 = 1$，$1 \vee 0 = 1$，$0 \vee 1 = 1$，$0 \vee 0 = 0$。

该指令常用于将目的操作数中的指定位置 1。

【例 3-56】

OR　AH,0F0H　　　　　;将 AH 的高 4 位置 1,低 4 位保持原值

（4）逻辑非指令 NOT

格式：NOT OPD

操作：OPD←（ ）

功能：将目的操作数和源操作数进行按位取反运算，结果存目的地址。

注意：该指令对标志位无影响。

【例 3-57】

NOT AH

NOT WORD PTR BUF[BX]

（5）逻辑异或指令 XOR

格式：XOR DST, SRC

操作：DST←（DST）⊕（SRC）

功能：将目的操作数和源操作数进行按位的逻辑异或运算，结果存目的地址。

运算法则：$1 \oplus 1 = 0$，$1 \oplus 0 = 1$，$0 \oplus 1 = 1$，$0 \oplus 0 = 0$。

该指令常用于将目的操作数中的指定位变反，需要变反的位和 1 异或，其他位和 0 异或。

【例 3-58】

XOR AH,0FH　　　　　;AH 低 4 位变反

XOR AX,AX　　　　　;AX 清 0

2. 移位与循环移位指令

移位指令分为算术移位和逻辑移位。算术移位是对带符号数进行移位，在移位过程中符号位不变；而逻辑移位是对无符号数进行移位，总是用"0"来填补已空出的位。

移位操作影响除 AF 标志以外的标志位。若移位位数是 1 位，且移位结果使最高位（符号位）发生变化，则将溢出标志 OF 置 1；若移多位，则 OF 标志将无效。

循环移位指令是将操作数首尾相接进行移位，它分为不带进位位与带进位位循环移位。这

类指令只影响 CF 和 OF 标志。CF 标志总是保持移出的最后一位的状态。若只循环移 1 位，且使最高位发生变化，则 OF 标志置 1；若循环移多位，则 OF 标志无效。

所有移位与循环移位指令的目标操作数只允许是 8/16 位通用寄存器或存储器操作数，指令格式中的 Count（计数值）可以是 1，也可以是 n（n≤255）。若移 1 位，指令的 Count 字段直接写 1；若移 n 位，则必须将 n 事先装入 CL 寄存器中，此时 Count 字段只能写 CL 而不能用立即数 n。

（1）算术/逻辑左移指令 SAL/SHL

格式：SAL DST，COUNT

SHL DST，COUNT

操作：如图 3-4 所示。

图 3-4　SAL/SHL 指令执行过程

注意：SAL 和 SHL 两条指令等效。

【例 3-59】

```
MOV AX,0A040H
SHL   AX,1              ;将 AX 左移 1 位,(AX)=4080H
MOV CL,4
SHL AX,CL              ;将 AX 的内容左移 4 位,(AX)=800H
SAL MEM－BYTE,1        ;将存储单元 MEM－BYTE 的数据左移 1 位
```

（2）逻辑右移指令 SHR

格式：SHR DST，COUNT

操作：如图 3-5 所示。

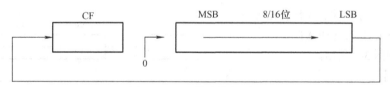

图 3-5　SHR 指令执行过程

【例 3-60】

```
MOV   BH,0F4H         ;(BH)=0F4H
MOV   CL, 2           ;(CL)=2
SHR   BH, CL          ;(BH)=3DH,(CF)=0
SHR   BH, 1           ;(BH)=1EH,(CF)=1
```

（3）算术右移指令 SAR

格式：SAR DST，COUNT

操作：如图 3-6 所示。

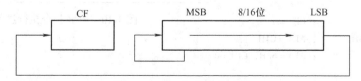

图 3-6　SAR 指令执行过程

【例3-61】

```
MOV   BH,0F4H      ;(BH)=0F4H
MOV   CL, 2        ;(CL)=2
SAR   BH, CL       ;(BH)=0FDH,(CF)=0
```

该例语句"SAR　BH，CL"实际上完成了（BH）÷4→BH 的运算，所以，用 SAR 指令可以实现对有符号数除 2^n（n 为移位次数）的运算。

（4）循环左移指令 ROL

格式：ROL DST，COUNT

操作：如图 3-7 所示。

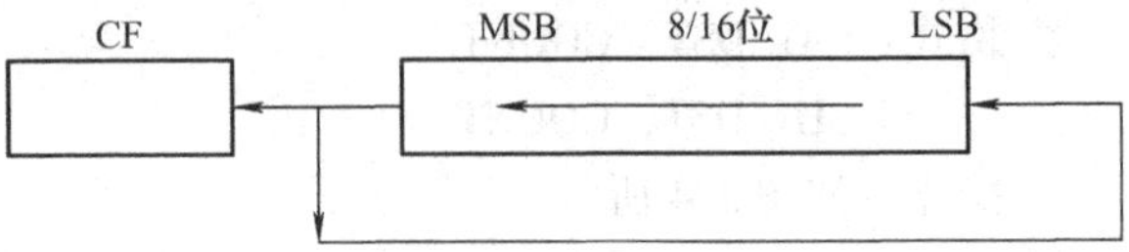

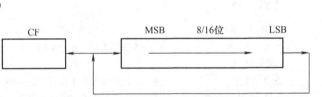

图 3-7　ROL 指令执行过程

【例3-62】

```
MOV   AL,0C4H      ;(AL)=C4H
ROL   AL,1         ;(AL)=89H,(CF)=1
MOV   CL,2
ROL   AL,CL        ;(AL)=26H,(CF)=0
```

（5）循环右移指令 ROR

格式：ROR DST，COUNT

操作：如图 3-8 所示。

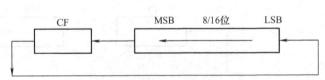

图 3-8　ROR 指令执行过程

【例3-63】

```
MOV   AL,0C4H      ;(AL)=C4H
ROR   AL,1         ;(AL)=62H,(CF)=0
MOV   CL,2
ROR   AL,CL        ;(AL)=98H,(CF)=1
```

（6）带进位的循环左移指令 RCL

格式：RCL DST，COUNT

操作：如图 3-9 所示。

图 3-9　RCL 指令执行过程

【例3-64】

```
STC                ;(CF)=1
MOV   AL,0C4H      ;(AL)=C4H
MOV   BUF,AL       ;(BUF)=C4H
RCL   BUF,1        ;(BUF)=89H,(CF)=1
MOV   CL,2
RCL   BUF,CL       ;(BUF)=27H,(CF)=0
```

（7）带进位的循环右移指令 RCR

格式：RCR DST，COUNT

操作：如图 3-10 所示。

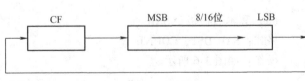

图 3-10　RCR 指令执行过程

【例3-65】

```
CLC                ;(CF)=0
MOV   AL,0C4H      ;(AL)=C4H
RCR   AL,1         ;(AL)=62H,(CF)=0
MOV   CL,2
RCR   AL,CL        ;(AL)=18H,(CF)=0
```

【例3-66】 设有一个4字节数放在 DX 和 AX 中，其中（DX）=1234H，（AX）=5678H，先要求将该数左移1位，指令如下：

SAL AX,1
RCL DX,1

思考：若要将该数左移4位，能否用如下指令序列？

MOV CL,4
SAL AX,CL
RCL DX,CL

3.2.4 程序控制类指令

在程序设计中转移指令是必不可少的。程序控制指令就是用来控制程序流向的一类指令，包括无条件转移、条件转移、循环控制、子程序调用及返回、中断指令及返回共5种类型。

1. 无条件转移指令

格式：JMP 目标标号

功能：允许程序流无条件地转移到由目标标号指定的地址，去继续执行从该地址开始的程序。

根据目标地址的位置与寻址方式的不同，JMP 指令有以下4种基本格式。

（1）段内直接转移

格式：JMP NEAR PTR < TARGET > ；转移范围在 −32768 ~ +32767 之内

JMP SHORT PTR < TARGET > ；转移范围在 −128 ~ +127 之内

操作：IP ←（IP）+16 位偏移地址

IP ←（IP）+8 位偏移地址

说明：段内直接转移是指目标地址就在当前代码段内，其偏移地址（目标地址的偏移量）与本指令当前 IP 值（JMP 指令的下一条指令的地址）之间的字节距离即位移量将在指令中直接给出。

【例3-67】

JMP ADDR1

若已知目标标号 ADDR1 与本指令当前 IP 值之间的距离（即位移量）为 1235H 字节，（CS）=1500H，（IP）=2400H，则该指令执行后，CPU 将转移到物理地址 18638H。注意，在计算当前 IP 值时，是将原 IP 值 2400H 加上了本指令的字节数3，得到 2403H，然后再将段基址（1500H × 16 = 15000H）加上此当前 IP 值 2403H 与位移量 1235H 之和 3638H，于是可求得最终寻址的目标地址 18638H。其操作过程如图3-11 所示。

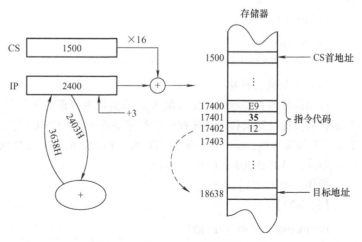

图 3-11 JMP ADDR1 指令操作过程

（2）段内间接转移

格式：JMP WORD PTR ＜TARGET＞

操作：IP ←（EA）

设当前（CS）=1200H，（IP）=2400H，（BX）=3502H，则指令说明：转向的有效地址是一个通用寄存器或一个存储单元，均为 16 位。

【例 3-68】

JMP BX

执行后 BX 寄存器中的内容 3502H 取代原 IP 值，CPU 将转到物理地址 15502H 单元中去执行后续指令。

【例 3-69】

JMP AX

JMP CX

JMP BX

JMP［BX］

这 4 条指令均为合法指令，注意其中的第 3 和第 4 条指令操作是不一样的。

（3）段间直接转移

段间转移是指程序由当前代码段转移到其他代码段，由于其转移的范围超过 ± 32KB，故段间转移也称为远转移。在远转移时，目标标号是在其他代码段中，若指令中直接给出目标标号的段地址和偏移地址，则构成段间直接转移指令。

格式：JMP FAR PTR ＜TARGET＞

操作：IP←TARGET 偏移地址，CS←TARGET 段地址

【例 3-70】

JMP ADDR2

设当前（CS）= 2100H，（IP）= 1500H，目标地址 ADDR2 在另一代码段中，其段地址为 6500H，偏移地址为 020CH，则该指令执行后，CPU 将转移到另一代码段中物理地址为 6520CH 目标地址中去执行后续指令。

在汇编语言中，目标标号可使用符号地址，而机器语言中则要指定目标（或转向）地址的偏移地址和段地址。

【例 3-71】

JMP 6500H:1200H

JMP FAR PTR 6500H:1200H   ;和上条指令等效

（4）段间间接转移

段间间接转移是指以间接寻址方式来实现由当前代码段转移到其他代码段。这时，应将目标地址的段地址和偏移地址先存放于存储器的 4 个连续地址中，其中前 2 个字节为偏移地址，后 2 个字节为段地址，指令中只需给出存放目标地址的 4 个连续地址首字节的偏移地址值。

格式：JMP DWORD PTR ＜TARGET＞

操作：IP←［EA］，CS←［EA + 2］

【例 3-72】

JMP DWORD PTR[BX + ADDR3]

设当前（CS）=1000H，（IP）=026AH，（DS）=2000H，（BX）=1400H，（ADDR3）=020AH，

则指令的操作过程如图3-12所示。从图中可知，在执行指令时，目标地址的偏移地址320EH送入IP，而其段地址4000H送入CS，于是，该指令执行后，CPU将转到另一代码段物理地址为4320EH的单元中去执行后续程序。

2. 条件转移指令

条件转移指令共有18条，这些指令将根据CPU执行上一条指令时，某一个或某几个标志位的状态而决定是否控制程序转移。如果满足指令中所要求的条件，则产生转移；否则，将继续往下执行紧接着条件转移指令后面的一条指令。所有的条件转移指令都被设计成短转移，即转移目标与本指令之间的距离在 −128 ~ +127B 范围以内。

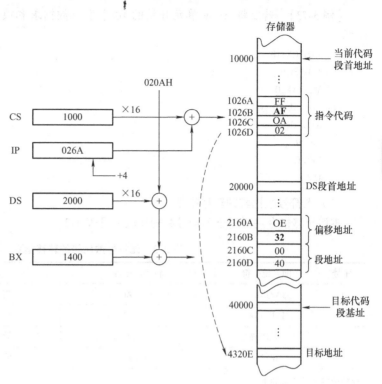

图3-12　JMP DWORD PTR[BX + ADDR3] 指令操作过程

格式：转移指令码　　OPR

功能：当转移条件满足时转移到OPR处执行，否则顺序执行。

在书写汇编程序时，OPR一般用语句标号。

下面将条件转移指令分为三组来讨论。

（1）根据单个标志位的转移指令

本组转移指令只根据一个标志位的状态来决定是否产生转移，见表3-2。

表3-2　根据单个标志位的转移指令

序　号	助记符	转移条件	功　能
1	JZ/JE	ZF = 1	结果为零/相等则转移
2	JNZ/JNE	ZF = 0	结果不为零/不相等则转移
3	JS	SF = 1	结果为负数时转移
4	JNS	SF = 0	结果为正数时转移
5	JO	OF = 1	溢出则转移
6	JNO	OF = 0	不溢出则转移
7	JP/JPE	PF = 1	奇偶标志为1则转移
8	JNP/JPO	PF = 0	奇偶标志为0则转移
9	JC	CF = 1	有进位转移
10	JNC	CF = 0	无进位转移

【例 3-73】 若要将 Array 单元开始的 10 个字节数据求和放入 AX 寄存器，可用如下指令序列：

```
        MOV CX,10
        MOV SI,0
        MOV AX,0
L1：ADD AL,Array[SI]
        ADC AH,0
        INC SI
        DEC CX
        JNZ L1
```

（2）无符号数比较的转移指令

本组转移指令主要用于无符号数的比较，见表 3-3。

表 3-3 无符号数比较的转移指令

序号	助 记 符	转 移 条 件	功　　能
1	JA/JNBE	CF = 0 ∧ ZF = 0	高于则转移/不低于等于则转移
2	JAE/JNB	CF = 0 ∨ ZF = 1	高于等于则转移/不低于则转移
3	JB/JNAE	CF = 1 ∧ ZF = 0	低于则转移/不高于等于则转移
4	JBE/JNA	CF = 1 ∨ ZF = 1	低于等于则转移/不高于则转移

指令中的字母含义如下：

N：NotE：EqualA：AboveB：Below

（3）带符号数比较的转移指令

本组转移指令主要用于带符号数的比较，见表 3-4。

表 3-4 带符号数比较的转移指令

序号	助 记 符	转 移 条 件	功　　能
1	JG/JNLE	((SF⊕OF) ∨ ZF) = 0	大于则转移/不小于等于则转移
2	JGE/JNL	SF⊕OF = 0	大于等于则转移/不小于则转移
3	JL/JNGE	((SF⊕OF) = 1) ∧ (ZF = 0)	小于则转移/不大于等于则转移
4	JLE/JNG	((SF⊕OF) ∨ ZF) = 1	小于等于则转移/不大于则转移

指令中的字母含义如下：

N：Not　　　　　　　E：Equal　　　　　　　G：Greater　　　　　　　L：Less

注意：对指令 JG/JNLE 的转移条件不是 ((SF⊕OF) = 0) ∨ (ZF = 0)。

【例 3-74】 比较无符号数大小，将较大的数存放于 AX 寄存器。

```
CMP   AX, BX       ;(AX) – (BX)
JAEN  EXT          ;若 AX≥BX,转移到 NEXT。若是带符号数,则用 JGE 指令
XCHG  AX,BX        ;若 AX < BX,交换 AX、BX
NEXT:…
```

3. 循环控制指令

循环控制指令实际上是一组增强型的条件转移指令，所不同的是，条件转移指令只能测试由执行前面指令所设置的标志，而循环控制指令是自己进行某种运算后来设置状态标志的。循

环控制指令共有 4 条，都与 CX 寄存器配合使用，CX 中存放着循环次数，除 JCXZ 指令外，其余 3 条循环指令每执行一次 CX 减 1。

注意： 循环指令本身不影响标志位。

（1）LOOP 循环

格式：LOOP OPR

循环条件：（CX）！= 0

功能：当 CX 寄存器减 1 后不为 0 时循环，相当于执行如下指令序列

```
DEC CX
JNZ OPR
```

使用 LOOP 指令前一般要将循环次数赋给 CX 寄存器。

（2）LOOPZ/LOOPE 为零或相等时循环

格式：LOOPZ（或 LOOPE） OPR

循环条件：ZF = 1 且（CX）！= 0

（3）LOOPNZ/LOOPNE 不为零或不相等时循环

格式：LOOPNZ（或 LOOPNE） OPR

循环条件：ZF = 0 且（CX）！= 0

（4）JCXZ 目标标号

JCXZ 指令不对 CX 寄存器内容进行操作，只根据 CX 内容控制转移。它既是一条条件转移指令，也可用来控制循环，但循环控制条件与 LOOP 指令相反。

【例 3-75】 例 3-74 中的程序可用 LOOP 循环指令实现，指令序列如下：

```
    MOV CX,10
    MOV SI,0
    MOV AX,0
L1：ADD AL,Array[SI]
    ADC AH,0
    INC SI
    LOOP L1
```

【例 3-76】 查找字节数组 Array 中第一个 0，返回其相对于数组起址的偏移量到 SI 的程序如下：

```
    MOV CX,10
    MOV SI, -1
    MOV AL,0
L1：INC SI
    CMP AL,Array[SI]
    LOOPNE L1
```

思考：上例中，如果要找第一个非 0 数据，该如何实现？

4. 子程序调用和返回指令

通常，为便于模块化设计，常把程序中某些具有独立功能的部分编写成独立的程序模块，称为子程序。它和高级语言中的过程类似，CALL 即为子程序调用指令，此时将暂停主程序的执行，保存断点后转去执行子程序，待子程序执行完后，再用返回指令 RET 将程序返回到断点处继续执行。

（1）过程调用指令 CALL

格式：CALL PROC

该格式是 CALL 指令的基本格式，根据子程序的存储位置，与 JMP 指令类似，CALL 也有 4 种不同的寻址方式和 4 种基本格式。

格式 1：CALL　NEAR PROC　　　；段内直接

格式 2：CALL　WORD PTR PROC　；段内间接

格式 3：CALL　FAR PROC　　　　；段间直接

格式 4：CALL　DWORD PTR PROC；段间间接

具体的寻址方式和操作可参照 JMP 指令，在此不再赘述。

（2）子程序返回指令 RET

格式 1：RET

操作 1 – 1（段内返回）：IP←((SP + 1), (SP)), SP←(SP) + 2

操作 1 – 2（段间返回）：IP←((SP + 1), (SP)), SP←(SP) + 2

　　　　　　　　　　　　CS←((SP + 1), (SP)), SP←(SP) + 2

格式 2：RET　n

如果调用程序通过堆栈向过程传送了一些参数，过程在运行中要使用这些参数，一旦过程执行完毕，这些参数也应当弹出堆栈作废，这就是 RET 指令有时还要带弹出值的原因，其取值就是要弹出的数据字节数，因此，带弹出值的 RET 指令除了从堆栈中弹出断点地址外，还要弹出由弹出值 n 所指定的 n 个字节偶数的内容。n 可以为 0 ~ FFFFH 范围中的任何一个偶数。

5. 中断指令和中断返回指令

8086/8088 系统中允许有 256 种中断类型（0 ~ 255），各个中断服务程序的入口地址在中断向量表中占 4 个字节，前 2 个字节用来存放中断入口的偏移地址，后 2 个字节用来存放中断入口的段地址，该中断服务程序入口地址的存放地址称为向量地址，而中断向量表存放在内存的最低地址端（0000 : 0000），中断向量表的长度为 1024 字节。

CPU 在执行中断指令时，首先将标志寄存器内容入栈，然后清除中断标志 IF 和单步标志 TF，以禁止可屏蔽中断和单步中断进入，并将当前程序断点的段地址和偏移地址入栈保护。然后，将中断指令中的中断号乘 4，得到向量地址，根据该向量地址获得中断服务程序入口的段地址和偏移地址，可分别置入段寄存器 CS 和指令指针 IP 中，从而使 CPU 转向中断服务程序去执行。

（1）中断指令 INT

格式：INT　n

操作：SP←(SP) – 2, ((SP + 1), (SP))←(FLAGS)

　　　SP←(SP) – 2, ((SP + 1), (SP))←(CS)

　　　SP←(SP) – 2, ((SP + 1), (SP))←(IP)

　　　IP←(n × 4), CS←(n × 4 + 2)

【例 3-77】　设当前（CS）= 2000H，（IP）= 061AH，（SS）= 3000H，（SP）= 0240H，则执行指令 INT 20H 时，首先，标志寄存器内容压入堆栈 3023FH 和 3023EH 单元；然后，将断点地址的段地址（CS）= 2000H 和指令指针（IP）= 061AH + 2 = 061CH 入栈保护，分别放入 3023DH、3023CH 和 3023BH、3023AH 连续 4 个单元中；最后，根据指令中提供的中断类型号 20H 得到中断向量的存放地址为 80H ~ 83H，假定这 4 个单元中存放的值分别为 00H、30H、00H、40H，则 CPU 将转到物理地址为 43000H 的入口去执行中断服务程序。

（2）中断返回指令 IRET

格式：IRET

操作：IP←((SP + 1), (SP)), SP←(SP) + 2

CS←((SP+1)，(SP))，SP←(SP)+2

FLAGS←((SP+1)，(SP))，SP←(SP)+2

IRET 指令总是安排在中断服务程序的出口处，由它控制从堆栈中弹出程序断点送回 CS 和 IP 中，弹出标志寄存器内容送回标志寄存器中，迫使 CPU 返回到断点继续执行后续程序。IRET 也是一条 1 字节指令。

3.2.5　串操作类指令

串操作类指令是唯一在存储器内的源与目标之间进行操作的指令，常用于数据块的移动、比较、搜索、存和取等操作。

串操作指令由基本操作指令和重复前缀两部分组成，基本操作指令可以和重复前缀配合使用，也可单独使用，但重复前缀不能单独使用。带有重复前缀的串操作指令每处理完一个元素能自动修改 CX 的内容（按字节/字处理减 1/减 2），以完成计数功能。当 CX≠0 时，继续串操作，直到 CX=0 才结束串操作。

串操作指令均采用隐含寻址方式，源数据串一般在当前数据段中，即由 DS 段寄存器提供段地址，其偏移地址必须由源变址寄存器 SI 提供；目标串必须在附加段中，即由 ES 段寄存器提供段地址，其偏移地址必须由目标变址寄存器 DI 提供。如果要在同一段内进行串操作，必须使 DS 和 ES 指向同一段。串长度必须存放在 CX 寄存器中。

在串操作指令执行前需做如下工作：

1）设置方向标志 DF，用 CLD 指令将 DF 清 0，用 STD 指令将 DF 置 1。

2）源串偏移量和段地址送 SI 和 DS，目的串偏移量和段地址送 DI 和 ES。

3）传送长度送 CX。

这样，在 CPU 每处理完一个串元素时，就自动修改 SI 和 DI 寄存器的内容，使之指向下一个元素。当 DF=0 时 SI 和 DI 是按增量改变，否则按减量改变。

1. REP 及与其配合工作的 MOVS、STOS 和 LODS 指令

（1）REP　重复前缀

格式：REP　StringCmd

其中 StringCmd 为基本串操作指令，可以是 MOVS、STOS 和 LODS 中的一个。

操作：

① 若（CX）=0，则退出 REP；

② CX←(CX)-1；

③ 执行串操作 StringCmd；

④ 重复①~③。

（2）MOVS　串传送指令

格式 1：MOVSB　　;字节操作

格式 2：MOVSW　　;字操作

操作 1：(DI)←((SI))

SI←(SI)±1，DI←(DI)±1

操作 2：(DI)←((SI))

SI←(SI)±2，DI←(DI)±2

功能：与 REP 配合使用，将长度为（CX）的缓冲区中的源串数据移动到目的串中。

【例 3-78】　下列程序段实现将数据段中的 2500H 处开始的 100 个数据传送到附加段中 1400H 开始的 100 个单元。

```
CLD                          ; DF←0，地址自动递增
MOV CX，100                  ; 串的长度
MOV SI，2500H                ; 源串首元素的偏移地址
MOV DI，1400H                ; 目标串首元素的偏移地址
REP MOVSB                    ; 重复传送操作，直到 CX =0 为止
```

（3）STOS　存入串指令

格式1：STOSB　　　　　　　　　; 字节操作

格式2：STOSW　　　　　　　　　; 字操作

操作1：（DI）←（AL），DI←（DI）±1

操作2：（DI）←（AX），DI←（DI）±2

功能：与 REP 配合使用，将 AL 或 AX 寄存器的内容存入一个长度为（CX）的缓冲区中。

【例3-79】　下列程序段实现将数据段中的1000H处开始的100个字节置为空格。

```
CLD                          ; DF←0，地址自动递增
MOV AL，20H                  ; 空格的 ASCII 码为20H
MOV CX，100                  ; 串的长度
MOV DI，1000H                ; 目标串首元素的偏移地址
REP STOSB                    ; 重复存储操作，直到 CX =0 为止
```

（4）LODS　从串取指令

格式1：LODSB　　; 字节操作

格式2：LODSW　　; 字操作

操作1：AL←（（SI）），SI←（SI）±1

操作2：AX←（（SI）），SI←（SI）±2

功能：将（SI）指定的数据段中某单元的内容送到 AL 或 AX 寄存器中。

2. REPE/REPZ 和 REPNE/REPNZ 及与其配合工作的 CMPS、SCAS 指令

REPE 指令和 REPZ 指令等效；REPNE 指令和 REPNZ 指令等效。

（1）REPE/REPZ　当相等/为0时重复串操作

格式：REPE（或 REPZ）　　StringCmd

其中 StringCmd 为基本串操作指令，可以是 CMPS、SCAS 中的一个。

操作：

① （CX）=0 或 ZF =0 时退出；

② CX←（CX）-1；

③ 执行串操作 StringCmd；

④ 重复①~③。

（2）REPNE/REPNZ　当不相等/不为0时重复串操作

格式：REPNE（或 REPNZ）　　StringCmd

其中 StringCmd 为基本串操作指令，可以是 CMPS、SCAS 中的一个。

操作：

① （CX）=0 或 ZF =1 时退出；

② CX←（CX）-1；

③ 执行串操作 StringCmd；

④ 重复①~③。

（3）CMPS　从串取指令

格式1：CMPSB　　　；字节操作

格式2：CMPSW　　　；字操作

操作1：$((SI))-((DI))$

　　　　$SI\leftarrow(SI)\pm1, DI\leftarrow(DI)\pm1$

操作2：$((SI))-((DI))$

　　　　$SI\leftarrow(SI)\pm2, DI\leftarrow(DI)\pm2$

功能：将（SI）指定的数据段中某单元的内容和（DI）指定的附加段中某单元的内容进行比较，和重复前缀配合用于进行两个字符串比较。

（4）SCAS　从串取指令

格式1：SCASB　　　；字节操作

格式2：SCASW　　　；字操作

操作1：$(AL)-((DI))$, $DI\leftarrow(DI)\pm1$

操作2：$(AX)-((DI))$, $DI\leftarrow(DI)\pm2$

功能：将AL或AX寄存器的内容和（DI）指定的附加段中某单元的内容进行比较，和重复前缀配合用于在目标串中查找指定数据。

【例3-80】　编程实现在长度为100的目的串（DI指向）中查找第一个0的位置。

```
CLD                 ;设置方向
MOV CX,100          ;字符总数
MOV DI,1000H        ;DI 指向串首字节
MOV AL,0            ;设置要查找的元素
REPNE SCASB         ;循环查找
```

思考：如果将本例中的最后一条指令改为REPE CMPSB，试说明程序的功能。

【例3-81】　试比较SI和DI指向的两串是否相同，若相同，则BX置为0；若不同，则BX指向源串中第1个不相同字节的地址，且该字节的内容保留在AL中。完成这一功能的程序段如下：

```
        CLD
        MOV CX,100
        MOV SI,2500H        ;SI 指向源串
        MOV DI,1400H        ;DI 指向目的串
        REPE CMPSB          ;串比较，直到 ZF=0 或 CX=0
        JZ EQQ
        DEC SI
        MOV BX,SI           ;第 1 个不相同字节的偏移地址送入 BX
        MOV AL,[SI]         ;第 1 个不相同字节的内容送入 AL
        JMP STOP
EQQ:    MOV BX,0            ;两串完全相同,BX=0
STOP:   HLT
```

3.2.6　处理器控制类指令

处理器控制指令只完成对CPU的简单控制功能。

1. 对标志位操作指令

1）CLC　　　；进位标志 CF 清 0

2）STC　　　；进位标志 CF 置 1

3）CMC   ; 进位标志 CF 取反

4）CLD   ; 方向标志 DF 清 0

5）STD   ; 方向标志 DF 置 1

6）CLI   ; 中断标志 IF 清 0

7）STI   ; 中断标志 IF 置 1

2. 其他控制器控制指令

1）NOP   ; 空操作指令，仅作调试或延时使用

2）HLT   ; 暂停指令，用于迫使 CPU 处于暂停状态等待硬件中断

3）ESC   ; 交权指令，用于最大方式系统中

4）WAIT   ; 等待指令，用于最大方式系统中，一般在 ESC 指令之后使用

5）LOCK   ; 总线封锁，用于最大方式系统中

LOCK 是一字节的指令前缀，而不是一条独立的指令，可位于任何指令的前端。凡带有 LOCK 前缀的指令，在该指令执行过程中都禁止其他协处理器占用总线。

3.2.7 系统功能调用 INT 21H

在 DOS 的中断服务程序中，提供了近百个功能供用户选择使用，其中功能最多的是向量号为 21H 的向量中断，称为系统功能调用。21H 向量中断可以看成是一个功能集，通过对功能号的设定选择其中的不同功能执行，功能号是通过对 AH 寄存器的设定来决定的。下面对其常用的部分功能调用予以介绍。

1. 返回 DOS

入口：AH = 4CH

功能：退出程序，返回 DOS。

【例 3-82】

```
MOV AH,4CH
INT 21H
```

2. 键盘输入并显示

入口：AH = 1

返回：AL = 8 位数据（字符）

功能：从键盘输入一个字符，将其 ASCII 码保存在 AL 中，输入的字符回显在 CRT 上。

【例 3-83】

```
MOV AH,1
INT   21H                 ;接收字符
MOV INPUT_DATA1,AL        ;将接收的字符存入 INPUT_DATA1 单元
```

3. 键盘输入但不显示输入字符

入口：AH = 8

返回：AL = 8 位数据（字符）

功能：输入一字符，其 ASCII 码存放在 AL 中，但不显示，常用于设置口令。

4. 显示一字符

入口：AH = 2

    DL = 待显示字符的 ASCII 码

功能：显示 DL 中的字符。

【例3-84】 显示字母"A"。

```
MOV AH,2
MOV DL,41H                        ;设置显示的字符,也可用'A'
INT 21H
```

5. 显示以"$"结尾的字符串

入口：AH = 9

　　　　DS：指向字符串所在段地址

　　　　DX：指向字符串的偏移地址

功能：显示 DS：DX 中以"$"结束的字符串，但"$"不显示。

【例3-85】 在显示器上显示"HOW ARE YOU?"，然后读一个字符，但不显示此字符。若读入字符是"Y"，则显示"OK"。

```
DATA      SEGMENT
  STR1    DB 'HOW ARE YOU?',0DH,0AH,'$'
  STR2    DB 'OK',0DH,0AH,'$'
DATA   ENDS
CODE      SEGMENT
ASSUME CS:CODE,DS:DATA        ;说明代码段、数据段
BEGIN：    MOV AX,DATA
        MOV   DS,AX       ;给 DS 赋段值
        MOV   DX,0FFSET STR1
        MOV   AH,9
        INT    21H        ;显示"HOW ARE YOU?"
        MOV   AH,8
        INT    21H        ;不显示方式读一字符到 AL
        CMP   AL,'Y'
        JNE    NEXT       ;不等则转
        LEA    DX,STR2
        MOV   AH,9
        INT    21H
NEXT：MOV  AH,4CH
        INT    21H
CODE      ENDS
        END   BEGIN
```

6. 字符串输入

入口：AH = 0AH

　　　　DS：DX 指向输入缓冲区

返回：从键盘输入的字符串保存在 DS：DX 指向的缓冲区。

功能：从键盘接收字符串，保存到 DS：DX 指定的缓冲区中。

输入缓冲区格式：第1字节为预定的最大输入字符数；第2字节保存实际输入的字符数；第3字节及以后字节，待中断服务程序填入输入字符串的 ASCII 码。其中实际输入长度不包括回车符，但回车符要存。

【例3-86】 读入最大长度为80个字符的字符串，并放入 BUFFER 中。

```
BUFFER   DB 81H
DB   0
```

```
DB   81   DUP(0)
:
MOV   AH,0AH
MOV   DX,SEG BUFFER
MOV   DS,DX
MOV   DX,OFFSET BUFFER
INT   21H
```

7. 设置日期

入口：AH = 2BH

　　　CX = 年号（范围：1980～2099），DH = 月份（1～12），DL = 日

【例 3-87】 将微机日期设置成 2010 年 12 月 31 日，可用下列程序段实现。

```
MOV   CX,2010
MOV   DH,12
MOV   DL,31
MOV   AH,2BH
INT   21H
```

8. 取日期

入口：AH = 2AH

返回：CX = 年号（范围：1980～2099），DH = 月份（1～12），DL = 日

功能：与 2BH 操作相反。

9. 设置时间

入口：AH = 2DH

　　　CH = 小时（0～23），CL = 分（0～59），DH = 秒（0～59），DL = 百分之一秒（0～99）

10. 取时间

入口：AH = 2CH

返回：CH = 小时（0～23），CL = 分（0～59），DH = 秒（0～59），DL = 百分之一秒（0～99）

11. 置中断向量

入口：AH = 25H

　　　AL = 中断类型号

　　　DS：DX = 中断服务程序入口

12. 取中断向量

入口：AH = 35H

　　　AL = 中断类型号

出口参数：ES：BX = 中断服务程序入口

3.3　汇编语言程序结构

3.3.1　汇编语言概述

　　计算机语言通常分为高级语言、汇编语言和机器语言，其中汇编语言和机器语言是面向机器的语言。机器语言是用二进制编码表示的计算机能直接识别执行的命令和数据的总称；汇编

语言是一种用助记符代表指令的操作码和操作数的符号化语言,它是机器语言的符号表示,其指令和机器指令一一对应。

按严格的语法规则用汇编语言编写的程序称为汇编语言源程序,简称汇编源程序或源程序。由于用汇编语言编写的源程序不能直接被计算机识别,必须将其翻译成机器语言才能被计算机识别和执行,完成从汇编源程序到机器语言的翻译工作的程序称为汇编程序,它是一种系统软件。源程序经汇编后形成的目标文件(.OBJ文件)还不能直接执行,还必须经过连接程序才能形成执行文件(.EXE文件)。因此从编写源程序到运行需经过如下4步:

1)编辑:用各种编辑工具编写文本格式的源程序形成(.ASM)文件,如MyFile.ASM。

2)汇编:用汇编程序将源程序(如用宏汇编MASM程序)翻译成机器语言,格式为

MASM MyFile.ASM;

形成目标文件MyFile.OBJ。

3)连接:用连接程序(LINK.EXE)将目标程序连接成执行文件,格式为

MASM MyFile.OBJ;

形成可执行文件MyFile.EXE。

4)运行:运行可执行文件MyFile.EXE。

3.3.2 汇编语言语句格式

汇编语言源程序有指令性语句和指示性语句两种,指令性语句主要由指令组成,指示性语句又称伪指令,它在汇编后不形成可执行语句。在3.1.1小节中已经介绍了指令性语句的格式:

[标号:] 指令助记符   [操作数1[,操作数2]] [;注释]

指示性语句格式如下:

[名字]   伪指令助记符   操作数[,操作数,…][;注释]

在上述两个格式中,标号和名字的命名规则符合高级语言的命名规则,指令助记符和伪指令助记符是汇编语言的保留字,其中伪指令将在后面详细介绍。而操作数部分可以是常数、存储器操作数、寄存器操作数、变量、标号或表达式,在此重点介绍操作数中的表达式。表达式可以有如下几种运算符组成:

1)算术运算符:包括 + 、 - 、 * 、/、MOD(取余数)、SHL(左移)和SHR(右移)。注意,其中的SHL、SHR为移位运算符,而不是SHL、SHR移位指令。和下面的运算符一样,它们都是由汇编程序完成,而不是在指令执行时完成的。

2)逻辑运算符:包括AND(与)、OR(或)、XOR(异或)、NOT(非)。同样注意和相应指令的区别。

3)关系运算符:包括EQ(相等)、NE(不等)、LT(小于)、GT(大于)、LE(小于等于)、GE(大于等于)。关系运算的结果是一逻辑值(常数),其数值在汇编时获得。当关系成立(为真)时,结果为0FFFFH或0FFH;当关系不成立(为假)时,结果为0。

4)数值返回运算符:用来分析一个存储器操作数的属性,并在汇编时以数值形式返回给存储器操作数。运算符总是加在运算对象之前,返回的结果是一个数值。这里介绍几个常用的数值返回运算符如SEG、OFFSET、TYPE、SIZE、LENGTH。

① SEG运算符:返回的数值是位于其后的变量或标号的段地址。

② OFFSET运算符:返回的数值是位于其后的变量或标号的偏移值。

【例 3-88】

```
MOV AX,SEG DATA        ;将变量 DATA 的段地址送 AX
MOV SI,OFFSET DATA     ;将变量 DATA 的偏移地址送 SI
```

③ TYPE 运算符：返回的数值是反映该变量或标号类型的一个数值。如果是变量，DB 为 1，DW 为 2，DD 为 4，DQ 为 8，DT 为 10；如果是标号，NEAR 为 -1(FFH)，FAR 为 -2(FEH)。

④ SIZE 运算符：返回的数值是变量所占数据区的字节总数。

⑤ LENGTH 运算符：返回的数值是变量数据区的数据项总数。如果变量是用重复数据操作符 DUP 说明的，则返回外层 DUP 前面的数值；如果没有 DUP 说明，则返回的数值总是 1。

【例 3-89】 设有数据定义伪指令：

DATA1 DW 100 DUP(?)

则：LENGTH DATA1 的值为 100

　　SIZE DATA1 的值为 200

　　TYPE DATA1 的值为 2

3.3.3　汇编语言伪指令

伪指令即指示性语句，它是由汇编程序处理的，可处理包括定义数据、定义存储区、定义段和过程等。

1. 符号定义伪指令

（1）EQU　赋值伪指令

格式：名字　EQU　表达式

EQU 伪指令只用来为常量、表达式、其他符号等定义一个符号名，但并不申请分配内存。EQU 伪指令不能重复定义已使用过的符号名。

（2）=　等号伪指令

等号伪指令与 EQU 基本类似，也用于赋值，但区别是使用"="定义的符号名可以被重新定义，使符号名具有新值。

（3）LABEL　类型定义伪指令

格式：变量名或标号名 LABEL 类型

LABEL 伪操作命令为当前存储单元定义一个指定类型的变量或标号。对于数据项，类型可以是 BYTE、WORD、DWORD；对于可执行的指令代码，类型为 NEAR 和 FAR。

2. 数据定义伪指令

数据定义伪指令用来为数据项定义变量的类型、分配存储单元，且为该数据项提供一个任选的初始值。

格式：［变量名］　＜定义符＞　＜操作数项表＞

其中定义符可以是以下伪指令之一：DB、DW、DD、DQ、DT。

（1）DB　定义字节伪指令，变量类型为 BYTE，也常常用来定义字符串。

（2）DW　定义字伪指令，变量类型为 WORD。

（3）DD　定义双字伪指令，变量类型为 DWORD。

（4）DQ　定义四字伪指令，变量类型为 QBYTE。

（5）DT　定义十字节伪指令，变量类型为 TBYTE。

格式中的操作数项表可以用数值表达式赋予初值，也可以用"?"代替任意值，还可以用重复定义伪指令定义多个数据，见下面的 DUP 伪指令。

（6）DUP　重复定义伪指令

格式：＜n＞ DUP（操作数项表）

【例3-90】　设有如下数据定义伪指令：

```
DATA1    DB      11H,22H
DATA2    DW      33H,4455H
DATA3    DD      66H,7788H
DATA4    DB      'AB',43H
LEN              EQU      $ – DATA1
DATA5    DW      2 DUP(1)
DATA6    DB      2 DUP(22H,11H)
DATA7    DB      34H,'A'
DATA8    DB      LEN
```

则内存分布如图3-13所示。

本例中 LEN 未占内存，但有数值，其中的 $ 代表
当前地址，则 $ – DATA1 表示 DATA1 到当前位置的字
节数，为17，即11H。

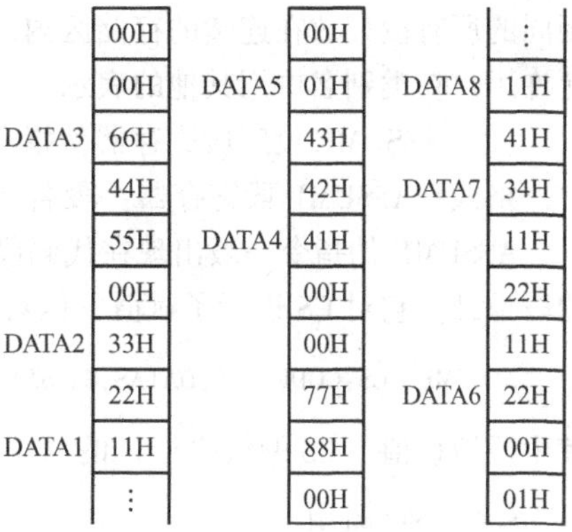

3. 段定义伪指令

8086/8088 汇编源程序中的逻辑段主要有4类：代
码段、数据段、堆栈段和附加段，分别用 CS、DS、SS、
ES 存放4类段的段基址。段定义伪指令在汇编语言源
程序中定义一个逻辑段。

（1）SEGMENT 和 ENDS 伪指令

SEGMENT 和 ENDS 伪指令用来把程序模块中的指
令或语句分成若干逻辑段，其格式如下：

	00H		00H		⋮
	00H	DATA5	01H	DATA8	11H
DATA3	66H		43H		41H
	44H		42H	DATA7	34H
	55H	DATA4	41H		11H
	00H		00H		22H
DATA2	33H		00H		11H
	22H		77H	DATA6	22H
DATA1	11H		88H		00H
	⋮		00H		01H

图3-13　例3-90内存分布图

```
段名   SEGMENT[定位类型][组合类型]['类别名']
    ⋮
段名 ENDS
```

格式中 SEGMENT 与 ENDS 必须成对出现，它们两者之间为段体，给其赋予一个名字，名字
由用户指定，是不可省略的，而定位类型、组合类型和类别名是可选的。

1）定位类型指示汇编程序如何确定逻辑段的起始边界地址。定位类型有4种：

BYTE 即字节型，指示逻辑段的起始地址从字节边界开始，即可以从任何地址开始。

WORD 即字型，指示逻辑段的起始地址从字边界开始，即本段的起始地址必须是偶数。

PARA 即节型，指示逻辑段的起始地址从一个节（16个字节称为一个节）的边界开始，即
起始地址应能被16整除，也就是段起始物理地址 = XXXX0H。

PAGE 即页型，指示逻辑段的起始地址从页边界开始。256字节称为一页，故本段的起始物
理地址 = XXX00H。

其中 PARA 为隐含值，即如果省略"定位类型"，则汇编程序按 PARA 处理。

2）组合类型又称连接类型，主要用在具有多个模块的程序中，指示连接程序如何将某个逻
辑段在装入内存时与其他段进行组合。连接程序不但可以将不同模块的同名段进行组合，并根
据组合类型，可将各段顺序地连接在一起或重叠在一起。组合类型共有6种：

NONE：表示本段与其他段在逻辑上不发生关系，NONE 是默认组合类型。

PUBLIC：表示在不同程序模块中，凡是用 PUBLIC 说明的同名同类别的段在汇编时将被连接

成一个大的逻辑段，而运行时又将它们装入同一物理段中，并使用同一段基址。

STACK：在汇编连接时，将具有 STACK 类型的同名段连接成一个大的堆栈段，由各模块共享，而运行时，堆栈段地址 SS 和堆栈指针 SP 指向堆栈段的开始位置。

COMMON：表示本段与其他模块中由 COMMON 说明的所有同名同类别的其他段连接时，将被重叠地放在一起，其长度是同名段中最长的那个段的长度，这样可以使不同模块的变量或标号使用同一存储区域，便于模块之间的通信。

MEMORY：表示当几个逻辑段连接时，由 MEMORY 说明的本逻辑段被放在所有段的最后（高地址端）。若有几个段的组合类型都是 MEMORY，则汇编程序只将所遇到的第 1 个段作为 MEMORY 组合类型，而其他的段则被均当作 COMMON 段处理。

AT 表达式：表示本逻辑段以表达式指定的地址值来定位 16 位段地址，连接程序将把本段装入由该段地址所指定的存储区内。

3）类别名是用单引号括起来的字符串，以表示该段的类型。连接时，连接程序只把类别名相同的所有段存放在连续的存储区内。典型的类别名如 'STACK'、'CODE'、'DATA' 等，也允许用户在类别名中用其他的表示。

（2）ASSUME 设定段寄存器伪指令

格式：ASSUME 段寄存器：段名 [，段寄存器名：段名 [，…]]

ASSUME 伪指令一般出现在代码段的最前面，让汇编程序将某个段寄存器设置为某个逻辑段的段地址。它对 CS 进行了赋值，但对 DS、SS、ES 只是说明，而不赋值。例如：

ASSUME CS:CODES,DS:DATAS,SS:STACKS

其中段地址值（CS 的值除外）的真正装入还必须通过给段寄存器赋值来完成。例如：

```
SEGA  SEGMENT
ASSUME CS:SEGA, DS:SEGB
MOV AX, SEGB
MOV DS, AX    ; 为 DS 段寄存器赋段值
    ⋮
SEGA ENDS
```

4. 过程定义伪指令

格式：过程名   PROC [NEAR/FAR]
    ⋮ ；指令序列
    RET
  过程名   ENDP

其中，伪指令 PROC 和 ENDP 必须成对出现，过程名是为该过程起的名字。其类型属性选 NEAR 时，该过程一定要与主程序在一个段；选 FAR 时，该过程可以与主程序在同一个段，也可与主程序不在同一个段。如果类型省略，则系统取 NEAR 类型。因此过程中必须包含返回指令 RET。

5. 定位伪指令 ORG 和程序结束伪指令 END

（1）ORG 定位伪指令

格式：ORG 数值表达式

功能：汇编时该指令后面的指令性语句或数据区定义命令就从偏移地址为表达式的值处开始存放。

（2）END 源程序汇编结束伪指令

格式：END 表达式

功能：告诉汇编程序汇编任务到此结束。表达式是程序执行时第一条指令的地址。

3.3.4 汇编源程序的程序结构

一个完整的汇编源程序是由若干个逻辑段组成的，下面的程序是一个常见的标准的汇编源程序的结构。

```
DSEG SEGMENT          ;段定义,在此是数据段,DSEG 是段名,可修改
    ⋮                 ;此处输入数据段代码
DSEG ENDS             ;数据段结束
ESEG SEGMENT          ;段定义,在此是附加段,ESEG 是段名,可修改
    ⋮                 ;此处输入附加段代码
ESEG ENDS             ;附加段结束
SSEG SEGMENT          ;段定义,在此是堆栈段,SSEG 是段名,可修改
    ⋮
200 dup（?）          ;堆栈段空间预置
    ⋮
SSEG ENDS             ;堆栈段结束
CSEG SEGMENT          ;代码段定义,CSEG 是段名,可修改
    ASSUME CS:CSEG,DS:DSEG, ES:ESEG,SS:SSEG    ;段地址关联
START:                ;代码开始,可以是其他名称
    MOV AX,DSEG
    MOV DS,AX         ;将数据段段地址附给 DS 寄存器,如果没有数据段,则可省略
    MOV AX,ESEG
    MOV ES,AX         ;将附加段段地址附给 ES 寄存器,如果没有附加段,则可省略
    MOV AX,SSEG
    MOV SS,AX         ;将堆栈段段地址附给 SS 寄存器,如果没有堆栈段,则可省略
    ⋮
    ⋮                 ;此处输入代码段代码
    MOV AH,4CH
    INT 21H           ;主程序结束,返回 DOS 的系统功能调用
PRO1 PROC             ;子程序定义
    ⋮
PRO1 ENDP
    ⋮
PROn PROC             ;子程序定义
    ⋮
PROn ENDP
CSEG ENDS
    END START         ;程序结束
```

在上面的程序结构中，代码段是必须的，其他段则根据需要而定。程序中如果有堆栈操作，建议定义自己的堆栈段。如果未定义堆栈段，将自动使用系统的堆栈空间。程序中如果要使用变量或预留存储空间，则需要定义数据段或附加段。

ASSUME 只是指明各逻辑段对应哪个段寄存器，但并没有给相应的段寄存器赋值，所以在代码段的开始应先进行段寄存器的填装，而 CS 寄存器是自动填装的；另外，在定义堆栈段时如果将参数写全，形式为 SSEG SEGMENT PARA STACK 'STACK'，则堆栈段也将自动填装。

3.4 汇编语言程序设计

汇编语言程序设计是用汇编语言来编制程序，从结构化程序设计方法的角度，将程序结构分为顺序结构、分支结构、循环结构、子程序结构。下面将根据程序的几种基本结构分别举例，以介绍 8086/8088 汇编语言程序设计的一般方法。

3.4.1 顺序结构程序设计

顺序结构是程序设计中最简单的程序设计方法，CPU 按顺序逐条执行程序，程序中无转移、无循环、无分支。顺序程序结构如图 3-14 所示。

【例 3-91】 编制一程序，计算当 $x = 2$ 时，$Y = 3x^3 + 5x^2 + 8x + 10$ 的值。

为了便于编程，可将函数变形为

$$Y = ((3x + 5)x + 8)x + 10$$

程序如下：

```
DATAS SEGMENT
    X DW 2

    Y DW 0
DATAS ENDS
CODES SEGMENT              ;代码段定义
    ASSUME CS:CODES,DS:DATAS
START:
    MOV AX,DATAS
    MOV DS,AX             ;装载 DS
MOV AX,x                  ;AX = x
    MOV BX,x             ;BX = x
    MOV CX,3             ;CX = 3
    MUL CX               ;AX = 3x
    ADD AX,5             ;AX = 3x + 5
    MUL BX               ;AX = (3x + 5)x
    ADD AX,8             ;AX = (3x + 5)x + 8
    MUL BX               ;AX = ((3x + 5)x + 8)x
    ADD AX,10            ;AX = ((3x + 5)x + 8)x + 10
    MOV Y,AX             ;Y = AX
    MOV AH,4CH
    INT 21H              ;返回 DOS
CODES ENDS
    END START            ;程序结束
```

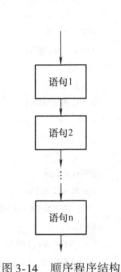

图 3-14 顺序程序结构

3.4.2 分支结构程序设计

从程序设计的角度看，分支结构有简单分支和多分支结构，但在汇编程序设计中，多分支结构最终均是通过简单分支结构实现的。简单分支如图 3-15 所示。

下面通过实例对分支结构加以说明。

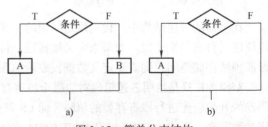

图 3-15 简单分支结构

【例3-92】 求符号函数：

$$Y = \begin{cases} 1 & X > 0 \\ 0 & X = 0 \\ -1 & X < 0 \end{cases}$$

设 X 数据类型是字数据，Y 是字节类型。程序流程如图3-16所示。程序如下：

```
DATAS SEGMENT
    X DW 567H
    Y DB 0
DATAS ENDS
CODES SEGMENT          ;代码段定义
    ASSUME CS:CODES,DS:DATAS
START:
    MOV AX,DATAS
    MOV DS,AX          ;段寄存器赋值
    MOV BL,0
    MOV AX,X           ;AX←X
    CMP AX,0           ;AX 和 0 比较
    JL SMALL           ;AX < 0 时,转到 SMALL
    JZ SAVE            ;AX = 0 时,转到 SAVE
    INC BL             ;AX > 0 时,BL←1
    JMP SAVE
SMALL:DEC BL           ;BL←BL-1((BL)=-1)
SAVE: MOV Y,BL         ;保存结果
    MOV AH,4CH
    INT 21H            ;程序结束
CODES ENDS
    END START
```

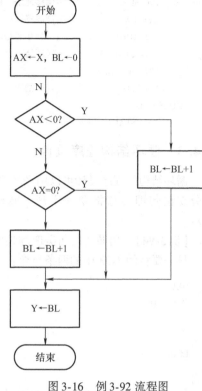

图3-16 例3-92 流程图

【例3-93】 编程实现求长度为100的字节数组 ARR 的和，结果放在字单元 SUM 中。

在本例中用分支的方法来实现循环。程序流程如图3-17所示。程序如下：

```
DATAS   SEGMENT
  ARR   DB 100 dup(?)
  SUM   DW 0
DATAS   ENDS
CODES SEGMENT
        ASSUME CS:CODES,DS:DATAS
START:
    MOV AX,DATAS
    MOV DS,AX
    MOV AX,0          ;初始化
    MOV SI,0
    MOV CX,100
ADD1:ADD AL,ARR[SI]   ;低 8 位求和
    ADC AH,0          ;高 8 位加进位标志
```

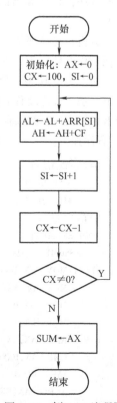

图3-17 例3-93 流程图

```
        INC SI              ;偏移地址 +1
        DEC CX              ;计数器 -1
        JNZ ADD1            ;不为 0 时循环
        MOV SUM,AX          ;循环结束,保存结果
        MOV AH,4CH
        INT 21H             ;程序结束
CODES ENDS
        END START
```

3.4.3 循环结构程序设计

循环结构的程序设计可以用循环语句实现，也可以用分支语句即转移指令来实现。循环结构如图 3-18 所示。

【例 3-94】 用循环语句实现例 3-93。

只需要将例 3-93 中的两条指令：

```
DEC CX
JNZ ADD1
```

变成：

```
LOOP   ADD1
```

即可。

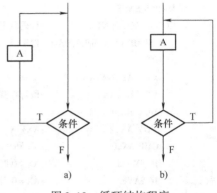

图 3-18 循环结构程序

【例 3-95】 试编制求小于 1000 的最大的斐波那契数及其对应项数的程序，将计算出的斐波那契数送入变量 VAR 中，项数送入 I-TEM 中。

分析：斐波那契数列定义为 $F_0 = 0$，$F_1 = 1$，$F_n = F_{n-2} + F_{n-1}$，为了便于用循环实现，新项用公式 $F_n = F_{n-1} + F_n$ 求出，然后判断新的 F_n，如果大于 1000，则所求项在 F_{n-1} 中，否则交换 F_{n-1} 和 F_n，循环求下一项。程序流程如图 3-19 所示。为便于编程，用 AX 表示 F_{n-1}，用 BX 表示 F_n，结果存在 VAR 中，项数用变量 ITEM 表示，初值为 2。程序如下：

```
DATA SEGMENT
        VAR DW ?
        ITEM DB 2
DATA ENDS
CODE SEGMENT
        ASSUME DS:DATA,CS:CODE
START:MOV   AX,DATA
        MOV   DS,AX
        MOV   AX,0          ;F0 = 0
        MOV   BX,1          ;F1 = 1
LOP:  ADD   AX,BX          ;Fn = Fn-1 + Fn
        CMP   AX,1000
        JAE   DONE
        XCHG  AX,BX
        INC   ITEM
```

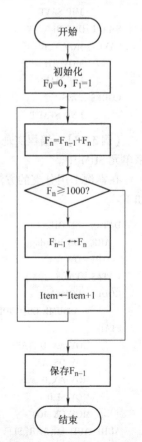

图 3-19 例 3-95 流程图

```
        JMP   LOP
DONE： MOV   VAR,BX
        MOV   AH,4CH
        INT   21H
CODE   ENDS
        END START
```

在图 3-18 中循环体 A 本身还可以是循环，此时称为循环嵌套即多重循环。

【例 3-96】 用选择法对 BUF 缓冲区的 COUNT 个数据排序，程序如下：

```
COUNT EQU 0AH
DATA SEGMENT
    BUF   DB 34,56,21,45,29,50,89,50,36,77
DATA  ENDS
CODE  SEGMENT
    ASSUME DS：DATA,CS：CODE
START：MOV   AX,DATA
        MOV   DS,AX
        MOV   SI,0
        MOV   CX,COUNT－1
LOOP1：PUSH  CX
        MOV   DL,BUF[SI]
        MOV   BX,SI
        MOV   DI,SI
        INC   DI
LOOP2：CMP   DL,BUF[DI]
        JL    NOCHG
        MOV   BX,DI
        MOV   DL,BUF[DI]
NOCHG：INC   DI
        LOOP  LOOP2
        MOV   AL,BUF[SI]
        XCHG  AL,BUF[BX]
        XCHG  BUF[SI],AL
        INC   SI
        POP   CX
        LOOP  LOOP1
        MOV   AH,4CH
        INT   21H
CODE   ENDS
        END START
```

3.4.4 子程序结构程序设计

自顶而下分解模块的程序设计方法是目前使用最为广泛的程序设计方法，汇编语言同样如此，即按任务划分成若干基本功能模块，基本功能模块再控制其下层子模块，以此类推直至整个功能完成。每个功能模块是由具有一定功能、相对独立的程序段构成的，这个程序段称为子程序。调用子程序的程序称为主程序或调用程序。采用这种方法编制的程序结构清晰、可读性好、可靠性高、便于调试。

1. 子程序结构

子程序一般包含以下几部分内容:

1）保护现场。由于主程序和子程序是相对独立、分开编制的,因此会造成使用存储单元和寄存器的冲突,使得这些资源在调用前后不一致,从而造成主程序运行错误。因此,在子程序调用时必须进行现场信息的保护及调用后的恢复。现场保护和恢复有以下两种方法:

① 在主程序中保护,其形式如下:

```
    ┆
    PUSH   AX
    PUSH   BX
    PUSH   CX
    PUSH   DX
    CALL   SUBP
    POP    DX
    POP    CX
    POP    BX
    POP    AX
    ┆
```

② 在子程序中保护,其形式如下:

```
SUBP   PROC
    PUSH   AX
    PUSH   BX
    PUSH   CX
    PUSH   DX
    ┆
    POP    DX
    POP    CX
    POP    BX
    POP    AX
    RET
SUBP   ENDP
```

2）从入口参数中取得所需数据。主程序和子程序之间的参数传递一般由以下3种方法来实现。

① 用寄存器传递:这种方法传送速度快,但可传送的信息量少,只适用于参数较少的情况。

② 用存储器传递:适用于传送参数多的情况,但要占用一定的存储单元。

③ 用堆栈传递:堆栈是传递参数的最佳方法,参数可多可少,并能随时释放参数所占的内存空间。

3）执行子程序。这是子程序的主要内容,完成子程序所规定的功能。这里可以调用其他子程序或调用其自身,即子程序的嵌套和递归。

4）将处理后的数据传送到出口参数中。输出运行结果即输出参数,与从入口参数取得所需数据方法类似。

5）恢复现场,一般用 POP 指令,见 1）。

2. 子程序实例

【例3-97】 编写子程序实现显示 AL 寄存器中的 2 位十进制数。调用该子程序显示内存 BUF 缓冲区中的 10 个 2 位十进制数。程序如下:

```
COUNT   EQU   0AH
DATA    SEGMENT
BUF     DB 34,56,21,45,29,50,89,50,36,77
TT      DB 10
DATA    ENDS
CODE    SEGMENT
        ASSUME   DS:DATA,CS:CODE
START:MOV     AX,DATA
        MOV   DS,AX
        MOV   CX,COUNT
        MOV   SI,0
LOOP3:MOV    AL,BUF[SI]
        CALL   DISP
        INC    SI
        LOOP   LOOP3
        MOV    AH,4CH
        INT    21H
 DISP   PROC                ;以下是显示子程序
        PUSH   AX
        PUSH   DX
        PUSHF
        CBW
        DIV    TT
        PUSH   AX
        MOV    DL,AL
        ADD    DL,30H
        MOV    AH,02
        INT    21H
        POP    AX
        MOV    DL,AH
        ADD    DL,30H
        MOV    AH,02
        INT    21H
        MOV    DL,' '
        MOV    AH,02
        INT    21H
        POPF
        POP    DX
        POP    AX
        RET
 DISP ENDP
CODE    ENDS
        END    START
```

本例中的参数是通过寄存器 AL 来传递的，调用前将要显示的数据传送到 AL 中，在子程序中完成显示 AL 的内容就可。由于在子程序中只用到了 AX 和 DX 寄存器，并且影响了标志寄存器的内容，所以在现场保护时只需保存和恢复 AX、DX 和 FLAGS 即可。

【例3-98】　编写排序子程序，实现对字节数组的内容进行排序。程序如下：

```
COUNT EQU 0AH
```

```
DATA SEGMENT
BUF DB 34,56,21,45,29,50,89,50,36,77
TT   DB 10
DATA ENDS
CODE SEGMENT
     ASSUME DS:DATA,CS:CODE
START:MOV   AX,DATA
      MOV   DS,AX
      LEA   SI,BUF
      MOV   CX,COUNT-1
      PUSH  SI
      PUSH  CX
      CALL  SORT
      MOV   AH,4CH
      INT   21H
SORT  PROC
      MOV   BP,SP
      MOV   CX,[BP+2]
      MOV   SI,[BP+4]
LOOP1:PUSH  CX
      MOV   DL,[SI]
      MOV   BX,SI
      MOV   DI,SI
      INC   DI
LOOP2:CMP   DL,[DI]
      JL    NOCHG
      MOV   BX,DI
      MOV   DL,[DI]
NOCHG:INC   DI
      LOOP  LOOP2
      MOV   AL,[SI]
      XCHG  AL,[BX]
      XCHG  [SI],AL
      INC   SI
      POP   CX
      LOOP  LOOP1
      RET   4
SORT  ENDP
CODE  ENDS
      END START
```

本例中的参数即数组的首地址和长度是通过堆栈来传递的，调用前先将首地址和长度入栈，在子程序中再从栈中取出。在 SORT 子程序中语句：

```
      MOV   BP,SP
      MOV   CX,[BP+2]
      MOV   SI,[BP+4]
```

是从栈中取参数，而语句：

```
      RET   4
```

是保证从子程序中正确返回。

另外，本例在 SORT 子程序中应该加上该子程序中用到的寄存器的保护和恢复，只是在本例中对其主程序没有影响，因此，在此省略。

小结

1）8086/8088 的指令格式如下：

[标号：] 指令助记符 [操作数1[,操作数2]] [;注释]

2）8086/8088 的寻址方式分为立即数、寄存器寻址、存储器寻址、端口寻址、串寻址。其中，存储器寻址包括直接寻址方式、寄存器间接寻址方式、寄存器相对寻址方式、基址变址寻址方式、相对基址变址寻址方式。

3）8086/8088 的指令系统见表 3-1，指令系统的掌握是汇编语言程序设计的基础。

4）8086/8088 指令系统的约定：

① 立即数不能作为目的操作数。

② CS 不能作为目的操作数。

③ 给段寄存器赋值必须通过寄存器。

④ 两个操作数不能同时为存储器操作数。

⑤ 除串操作指令和地址传送指令外，其他指令的操作数中如果没有用 BP 作为间址，则默认是 DS 段，否则默认是 SS 段。

习题

3-1 试指出下列指令中源操作数的寻址方式，并说明指令操作的结果。

(1) MOV   BX, 'BC'   (2) MOV AX, DATA1

(3) MOVDX, [BX]   (4) MOV AL, [BX + DI]

(5) MOV   CL, LIST [Bx]   (6) MOV AX, FILE [BX + DI + 200H]

(7) DAA   (8) XLAT

(9) IN   AX, DX   (10) INT 21H

3-2 试写出把首地址为 DATA 的字数组和第 4 个字送到 AX 寄存器的指令。要求使用寄存器相对寻址与基址加变址寻址两种寻址方式。

3-3 判断下列指令中哪些是错误的，并说明出错的原因。

(1) MOV BL, AX   (2) MOV AL. BX

(3) MOV AL, BL   (4) MOV BP, BYTE PTR [BX]

3-4 判断下列指令中不合法的原因何在？

(1) MOV 64H, CL   (2) MOV   CL, 100H

(3) MOV CL, 256   (4) MOV   SS, 6180H

(5) MOV CS, WORD PTR [BX]   (6) MOV   DS, SS

(7) XCHG AL, 40H   (8) XCHG   ES, AX

(9) IN 160H, AL   (10) CMP   [SI], [- BX]

(11) MOV DS, 1000H   (12) POP CS

3-5 若堆栈段驻留在存储器地址 20000 ~ 2FFFFH 处，为了能寻址 20FFFH 地址的栈顶，问应装入栈指针（SP）的值是多少？

3-6 说明 PUSHF 与 POPF 两条指令的操作过程与结果。

3-7　说明下列指令的操作结果。

(1) LEA　AX，NUMB

(2) LEA　AX，NUMB

(3) LDS　DI，LIST

(4) LES　BX，CAT

3-8　执行 LEA　BX，TAB 指令与执行 MOV　BX，OFFSET TAB 指令的功能相同吗？哪条指令执行效率高？为什么？

3-9　执行 LEA BX，［DI］指令和执行 MOV BX，DI 指令，哪条指令执行较快？

3-10　执行 LEA SI，［BX + DI］指令时，若 BX = 1000H，DI = FF00H，则执行该指令后，送入 SI 的偏移地址是多少？

3-11　说明下面两条语句的功能。

```
CMP    AX,0
JNE    T
```

3-12　阅读下列程序段，指出它完成何种运算。

```
CMP    AX,0
JGE    EXIT
NEG    AX
EXIT：
```

3-13　若用 64H 减去 AL 中的内容，是否能用 SUB 64H，AL 指令？为什么？如果不能，应使用什么指令？

3-14　试问下列程序段完成什么功能？

```
MOV    CL,04
SHL    DX,CL
MOV    BL,AH
SHL    AX,CL
SHR    BL,CL
OR     DL,BL
```

3-15　若要把 DX 和 AX 中的双字长数扩大 16 倍，试写出完成此功能的程序段。

3-16　试写出实现 DX = BL × CL 的程序段。假定 BL = 5，CL = 10，相乘以后把乘积从 AX 传送到 DX。

3-17　解释 IMUL　WORD　PTR［SI］指令的操作功能。

3-18　试编写一短程序段：用存储单元 NUMBl 中的无符号字节数去除存储单元 NUMB 中的无符号字节数，将所得的商存入单元 ANSQ，而余数存入单元 ANSR 中。

3-19　阅读下列程序段，执行该程序后，问 AX = ？DX = ？

```
MOV    AX,-110
MOV    CX,8
CWD
IDIV   CX
```

3-20　试写出一短程序段，将 AX 中的 16 位二进制转换成 4 位 ASCII 码字符串。若 AX = A325H，问完成转换后，AX = ？DX = ？

3-21　试编写一程序段，将 AX 中的高 4 位移至 DX 的低 4 位。

3-22　试编写一程序段，将 AL 中的高、低 4 位互换。

3-23　下列程序段中每一条指令执行后，AX 中的十六进制内容是什么？

(1) MOV　AX，0　　　　　　(2) DEC AX

(3) ADD　AX, 07FFFH　　　　(4) INC AX

(5) NOT　AX　　　　　　　　(6) SUB AX, 0FFFFH

(7) ADD　AX, 8000H　　　　(8) OR AX, 0BFDFH

(9) AND　AX, 0EBEDH　　　(10) XCHG AH, AL

(11) SAL　AX, 1　　　　　　(12) RCL AX, 1

3-24　假设用下列的程序段来清除数据段中从偏移地址0000H到2000H号字存储单元中的内容（将0送到这些存储单元中去）。试将第4条比较指令语句填写完整。

```
        MOV     SI,0
NEXT:MOV        WORD PTR[SI],0
        ADD     SI,2
        CMP     SI,_____
        JNE     NEXT
        ⋮
```

3-25　如果要将AL中的高4位移至低4位，而移位后AL中的高4位为0，请写出程序段。

3-26　用串操作指令设计实现如下功能的程序段：先将100个数从8430H处搬移到2000H处；再从中检索出等于AL中字符的单元，并将此单元值换成空格符。

3-27　带参数的返回指令用在什么场合？设栈顶地址为3000H，当执行RET 0008后，问SP的值是多少？

3-28　INT 40H指令的中断向量存储在哪些地址单元？试用图解说明中断向量的含义和具体内容，并指出它和中断入口地址之间是什么关系。

第 **4** 章

半导体存储器及其接口

学习目的：*存储器作为微机系统的基本组成部分，它的合理选用和设计对微机系统的性能影响非常关键。通过本章内容学习，要求掌握存储器与 CPU 之间信号线的连接方法，学会分析存储器和 CPU 的连接电路，以及根据相应硬件进行编程控制。*

4.1 半导体存储器

4.1.1 半导体存储器的分级体系

存储器是用来存储信息的部件，是计算机系统的重要组成部分。计算机中的全部信息，包括要处理的原始数据、中间结果和最终结果以及控制计算机运行的各种指令程序都要存放在存储器中。

计算机对存储器的基本要求是容量足够大、速度足够快、制造成本低。但是，在计算机的发展过程中，由于高速的 CPU 和低速的存储器之间运行速度不匹配，严重影响了计算机的执行速度。为了解决这个"瓶颈"问题，对存储器的体系结构进行分级处理，通常将存储器分为高速缓冲存储器（快速存储器）、主存储器和外部存储器三个级别。三级的体系结构如图 4-1 所示。

图 4-1 中，位于最左边的 CPU 寄存器拥有最快的存取速度，但数量极为有限，单位存储容量的价格也较昂贵；越往右，存储器组织的存取速度越慢，单位存储容量的价格也越来越低。其中，主存储器（由 DRAM 组成）就是通常所说的 PC 中的内存，存取速度较慢但容量较大，一般用来存放当前正在使用的或经常使用的程序

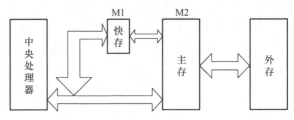

图 4-1 微型计算机存储系统结构示意图

和数据，CPU 可直接对它进行访问。当 CPU 速度很高时，为了使访问内存的速度能与其速度相匹配，又在内存和 CPU 之间增设了高速缓冲存储器（Cache）。Cache 的存取速度比内存更快，但容量较小，用来存放当前正在执行的程序中的活跃部分，以便快速地向 CPU 提供即将执行的指令和数据。通常所指的高速缓冲存储器是在 CPU 的外部，但在 80386 以上的微处理器中，为了进一步提高 CPU 的运行效率，在 CPU 的内部又设置了一个高速缓存。为了与传统意义上的高速缓存加以区别，将 CPU 内部的高速缓存称为一级高速缓存（L1 高速缓存），将 CPU 外部的高速缓存称为二级高速缓存（L2 高速缓存）。外部存储器（如 PC 中的硬盘、光盘、U 盘等），的存储容量大，价格较低，但存取速度较慢，一般用来存放暂时不参与运行的程序和数据以及一些永

久保留的程序、数据、文件，这些程序和数据在需要时可传送到内存。外存的程序只有取入内存才能执行，因此它是内存的补充和后援。

4.1.2 半导体存储器的分类

1. 按制造工艺分类

根据制造工艺的不同，半导体存储器分为双极型和 MOS 型两大类。双极型存储器存取速度通常比 MOS 型存储器要快一个数量级，但由于其是晶体管触发器作为基本存储单元，管子数量较多，因此集成度较低、功耗较大、成本价格高，一般用于高速缓冲存储器或小容量的主存储器。MOS 型存储器具有功耗低、价格低、集成度高等特点，一般普遍用作主存储器。

2. 按存取方式分类

半导体存储器按其使用功能可分为只读存储器（Read Only Memory，ROM）和读写存储器（又称随机存取存储器，Random Access Memory，RAM）两种。下面分别介绍两种存储器的特点和区别。

（1）ROM

计算机工作时，只能对 ROM 进行读操作，不能对其进行写操作，因此 ROM 称为只读存储器。掉电之后，ROM 中的信息依然存在，不会丢失，一般用来存放现行的固定不变的程序和数据，如微机的管理监控程序、汇编程序等，以及存放各种常数、函数表等。ROM 按功能又分为以下几种：

1）掩模 ROM，其中的信息是由生产 ROM 的厂家写入的。将不同功能的程序和数据写入后，可在市场出卖，或直接用在机器上面。这种 ROM 中的信息用户无法改变，批量生产时成本低，可靠性高。

2）可编程只读存储器（Programmable ROM，PROM），这种 ROM 中每个数据位对应的晶体管电极上串有熔丝，熔丝的通断状态就是"0"和"1"两个状态。假定熔丝断为"1"状态，则写入程序时将需写入"1"处的晶体管通以大电流，使熔丝烧断。一旦程序写入将无法修改。

3）光可擦除只读存储器（Erasable PROM，EPROM），这种 ROM 芯片的封装外壳上留有一个石英玻璃窗，通过窗口在紫外线（或 X 光）下照射若干分钟（经验证明 15min 为宜）后，其中的信息就会被擦去，变成全"0"后可在写入装置上将新的程序再次写入。这给用户带来方便。

4）电可擦除只读存储器（Electrically Erasable PROM，EEPROM），可在计算机上用电擦除和改写其中的信息，其特点是能以字节为单位进行擦除和改写，写入和读出都用 +5V 电源，在写入一个字节之前，自动地对原单元的内容进行擦除，如同静态 RAM 一样方便。EEPROM 保存的数据至少可达 10 年以上，每块芯片可擦写 1000 次以上。

（2）RAM

RAM 是一种可以随机写入或读出信息的存储器，即通常所说的计算机的内存条，其主要作用是作为 CPU 运行程序的区域，暂时存放正在执行的程序、原始数据、中间结果和运算结果，配合 CPU 与外设交换信息。RAM 中存放的数据掉电后就会丢失。

RAM 按其结构又可分为两类：双极型 RAM 和 MOS 型 RAM，而 MOS RAM 又可分为静态（Static）和动态（Dynamic）两种。

双极型 RAM 以晶体管触发器作为基本存储电路，特点是存取速度快，但结构复杂、集成度低、功耗大，主要用于小容量的高速暂存器。

静态 RAM（SRAM）的集成度高于双极型 RAM，而功耗低于双极型 RAM，其优点是存储的信息在非掉电情况下不会自动丢失，工作中不需要定时刷新，缺点是集成度较低，适作为小容量存储器。

动态 RAM（DRAM）比 SRAM 具有更高的集成度，但是它靠电路中的栅极电容来记忆信息，由于电容上的电荷会泄漏，需要定时给予补充，所以 DRAM 需要设置定时刷新电路，即每隔一定时间（2ms）就要刷新一次，使原来处于逻辑电平"1"的电容器的电荷得到补充，而原来处于电平"0"的电容器仍保持"0"。DRAM 比 SRAM 的集成度高、功耗低、成本也低，适于作为大容量存储器。所以一般微机系统中的内存条通常采用 DRAM，而高速缓冲存储器（Cache）则使用 SRAM。

为了便于读者能清楚地理解半导体存储器的分类，现将半导体存储器的分类归纳如图 4-2 所示。

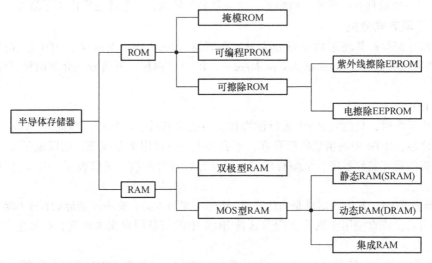

图 4-2　半导体存储器的分类

4.1.3　半导体存储器的主要性能指标

衡量半导体存储器性能的主要指标有存储容量、存取时间、功耗和可靠性等，下面简单介绍其概念。

1）存储容量。存储器可以容纳的二进制信息量称为存储容量。存储容量的大小以字节数为单位表示，常用 Byte（B）、KByte（KB）、MByte（MB）和 GByte（GB）表示，它们之间的关系为

$1K = 2^{10} = 1024$，$1M = 2^{20} = 1024K$，$1G = 2^{30} = 1024M$。例如，8K × 8 位的芯片，其存储容量为 8KB。

2）存取时间。存储器的两个基本操作为读出与写入，存取时间是指从启动一次存储器操作到完成该操作所经历的时间间隔，有时又称为读/写周期，单位以纳秒（ns）度量。内存的存取周期一般为 60 ~ 120ns，常见的有 60ns、70ns、80ns、120ns 几种，相应在内存条上标有 - 6、- 7、- 8、- 12 等字样。这个数值越小，存取速度越快，但价格也随之上升。

3）价格。为了方便比较，常用每字节或每兆字节的价格表示价格，即 C = 价格/容量。

4）功耗。功耗通常是指每个存储元消耗功率的大小，单位为微瓦/位（μW/位）或毫瓦/位（mW/位）。

5）可靠性。可靠性一般是指对电磁场及温度变化等的抗干扰能力，一般平均无故障时间为数千小时以上。

4.1.4　存储芯片的组成

内存储器通常由存储体、地址寄存器（Memory Address Register，MAR）、地址译码驱动电路、数据寄存器（Memory Data Register，MDR）、数据寄存器读/写电路、控制逻辑电路组成，如图4-3所示。

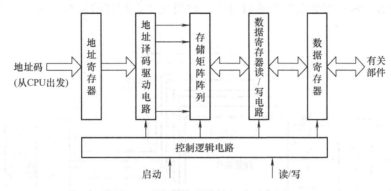

图4-3　内存储器结构组成示意图

1. 存储体

存储体是存储"1"或"0"信息的电路实体，是整个存储器的核心。它由许多个存储单元组成，为了便于信息的读/写，这些基本的存储单元应配置成一定的矩阵阵列，并进行编址，所以也称为存储矩阵。每个存储单元存放着 N 位（一般 N = 8）二进制信息，每个位需要一个存储元件。例如，对于存储容量为1K（1024 个存储单元）×8 位的存储体，其总的存储位数为 1024×8 位 = 8192 位。

存储单元的地址用一组二进制数表示，其地址线根数 n 与存储单元数量 N 之间的关系为 $2^n = N$。地址线数与存储单元数的关系列于表4-1 中。每个存储体传输数据所需的数据线的根数则等于每个存储单元的位数 N。例如，1K（1024 个存储单元）×8 位的存储体所需的地址线数为10，数据线数为8。

表4-1　地址线根数与存储单元数量之间的关系

地址线数 n	3	4	…	8	9	10	11	12	13	14	15	16
存储单元数 $N = 2^n$	8	16	…	256	512	1024	2048	4096	8192	16384	32764	65536
存储容量/B	8	16	…	256	512	1K	2K	4K	8K	16K	32K	64K

2. 地址寄存器

地址寄存器中存放着从地址总线上接收来的地址码，其输出与地址译码驱动电路相连。

3. 地址译码驱动电路

地址译码驱动电路接收 CPU 发出的经地址总线输入的地址码，产生地址译码信号，选中存储矩阵中某个存储单元，为完成对被选中单元的读/写操作做好准备。地址译码方式有两种：

1）单译码方式（或称字结构）。它的全部地址码只用一个地址译码器电路译码，译码输出的字选择线直接选中与输入地址码对应的存储单元。例如，A_2、A_1、A_0 3 根输入地址线，经过地址译码器可以输出 8 种不同编号的字线：000、001、010、…、111，这 8 条字线分别对应着 8 个不同的地址单元。这种单译码方式需要的选择线数较多，只适用于容量较小的存储器。

2）双译码方式（或称重合译码）。双译码方式如图4-4 所示。它将地址码分为 X 与 Y 两部分，用两个译码电路分别译码。X 向译码又称行译码，其输出线称为行选择线，它选中存储矩阵中一行的所有存储单元。Y 向译码又称列译码，其输出线称为列选择线，它选中存储矩阵一列的所有存储单元。只有 X 向和 Y 向的选择线同时选中的那一位存储单元，才能进行读或写操作。

由图 4-4 可见，具有 1024 个基本单元电路的存储体排列成 32×32 的矩阵，它的 X 向和 Y 向译码器各有 32 根译码输出线，共 64 根。若采用单译码方式，则需要 1024 根译码输出线。因此，双译码方式所需要的选择线数目较少，也简化了存储器的结构，故它适用于大容量的存储器。

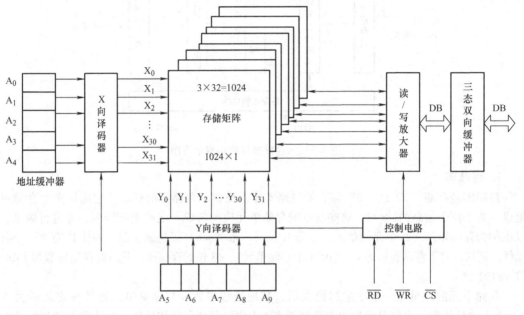

图 4-4　双译码存储器结构示意图

4. 数据寄存器

数据寄存器是三态双向缓冲器，存放着从数据总线上接收来的数据信息，它与读/写电路以及计算机存储器或外设相连。

5. 数据寄存器读/写电路

数据寄存器读/写电路是 CPU 向内存写入数据或从内存读出数据的部件。在控制信号的作用下，执行读操作时向数据总线发送数据，执行写操作时从数据总线接收数据。

6. 控制逻辑电路

外界对存储器的控制信号有读信号（$\overline{RD}$）、写信号（$\overline{WR}$）和片选信号（$\overline{CS}$）等，通过控制电路以控制存储器的读或写操作以及片选。当控制逻辑电路从控制总线上接收到读/写控制信号后，只有片选信号处于有效状态下，读/写电路将选中的存储单元与数据寄存器连接起来，在严格的时序逻辑中执行读/写操作，从而完成对指定存储单元的读出和写入操作，并在完成读或写操作之后，通过控制总线向控制器发回 MFC（存储器工作完成信号）反馈信息。

4.2　存储器接口技术

在微型计算机中，CPU 要频繁地和存储器交换数据，在对存储器进行读/写操作时，总是首先在地址总线上给出要访问的某一单元的地址号，然后再发出相应的读或写控制信号，最后才能在数据总线上进行数据交换。因此，CPU 与存储器主要是通过系统总线连接，系统总线包括地址总线、数据总线和控制总线。从数据传送的角度来看，CPU 与主存储器之间的连接如图 4-5 所示。此时把内存看作一个黑箱，内存的地址寄存器（MAR）和数据寄存器（MDR）是内存和 CPU 之间的接口。地址寄存器接收来自程序计数器的指令地址或来自运算器的操作数地址，以确定要访问的存储单元。数据寄存器在执行读操作时，向数据总线发送数据；执行写操作时，从数据总线接收数据。

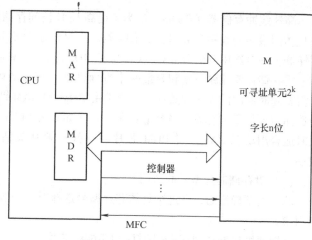

图 4-5 CPU 与主存储器的连接

4.2.1 存储器接口中应考虑的问题

在存储器与 CPU 连接时应考虑以下几个问题：

1. CPU 总线的带负载能力

在计算机系统中，总线与存储器芯片、I/O 口芯片相连，这些挂在系统总线上的器件有的是 TTL 器件，有的是 MOS 器件，因此，在构成系统时应考虑总线能否支持这些负载。通常，总线的负载能力是带一个标准 TTL 门（20 个 MOS 器件）。由于存储器芯片多为 MOS 电路，且器件输入阻抗大，所以其直流负载较小，主要负载是电容负载，故在小型系统中，CPU 可以直接与存储器连接。但当 CPU 和大容量的存储器相连时应考虑总线的驱动问题，即应考虑在总线上增加缓冲器或总线驱动器以增加总线的带负载能力。由于地址总线和控制总线是单向的且总是由 CPU 发出，故常采用单向缓冲器（如 74LS244）或驱动器（74LS373、Intel8282）；而与存储器和 I/O 接口相连的数据总线是双向的，一般采用双向总线驱动器，如 74LS245、Intel8286/8287。

2. 存储器与 CPU 连接时的速度匹配问题

在微机工作过程中，CPU 对存储器的读/写操作是最频繁的基本操作。因此，在考虑存储器与 CPU 连接时，必须考虑存储器芯片的工作速度是否能与 CPU 读/写时序相匹配，这是关系到整个微机系统工作效率高低的关键问题。一般应从存储器芯片工作时序和 CPU 时序两个方面来考虑。

对 CPU 来说，由于 CPU 的存取周期和读/写操作都有固定的时序，由此也就决定了对存储器存取速度的要求。具体来说，CPU 在对存储器进行读操作时，CPU 在发出地址和读命令后，存储器必须在规定时间内给出有效数据（将读出数据送入数据总线）；而当 CPU 对存储器进行写操作时，存储器必须在写脉冲规定的时间内将数据写入指定的存储单元，否则就无法保证迅速准确地传送数据。为了保证 CPU 能与不同速度的存储器相配合，一种常用的方法是使用“等待申请”信号。如果存储器工作速度慢，CPU 根据存储器送来的“未准备好”信号（READY = 0），在正常的读/写周期之后自动插入一个或几个等待周期 T_w（最多不超过 10 倍 T_w 等待时间），以延长总线周期，直到“准备好”（READY = 1）为止。

3. 存储器组织、地址分配和片选信号的问题

对于存储器组织，主要从以下两个方面进行选择。

（1）对存储芯片类型的选用

存储芯片类型的选择与对存储器总体性能的要求以及用来存放的具体内容相关。

83

高速缓冲存储器（Cache）是为了提高 CPU 访问存储器的速度而设置的，存放的内容是当前 CPU 访问最多的程序和数据，要求既能读出又能随时更新，所以是一种可读可写的高速小容量存储器，一般选用双极型 RAM 或者高速 MOS 静态 RAM 芯片构成。

主存储器要兼顾速度和容量两个方面性能，存放的内容一般既有永久性的程序和数据，又有需要随时修改的程序和数据，故通常由 ROM 和 RAM 两类芯片构成。其中，对 RAM 芯片的类型选择与容量要求有关，当容量要求不大（如 64KB 以下）时用静态 RAM 较好，当容量要求很大时适合用动态 RAM。对 ROM 芯片的选择一般从灵活性角度考虑选用 EPROM、EEPROM 的较多。

（2）对存储芯片型号的选用

芯片类型确定后，在进行具体芯片型号选择时，一般应考虑存取速度、存储容量、结构和价格因素。

存取速度最好选用和 CPU 时序相匹配的芯片。

存储芯片的容量和结构直接关系到系统的组成形式、负载大小和成本高低。一般，在满足存储系统总容量的前提下，应尽可能选用集成度高、存储容量大的芯片。这样不仅可降低成本，而且又利于减轻系统负载、缩小存储模块的几何尺寸。

例如，1 片 6116（2K×8 位）和 4 片 2114（1K×4 位）能存储的信息容量都为 16384 位，1 片 6264（8K×8 位）和 4 片 6116 能存储的信息容量都为 65536 位，但是 1 片 6116 的价格比 4 片 2114 的价格便宜得多，1 片 6264 的价格比 4 片 6116 的价格又便宜得多。因此，当要组成一个 8KB 的存储器时，可以选择由 16 片 2114 或者 4 片 6116 或者 1 片 6264 来组成存储器。但是，很显然，用 1 片 6264 最为合理。表 4-2 列出了采用不同芯片组成 8KB 存储器时给地址总线和数据总线造成的负载情况。

表 4-2   不同容量存储芯片对总线负载的影响

芯 片 型 号	芯 片 数 量	地址线（$A_9 \sim A_0$）负载线	数据线（$D_7 \sim D_0$）负载线
2114（1K×4 位）	16	8×2=16	8×1=8
6116（2K×8 位）	4	4×2=8	4×1=4
6264（8K×8 位）	1	1	1

从表 4-2 中可以看出，芯片容量越大，总线负载越小。总线上芯片接得越多时，不但系统中要增加更多的总线驱动器，而且可能由于负载电容变得很大而使信号产生畸变。

一个微机系统内的存储器总是要由多片存储器芯片构成的。这就要根据系统的地址空间分配情况，将这些芯片进行合理排列、连接。CPU 要找到存储器中的某一单元，必须进行两级选择：首先是从若干个芯片中选择某一芯片，称为片选；然后再从该芯片中选择某一单元，称为片内选择。一般是用高位的地址经外部译码器产生片选信号。低位地址与存储器芯片直接连接，经片内的地址译码器选中指定单元，完成片内选择。地址译码的方法有多种，将在后续章节中重点介绍。

4. 存储器与控制总线、数据总线、地址总线的连接问题

（1）存储器与控制总线的连接

控制存储芯片工作的信号除了由地址译码电路产生的片选信号外，还有决定其操作类型的读、写控制信号。不同功能和不同型号的存储芯片，对应于片选、读、写 3 种控制功能的引脚不尽相同，这一点读者可以在后续章节介绍具体型号的存储器芯片时体会到。

ROM 只有读操作无写操作，所以片选和存储器读可用同一引脚 $\overline{CS}$ 进行控制。

RAM 既有读操作又有写操作，故增加了写控制信号，常用方法有两种。一种是用一条 $\overline{WE}$ 线来控制读、写，当 $\overline{CS}=0$、$\overline{WE}=1$ 时为存储器读，当 $\overline{CS}=0$、$\overline{WE}=0$ 时为存储器写。另一种方法是用 OE 和 $\overline{WE}$ 两根控制信号线分别控制读、写操作，$\overline{CE}$ 控制芯片选通。$\overline{CE}$ 由高位地址译码控制，$\overline{OE}$ 由 CPU 的存储器读 $\overline{RD}$ 控制，$\overline{WE}$ 由 CPU 的存储器写 $\overline{WR}$ 控制。当 $\overline{CE}=0$、$\overline{OE}=0$ 时为读操作，当 $\overline{CE}=0$、$\overline{WE}=0$ 时为写操作。

（2）存储器与数据总线的连接

在微机系统中，系统以字节为单位进行存取，因此与之对应的内存也必须以 8 位为一个存储单元，对应一个唯一的存储地址。当用字长不足 8 位的芯片构成内存储器时，必须多片组合在一起，并行构成具有 8 位字长的存储单元。

（3）存储器与地址总线的连接

高端地址总线经译码器连接存储器的片选信号，低端地址总线直接连接存储器芯片的地址线。

例如，RAM 芯片的容量为 1KB（1K×8 位），其片内存储单元选择需要 10 根地址线（$A_9 \sim A_0$），数据线需要 8 位（$O_7 \sim O_0$），则数据总线的 $D_7 \sim D_0$ 连接到存储器的数据线 $O_7 \sim O_0$ 上，地址总线的 $A_9 \sim A_0$ 连接到存储器的 10 位地址线 $A_9 \sim A_0$ 上，8086/8088 CPU 地址总线的高端地址线 $A_{15} \sim A_{10}$ 经译码器连接存储器的片选信号 $\overline{CS}$ 或 $\overline{CE}$。

4.2.2 存储器芯片的扩展

要对内存进行读/写，首先必须对每个存储单元进行编址。为了适应非数值计算的需要，目前最常用的编址方式是字节编址。字节编址的计算机中每个存储单元只存放一个字节信息，每个存储单元由唯一的一个地址码来表示。

1. 存储器芯片扩展方法

单片存储器芯片的容量是有限的，有多字 1 位型的，如动态 RAM 2118 为 16K×1 位、动态 RAM 2164 为 64K×1 位；有多字 4 位型的，如静态 RAM 2114 为 1K×4 位；更多的是多字 8 位型的，如静态 RAM 6116 为 2K×8 位、静态 RAM 6264 为 8K×8 位等。实际系统中的存储器每个存储单元是 8 位的，因此使用 1 位或 4 位型的芯片时字长不足，这时应对存储器芯片进行"位扩展"，构成 8 位型使用；如果字数不足（单元数不够），需要大容量存储器，应该对存储器芯片进行"字扩展"；如果字长和字数都不够，则需要进行"字位扩展"。下面分别介绍这 3 种类型的扩展方法。

（1）位扩展法

位扩展法是指需要对芯片的位数进行扩充（加大字长）以满足对存储单元位数的实际要求。一般当选择的存储器芯片是位结构的（每片是 N 字×位结构），单元数（字数）与所要求的存储器字数相同，只是位数不满足要求时，就需要在位方向扩展。位扩展之后，字数仍与存储器芯片原来字数一致，而每个单元的位数变成了 8 位。

例如，用容量为 16K×1 位的存储器芯片构成 16K×8 位的 RAM，则需要用 8 片 16K×1 位的相同芯片组成一组并行使用，即 8 片的数据线分别连到系统的 8 根数据线上，8 片芯片的地址线的对应位连在一起与系统地址线的对应位相连，8 片的片选信号连在一起，读/写控制线连在一起，8 片同时选中、同时读/写，每个芯片提供读/写 1 位的数据，如图 4-6 所示。

（2）字扩展法

字扩展就是当存储器芯片的字长与存储器的字长相同，而容量（单元数）不满足要求时，则要对芯片的单元数进行扩充，以满足总容量的要求。

例如，用 $16K \times 8$ 位的芯片构成 $64K \times 8$ 位的存储器，这时由于单个芯片的单元数只有16K，不满足64K的要求，需要在字方向进行扩展，即用 4 片 $16K \times 8$ 位的芯片，把它们的地址线、数据线、读/写控制线分别并联，而片选信号则要单独引出，如由地址线的高位（A_{15}、A_{14}）通过译码产生各芯片的片选信号，使 4 个芯片轮流被选中，用地址线的低位（$A_{13} \sim A_0$）直接连到 4 个芯片的地址引脚作为片内地址去选中某一单元，如图4-7所示。

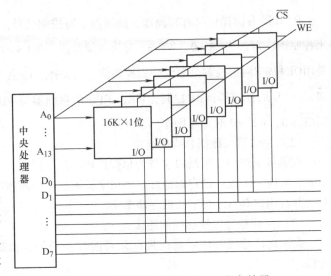

图4-6　位扩展法组成 $16K \times 8$ 位存储器

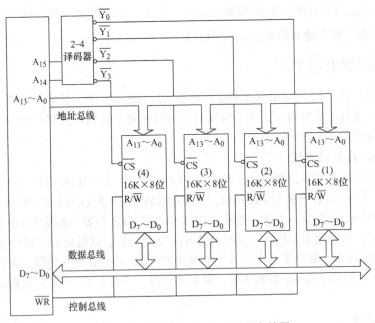

图4-7　字扩展法组成 $64K \times 8$ 位存储器

（3）字位扩展法

字位扩展是指在字向和位向都要进行扩展。

例如，$16K \times 1$ 位的存储器芯片组成 $64K \times 8$ 位 RAM 就要进行字位扩展。根据给定规格，总共需要 $(64 \times 8)/(16 \times 1) = 32$ 片芯片。用 1 位的存储器芯片满足 8 位的字长要求，应将 8 片芯片位扩展成一组同时工作。用 16K 的存储器芯片满足 64K 的容量要求，要每 8 片一组，32 片共分 4 组。这 4 组用高位地址（A_{15}、A_{14}）经译码产生片选信号，以选择 4 组中的哪一组；用地址线的低 14 位（$A_{13} \sim A_0$）直接连到每个芯片的地址引脚，实现片内选择。

2. 存储器地址译码方法

微机系统的内存是由多个存储器芯片组成的，而 CPU 在对存储器进行读/写操作时，只选中一个存储单元。为此，CPU 必须进行两级寻址。首先要选择存储器芯片，称为片选；然后再从选中的芯片中选择出一个指定的存储单元，以进行数据的存取，称为字选。字选由存储器芯片内的译码器完成，即 CPU 将低位地址直接连到存储器芯片的地址引脚，经片内地址译码，实现片内寻址。而片选（芯片间的选择）则是由外部地址译码器来完成，CPU 用地址的高位经译码器译码，产生所需的片选信号（$\overline{CS}$）。通过地址译码实现片选的方法通常有 4 种：线选法、全译码法、部分译码和混合译码法。

（1）线选法

线选法即线性选择法，是指直接用地址总线的高位地址中的某一位或几位直接作为存储器芯片的片选信号 $\overline{CS}$，用地址线的低位实现对芯片的片内选择。当存储器容量不大，所使用的存储器芯片数量不多，而 CPU 的寻址空间远远大于存储器容量时，可用这种译码方法。

例如，假定某微机系统的存储器容量为 4KB，CPU 的寻址空间为 64KB（地址总线为 16 位），所用芯片容量为 1KB（片内地址为 10 位），那么可用线选法从高 4 位地址中任选 4 位作为 4 块存储器芯片的片选信号，如图 4-8 所示。

线选法的优点是电路简单，选择芯片不需外加译码电路。但该方法有两个缺点：一是当存在空闲地址线时，由于空闲地址线可随意取 0 或者 1，故将导致地址重叠，如图 4-8 所示，当空闲地址线 A_{15} 和 A_{14} 取不同值时，各芯片将对应不同的地址编码（表 4-3 给出的 A_{15} 和 A_{14} 为 00）；二是整个存储地址分布不连续，不能充分利用系统的存储器地址空间，这给编程带来一定困难，如表 4-3 所示，芯片 2 的末地址和芯片 3 的首地址并不连续。所以，线选法只适用于容量较少的简单微机系统或不需要扩充内存空间的系统。

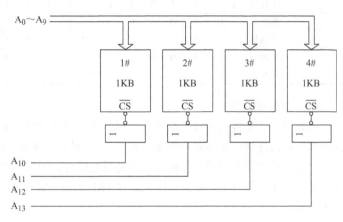

图 4-8　线选法组成 4K×8 位存储器

表 4-3　图 4-8 所示存储器地址分布

芯　片		地　址　空　间																			芯片地址范围
		空闲线		片选信号				片内寻址													
		A_{15}	A_{14}	A_{13}	A_{12}	A_{11}	A_{10}	A_9	A_8	A_7	A_6	A_5	A_4	A_3	A_2	A_1	A_0				
1	首地址	0	0	0	0	0	1	0	0	0	0	0	0	0	0	0	0				0400H
	末地址	0	0	0	0	0	1	1	1	1	1	1	1	1	1	1	1				07FFH
2	首地址	0	0	0	0	1	0	0	0	0	0	0	0	0	0	0	0				0800H
	末地址	0	0	0	0	1	0	1	1	1	1	1	1	1	1	1	1				0BFFH
3	首地址	0	0	0	1	0	0	0	0	0	0	0	0	0	0	0	0				1000H
	末地址	0	0	0	1	0	0	1	1	1	1	1	1	1	1	1	1				13FFH
4	首地址	0	0	1	0	0	0	0	0	0	0	0	0	0	0	0	0				2000H
	末地址	0	0	1	0	0	0	1	1	1	1	1	1	1	1	1	1				23FFH

（2）全译码法

全译码法是指将系统地址总线中除片内地址以外的全部高位地址接到地址译码器的输入端

参加译码，把译码器的输出信号作为各芯片的片选信号，将它们分别接到存储器芯片的片选端，以实现片选。图 4-7 所示的字扩展法构成存储器的方案中就使用了全译码法。该方案各存储器芯片的地址范围见表 4-4。

从表 4-4 中可以看出，全译码法不浪费可利用的存储空间，并且各芯片所占地址空间是相互邻接的，任一单元都有唯一确定的地址，这便于编程和内存扩充。但全译码法对译码电路的要求较高，通常当存储器芯片较多时，采用这种方法。

表 4-4　图 4-7 所示存储器地址分布

芯　　片		片选信号		片内寻址																芯片地址范围
		A_{15}	A_{14}	A_{13}	A_{12}	A_{11}	A_{10}	A_9	A_8	A_7	A_6	A_5	A_4	A_3	A_2	A_1	A_0			
1	首地址	0	0	0	0	0	0	0	0	0	0	0	0	0	0	0	0	0000H
	末地址	0	0	1	1	1	1	1	1	1	1	1	1	1	1	1	1	3FFFH
2	首地址	0	1	0	0	0	0	0	0	0	0	0	0	0	0	0	0	4000H
	末地址	0	1	1	1	1	1	1	1	1	1	1	1	1	1	1	1	7FFFH
3	首地址	1	0	0	0	0	0	0	0	0	0	0	0	0	0	0	0	8000H
	末地址	1	0	1	1	1	1	1	1	1	1	1	1	1	1	1	1	BFFFH
4	首地址	1	1	0	0	0	0	0	0	0	0	0	0	0	0	0	0	C000H
	末地址	1	1	1	1	1	1	1	1	1	1	1	1	1	1	1	1	FFFFH

（3）部分译码法

部分译码法是将高位地址线中的一部分地址参加译码器译码，作为片选信号，仍用地址线低位部分直接连到存储器芯片的地址输入端实现片内寻址。该方法实际是线选法和全译码法的混合方式，常用于不需要全部地址空间的寻址能力，但采用线选法又不够用的情况。例如，CPU 地址总线为 16 位，存储器由 4 片容量为 8KB 的芯片构成时，采用部分译码法的结构示意图如图 4-9 所示。

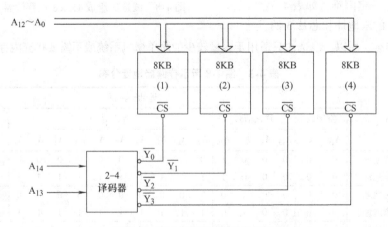

图 4-9　部分译码法结构示意图

采用部分译码法时，由于未参加译码的高位地址与存储器地址无关，即这些地址的取值可任意（如图 4-9 中的存储器地址与 A_{15} 无关），所以存在地址重叠的问题。此外，从高位地址中选择不同的地址位参加译码（如图 4-9 中 A_{13} 和 A_{14} 换成 A_{13} 和 A_{15} 参加译码），将对应不同的地址空间。

（4）混合译码法

混合译码法是将线选法和部分译码法相结合的一种方法。该方法将用于片选控制的高位地址分为两组，其中一组的地址（通常为较低位）采用部分译码法，经译码后的每一个输出作为一块芯片的片选信号；另一组地址（通常为高位）则采用线选法，每一位的地址线作为一块芯片的片选信号。

例如，当 CPU 地址总线为 16 位，存储器由 10 片容量为 2KB 的芯片构成时，可用混合译码法实现片选控制。图 4-10 给出了采用该方法的结构示意图，其各存储器芯片的地址范围见表 4-5。

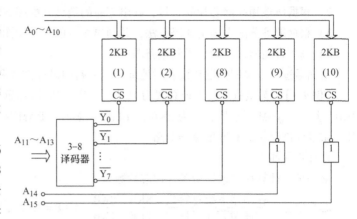

图 4-10　混合译码法结构示意图

表 4-5　图 4-10 所示地址分布

芯　　片		地　址　空　间																				芯片地址范围
		片选信号					片内寻址															
		A_{15}	A_{14}	A_{13}	A_{12}	A_{11}	A_{10}	A_9	A_8	A_7	A_6	A_5	A_4	A_3	A_2	A_1	A_0					
1	首地址	0	0	0	0	0	0	0	0	0	0	0	0	0	0	0	0					0000H
	末地址	0	0	0	0	0	1	1	1	1	1	1	1	1	1	1	1					07FFH
2	首地址	0	0	0	0	1	0	0	0	0	0	0	0	0	0	0	0					0800H
	末地址	0	0	0	0	1	1	1	1	1	1	1	1	1	1	1	1					0FFFH
3	首地址	0	0	0	1	0	0	0	0	0	0	0	0	0	0	0	0					1000H
	末地址	0	0	0	1	0	1	1	1	1	1	1	1	1	1	1	1					17FFH
4	首地址	0	0	0	1	1	0	0	0	0	0	0	0	0	0	0	0					1800H
	末地址	0	0	0	1	1	1	1	1	1	1	1	1	1	1	1	1					1FFFH
5	首地址	0	0	1	0	0	0	0	0	0	0	0	0	0	0	0	0					2000H
	末地址	0	0	1	0	0	1	1	1	1	1	1	1	1	1	1	1					27FFH
6	首地址	0	0	1	0	1	0	0	0	0	0	0	0	0	0	0	0					2800H
	末地址	0	0	1	0	1	1	1	1	1	1	1	1	1	1	1	1					2FFFH
7	首地址	0	0	1	1	0	0	0	0	0	0	0	0	0	0	0	0					3000H
	末地址	0	0	1	1	0	1	1	1	1	1	1	1	1	1	1	1					37FFH
8	首地址	0	0	1	1	1	0	0	0	0	0	0	0	0	0	0	0					3800H
	末地址	0	0	1	1	1	1	1	1	1	1	1	1	1	1	1	1					3FFFH
9	首地址	0	1	0	0	0	0	0	0	0	0	0	0	0	0	0	0					4000H
	末地址	0	1	0	0	0	1	1	1	1	1	1	1	1	1	1	1					47FFH
10	首地址	1	0	0	0	1	0	0	0	0	0	0	0	0	0	0	0					8800H
	末地址	1	0	0	0	1	1	1	1	1	1	1	1	1	1	1	1					8FFFH

显然，采用混合译码法同样存在地址重叠与地址不连续的问题。

3. 地址译码电路的设计

存储器地址译码电路的设计一般遵循以下步骤：

1）根据系统实际存储容量和已经选定的存储芯片，计算系统所需芯片的数量，确定存储器在整个寻址空间的位置。

2）根据所选用存储芯片的容量，画出相应的地址分配图或列出地址分配表。

3）根据地址分配表确定译码方法，并画出相应的地址位图。

4）选用合适器件，画出译码电路图。

下面通过一个典型例题让读者对地址译码电路的设计方法和步骤有深刻体会。

【例 4-1】 某微机系统地址总线为 16 位，实际存储器容量为 16KB，ROM 区和 RAM 区各占 8KB。其中，ROM 区采用容量为 2KB 的 EPROM 芯片，RAM 区采用容量为 1KB 的静态 RAM 芯片。试设计该存储器的地址译码电路。

设计步骤如下：

第一步，计算存储系统所需存储芯片数量。

$$芯片数量 = \frac{存储器系统总容量}{存储芯片容量} = \frac{8KB}{2KB} + \frac{8KB}{1KB} = 4 + 8 = 12 \text{ 片}，其中 ROM 区 4 片，RAM 区 8 片。$$

该系统的寻址空间最大为 $2^{16} = 64KB$，假设实际存储器占用最低 16KB 的存储空间，即地址为 0000H ~ 3FFFH。其中 0000H ~ 1FFFH 为 EPROM 区，2000H ~ 3FFFH 为 RAM 区。

第二步，根据所采用的存储芯片容量，确定译码方法并画出相应的地址分配图。

根据第一步的计算及分析结果，可以得到该系统的地址分配图，如图 4-11 所示。

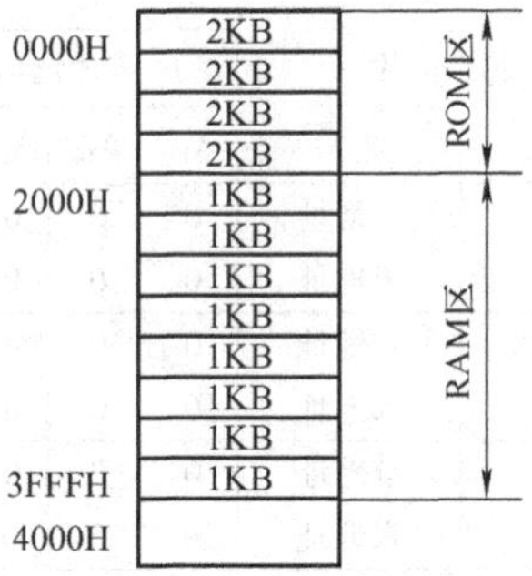

第三步，根据第二步所得地址分配图确定译码方法，并画出相应的地址位图。

由于 EPROM 芯片与 RAM 芯片的存储容量不同，所以用于片内寻址的地址位数也不同。EPROM 芯片容量为 2KB，需要 11 位地址（$A_0 \sim A_{10}$）；RAM 芯片容量为 1KB，只需要 10 位地址（$A_0 \sim A_9$）。这就使得用于片选控制的译码的地址位也不相同。对于这类译码问题通常有两种解决方法：一种是用各自的译码电路分别译码产生各自的片

图 4-11　例 4-1 存储系统地址分配图

选信号；另一种是分两次译码，即先按芯片容量大的进行一次译码，将一部分输出作为大容量芯片的片选信号，另外一部分输出则与其他相关地址一起进行二次译码，产生小容量芯片的片选信号。这种方法可推广到多种不同容量的芯片一起使用的场合，这时可通过多层译码相继产生容量从大到小的不同芯片的片选信号。

本例题采用第二种方法，即二次译码法。先进行一次译码（$A_{11}A_{12}A_{13}$ 参与译码）产生区分 8 个 2KB 的信号，其中的 4 个输出（$\overline{Y_0 \sim Y_3}$）作为 4 片 EPROM 的片选信号，另外 4 个输出（$\overline{Y_4 \sim Y_7}$）和与之相关的另一位地址 A_{10} 一起进行二次译码，产生 8 片 1KB 的 RAM 芯片的片选信号。此外，对于取值固定不变的高位地址（A_{14}、A_{15}）可令其作为译码器的允许控制信号。据此，可得到相应的地址位图，如图 4-12 所示。

第四步，根据地址位图，选用合适器件，画出译码电路图。

本例中一次译码产生 8 个输出信号，选用 74LS138 译码器，以 $A_{11}A_{12}A_{13}$ 作为译码信号，A_{14}、A_{15} 为取值不变的固定的高位地址，将其作为 3 - 8 译码器的两个允许控制信号，译码器的二次译码采用一次译码 8 个输出的后 4 个输出和 A_{10} 位通过或门运算实现。最后，整个译码电路如图 4-13 所示。

ROM片选译码					ROM片内译码												
译码允许		一次译码															
A_{15}	A_{14}	A_{13}	A_{12}	A_{11}	A_{10}	A_9	A_8	A_7	A_6	A_5	A_4	A_3	A_2	A_1	A_0		
0	0	0	0	0		0000H~07FFH							(片1)				ROM区
0	0	0	0	1		0800H~0FFFH							(片2)				
0	0	0	1	0		1000H~17FFH							(片3)				
0	0	0	1	1		1800H~1FFFH							(片4)				
0	0	1	0	0	0	2000H~23FFH							(片5)				RAM区
					1	2400H~27FFH							(片6)				
0	0	1	0	1	0	2800H~2BFFH							(片7)				
					1	2000H~2FFFH							(片8)				
0	0	1	1	0	0	3000H~33FFH							(片9)				
					1	3400H~37FFH							(片10)				
0	0	1	1	1	0	3800H~3BFFH							(片11)				
					1	3C00H~3FFFH							(片12)				
		二次译码															
RAM片选译码					RAM片内译码												

图 4-12 例 4-1 地址位图

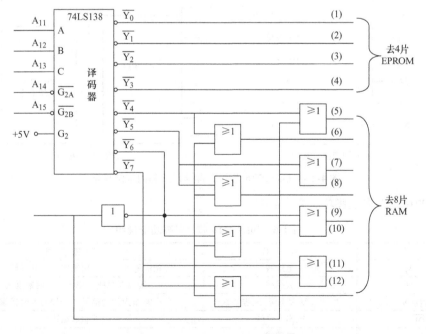

图 4-13 例 4-1 片选控制译码电路

4.3 主存储器接口

在微机系统中，组成主存储器的存储芯片类型不同，其接口特性不同，下面以 EPROM、SRAM 和 DRAM 为例分别讨论其与 CPU 的接口。

4.3.1 EPROM 与 CPU 的连接

目前广泛使用的典型 EPROM 芯片有 Intel 公司生产的 2716（$2K \times 8$ 位）、2732（$4K \times 8$ 位）、2764（$8K \times 8$ 位）、27128（$16K \times 8$ 位）、27256（$32K \times 8$ 位）、27512（$64K \times 8$ 位）等。前两种为 24 脚双列直插式封装，后几种为 28 脚双列直插式封装。现以 Intel 2716 为例对 EPROM 的芯片特性和接口方法进行介绍。

1. 芯片特性

Intel 2716 是一种存储容量为 16Kbit（$2K \times 8$ 位），存取时间约 450ms 的 EPROM 芯片。它只要求单一的 +5V 电源即可正常工作。其外部引脚排列图和内部结构框图如图 4-14 所示。

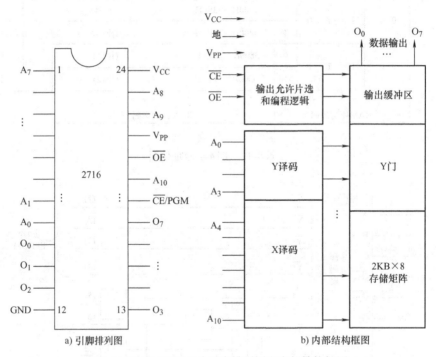

a) 引脚排列图   b) 内部结构框图

图 4-14　Intel 2716 芯片引脚排列图和内部结构框图

Intel 2716 芯片各引脚功能见表 4-6。

表 4-6　Intel 2716 芯片引脚功能说明

序　号	名　称	功能说明
$A_0 \sim A_{10}$	地址线	接相应地址总线，用来实现对某存储单元寻址
$O_0 \sim O_7$	数据线	接数据总线，用于工作时数据读出
$\overline{CE}$（PD/PGM）	片选（功率下降/编程）线	工作时作为片选信号，编程写入时接编程脉冲
$\overline{OE}$	输出允许线	控制数据读出
V_{CC}	电源线	+5V
V_{PP}	电源线	编程时接 +25V，读操作时接 +5V
GND	地线	

Intel 2716 芯片的 16Kbit 基本存储电路排列成 128×128 的阵列，它们分成 8 个 128×16 的矩阵，128×16 的矩阵中的每个点代表 2KB 中的某一位。由图 4-14 可知，芯片内部采用双译码方式，11 条地址线中 7 条用于 X 译码，产生 128 条行选择线；4 条用于 Y 译码，产生 16 条列选择线。当某个单元被选中时，同时产生 8 位输出数据。

信号线 $\overline{CE}$、$\overline{OE}$、V_{PP}、V_{CC} 的不同组合决定了 2716 芯片的不同工作方式，表 4-7 列出了该芯片工作方式的选择。

当输出允许信号 $\overline{OE}$ 及片选信号 $\overline{CE}$ 为低电平时，若 $V_{PP} = +5V$，则 2716 芯片处于读出工作状态，此时由地址所选中的存储单元内容被读出，送到数据输出线上；当 $\overline{CE}$ 为高电平，$V_{PP} = +5V$ 时，不管 $\overline{OE}$ 状态如何，2716 芯片将处于功率下降状态（待机状态），这时功耗可由 525mW 下降为 132mW，降低 75%，对机器工作十分有利；当 $\overline{OE}$ 为高电平，$V_{PP} = +5V$ 时，不论 $\overline{CE}$ 状态如何，输出被禁止，呈高阻状态；当 $V_{PP} = +25V$，$\overline{OE}$ 为高电平，并且编程脉冲输入端 PGM 为 52ms 正脉冲时，出现在 $O_0 \sim O_7$ 上的数据（由外界加入）将被写入选中的存储单元中；当 $V_{PP} = +25V$，$\overline{CE}$ 和 $\overline{OE}$ 均为低电平时，可对被写入信息进行核实；当 $\overline{CE}$ 为低电平，$\overline{OE}$ 为高电平，$V_{PP} = +25V$ 时，2716 芯片处于编程禁止状态。

表 4-7　Intel 2716 芯片的工作方式选择

引脚＼工作方式	$\overline{CE}$（PD/PGM）	$\overline{OE}$	V_{PP}	数据总线状态
读出	0	低	+5V	数据输出
输出禁止	无关	1	+5V	高阻抗
功率下降（待机）	1	无关	+5V	高阻抗
编程输入	宽 52ms 的正脉冲	1	+25V	数据输入
校验编程内容	0	0	+25V	数据输出
编程禁止	0	1	+25V	高阻抗

2. 接口方法

Intel 2716 芯片与 8 位 CPU 的连接方法如下：

1）低位地址线、数据线直接相连。

2）工作电源 V_{CC} 直接与 +5V 电源相连，编程电源 V_{PP} 通常由开关控制。

3）$\overline{CE}$ 和 $\overline{OE}$ 信号分别由 CPU 高位地址总线和控制总线译码后产生，通常采用图 4-15 所示的 3 种方法。

其中，方法 3 用得比较普遍，该方法中 CPU 的存储器仿问信号 $\overline{M}$ 可作为译码器的控制允许信号之一。

3. 举例说明

（1）要求

用 2716 EPROM 芯片为某 8 位微处理器设计一个 16KB 的 ROM 存储器。已知该微处理器地址线为 $A_0 \sim A_{15}$，数据线为 $D_0 \sim D_7$，"允许访问"控制信号为 $\overline{M}$，读出控制信号为 $\overline{RD}$。画出 EPROM 与 CPU 的连接框图。

（2）分析

1）每一片 2716 芯片的容量为 2KB，构造一个 16KB 的 EPROM 存储器共需 8 片 2716。

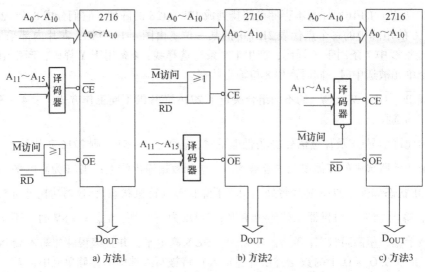

a) 方法1　　　　　　　b) 方法2　　　　　　　c) 方法3

图 4-15　Intel 2716 芯片与 CPU 的连接方法

2）2716 芯片需要 $A_0 \sim A_{10}$ 共 11 根地址线实现片内寻址，可与 CPU 地址总线的低 11 位 $A_0 \sim A_{10}$ 直接相连。

3）8 个芯片的片选信号 $\overline{CE}$ 由 3 - 8 译码器对地址 $A_{11} \sim A_{13}$ 译码产生，输出允许信号 $\overline{OE}$ 和读信号 $\overline{RD}$ 相连接。这样除了被选中芯片 $\overline{CE}$ 为低电平，由 $\overline{RD}$ 信号控制进行读出外，其他 7 个芯片的 $\overline{CE}$ 全为高电平，使其工作在"功耗下降"方式。

（3）实现

根据分析，可画出 EPROM 与 CPU 的连接图如图 4-16 所示。当系统中还有 RAM 时，可由 A_{14}、A_{15} 实现分组控制、统一编址。

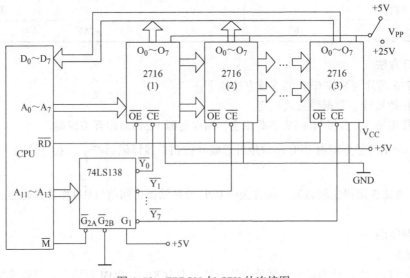

图 4-16　EPROM 与 CPU 的连接图

4.3.2　SRAM 与 CPU 的连接

常用的 SRAM 芯片有 Intel 公司生产的 2114（1K×4 位）、2128（2K×4 位）、6116（2K×8 位）、6264（8K×8 位）等。现以 2114 芯片为例对 SRAM 的芯片特性和接口方法进行介绍。

1. 芯片特性

Intel 2114 是一种存储容量为 $1K \times 4$ 位，存取时间最大为 450ns 的 SRAM 芯片。其外部引脚排列图、引脚名及内部结构图分别如图 4-17a、b、c 所示。

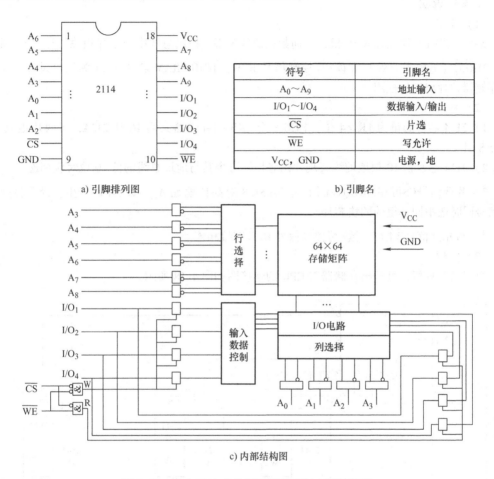

符号	引脚名
$A_0 \sim A_9$	地址输入
$I/O_1 \sim I/O_4$	数据输入/输出
$\overline{CS}$	片选
$\overline{WE}$	写允许
V_{CC}，GND	电源，地

a) 引脚排列图   b) 引脚名

c) 内部结构图

图 4-17   Intel 2114 芯片引脚排列图与内部结构图

该芯片内部将 4096 个基本存储电路排列成 64×64 的矩阵，由 10 根地址线 $A_0 \sim A_9$ 经双译码后对其进行单元选择。其中，$A_3 \sim A_8$ 6 位地址用于行译码，产生 64 根行选择线；A_0、A_1、A_2、A_9 4 根用于列译码，产生 64/4 根列选择线（16 根列选择线，每根同时接至 4 位）。从而将 4096 个存储元构成 $1K \times 4$ 位的存储器。

存储芯片的内部数据通过 I/O 电路以及输入三态门和输出三态门同数据总线相连。由片选信号 $\overline{CS}$ 和写允许信号 $\overline{WE}$ 一起控制这些三态门。当 $\overline{CS}$ 和 $\overline{WE}$ 均有效（低电平）时，输入三态门打开，数据信息由外部数据总线写入存储器；当 $\overline{CS}$ 低电平有效，而 $\overline{WE}$ 无效（高电平）时，输出三态门打开，从存储器读出的数据信息送至外部数据总线。

2. 接口方法

从连接特性看，2114 芯片与前面介绍的 EPROM 2716 相比只增加了一个读/写控制功能，故其接口方法大同小异，具体如下：

1）存储器的地址线 $A_0 \sim A_9$ 与地址总线的低 10 位直接相连。

2）数据输入/输出线 $I/O_1 \sim I/O_4$ 与数据总线的连续 4 位（如 $D_3 \sim D_0$、$D_7 \sim D_4$）相连。

3）片选信号$\overline{\text{CS}}$可在访存控制信号控制下由高位地址译码产生。

4）写允许信号$\overline{\text{WE}}$与 CPU 发出的有关读/写控制信号直接相连或者由有关控制信号组成。

3. 举例说明

（1）要求

某 8 位微机有地址总线 16 根，双向数据总线 8 根，控制总线中与主存相关的有"允许访存"信号$\overline{\text{MREQ}}$（低电平有效）和读/写控制信号 R/$\overline{\text{W}}$。试用 SRAM 芯片 2114 为该机设计一个 8KB 的存储器并画出连接框图。

（2）分析

1）2114 芯片容量为 1K ×4 位，构造一个 8KB 的存储器共需 16 片 2114，每两片组成 1KB，共分 8 组。

2）2114 芯片需 10 根地址线实现片内寻址，可令其与地址总线的低 10 位对应相连。

3）片选信号$\overline{\text{CS}}$可在$\overline{\text{MREQ}}$控制下由 74LS138 对高位地址 $A_{10} \sim A_{12}$ 译码产生，译码器每个输出信号同时选中同一组的两块芯片。

4）写允许信号$\overline{\text{WE}}$可与读/写控制信号 R/$\overline{\text{W}}$直接相连。

（3）实现

根据以上分析，可画出存储器与 CPU 的连接图如图 4-18 所示。

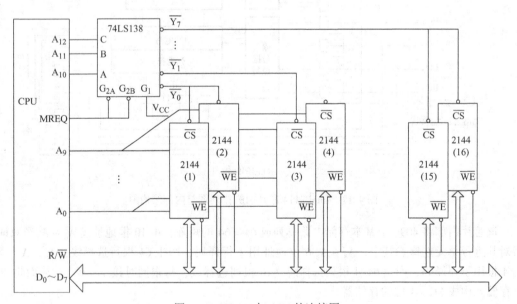

图 4-18　SRAM 与 CPU 的连接图

目前常用的其他 SRAM 芯片，如 6116（4K ×8 位）、6264（8K ×8 位）等，除在读/写控制方面及片选分别用 OE、WE 和 CE 控制外，工作原理和接口特性与 2114 基本一样。此外，尽管它们容量不同，但在引脚的排列上相互是兼容的，因而大大提高了这些芯片使用的灵活性。

4.3.3　DRAM 与 CPU 的连接

DRAM 与 SRAM 相比，由于存储原理和芯片结构的区别，使之在与 CPU 接口时有两个特殊问题需要考虑：一是由于 DRAM 芯片中的存储元是靠栅极电容上的电荷存储信息的，时间一长将会引起信息丢失，所以必须定时刷新；二是由于 DRAM 芯片集成度高，存储容量大，使引脚数量不够用，所以地址输入一般采用两路复用锁存方式。正是由于这两个问题，尤其是定时刷新问题，决定了 DRAM 接口比 SRAM 接口要复杂得多。

目前市场上的 DRAM 芯片种类很多，常用的有 Intel 公司生产的 2116、2118、2164 等。现以 2164 为例对 DRAM 的芯片特性和结构特征进行介绍。

1. 芯片特性

Intel 2164 是一种存储容量为 64K×1 位，最大存取时间为 200ns，刷新时间间隔为 2ms 的 DRAM 芯片。其引脚排列图、引脚名和内部结构图分别如图 4-19a、b、c 所示。

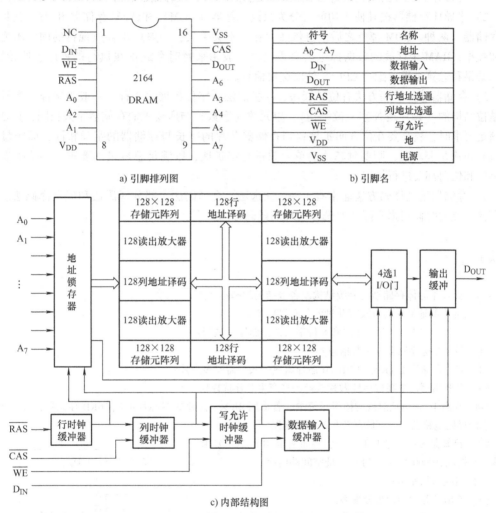

a) 引脚排列图   b) 引脚名

符号	名称
$A_0 \sim A_7$	地址
D_{IN}	数据输入
D_{OUT}	数据输出
$\overline{RAS}$	行地址选通
$\overline{CAS}$	列地址选通
$\overline{WE}$	写允许
V_{DD}	地
V_{SS}	电源

c) 内部结构图

图 4-19 2164 芯片外部引脚排列图和内部结构图

2. 芯片的结构特征

1）芯片存储容量为 64K×1 位，用于片内寻址的 16 位地址 $A_0 \sim A_{15}$ 通过 8 根地址线分时锁存到芯片内的地址锁存器。首先在行选通信号 $\overline{RAS}$ 有效时输入 16 位地址的低 8 位作为行地址，然后在 $\overline{RAS}$ 保持低电平时启动列选通信号 $\overline{CAS}$ 有效，再输入 16 位地址的高 8 位作为列地址。

2）芯片内的 65536 个存储元排列为 4 个 128×128 的阵列。由行、列地址的最高位来选择 4 个阵列之一。

3）四选一的门控信号和数据输出允许信号均被列选通信号 $\overline{CAS}$ 控制。在刷新周期 $\overline{RAS}$ 为低电平时有效，而$\overline{CAS}$为高电平时无效，使数据输出端呈高阻状态，且"四选一"的情况不能发生。从而由行地址的低 7 位控制对芯片的 4×128 个存储元刷新，即 4 个阵列的同一行同时刷新。

4）刷新一遍芯片内的所有存储元共需 128 个刷新周期。

小结

1）通常存储器分为高速缓冲存储器（快速存储器）、主存储器和外部存储器 3 个级别。

2）半导体存储器按其使用功能可分为只读存储器（ROM）和读/写存储器 RAM（又称为随机存储器）两种。ROM 掉电之后信息依然存在，不会丢失，一般用来存放现行的固定不变的程序和数据；RAM 中存放的数据掉电后会丢失，一般用来暂时存放正在执行的程序、原始数据、中间结果和运算结果，配合 CPU 与外设交换信息。

3）存储器芯片扩展方法有位扩展法、字扩展法、字位扩展法 3 种。一般当选择的存储器芯片是位结构的（每片是 N 字×位结构），单元数（字数）与所要求的存储器字数相同，只是位数不满足要求时，就需要在位方向扩展；当存储器芯片的字长与存储器的字长相同，而容量（单元数）不满足要求时，则要对芯片的单元数进行字扩展，以满足总容量的要求；字位扩展是指在字向和位向都要进行扩展。

4）存储器地址译码方法通常有 4 种：线选法、全译码法、部分译码法和混合译码法。在设计存储系统的时候根据实际情况选择合理的译码方法。

习题

4-1 简述半导体存储器的分级结构及各级结构的基本特点。

4-2 常用的地址译码方式有几种？各有哪些特点？

4-3 设有一个具有 13 位地址和 8 位字长的存储器，试问：

（1）存储器能存储多少字节信息？

（2）如果存储器由 1K×4 位 RAM 芯片组成，共计需要多少片？

（3）需要用哪几个高位地址做片选译码来产生芯片选择信号？

4-4 在有 16 根地址总线的微机系统中，若采用 2K×8 位存储器芯片形成 16KB 存储器，设计出存储器片选的译码电路及其与存储器芯片的连接电路。

4-5 已知某 SRAM 芯片的部分引脚如图 4-20 所示，要求用该芯片构成 A0000H ~ ABFFFH 寻址空间的内存。

（1）问应选几片芯片？

（2）给出各芯片的地址分配表。

（3）画出采用 74LSl38 译码器时，它与存储器芯片之间的连接电路图。

4-6 已知某 RAM 芯片的容量为 4K×4 位，该芯片有数据线 $D_3 \sim D_0$，地址线 $A_{11} \sim A_0$，读/写控制线 $\overline{WE}$ 和片选信号线 $\overline{CS}$。

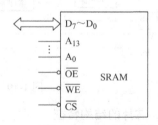

图 4-20　习题 4-5 SRAM 芯片部分引脚

（1）若用这种 RAM 芯片构成 0000H ~ lFFFH 与 6000H ~ 7000HRAMl 与 RAM2 两个寻址空间的内存区，问需要几块这种 RAM 芯片？共分几个芯片组？该 RAM 芯片有几根地址线？几根数据线？

（2）设 CPU 现有 20 根地址线，8 根数据线，将这些芯片与 74LSl38 译码器连接，试画出其 RAM 扩展连接图。

4-7 下面 RAM 各需要多少个地址输入端？

512×4 位，1K×4 位，2K×1 位，4K×1 位，16K×1 位，64K×1 位，256K×1 位。

4-8　某一 RAM 内部采用两个 64 选一的地址译码器，并且有一个数据输入端和一个数据输出端，试问该 RAM 的容量是多少？存储矩阵排列成怎样的一种阵列格式？

4-9　对下列 RAM 芯片组排列，各需要多少个 RAM 芯片？多少个芯片组？多少根片内地址选择线？多少根芯片组选择线？

（1）512×4 位 RAM 组成 16K×8 位存储器。

（2）1024×1 位 RAM 组成 64K×8 位存储器。

4-10　按图 4-21 连接，扩展的 EPROM 的存储容量是多少？地址分配区间怎样？

4-11　存储器与 CPU 之间有哪几种连接线？连接时应考虑哪些方面的问题？

4-12　如果存储器的速度较慢与 CPU 不相匹配，应采取什么措施？

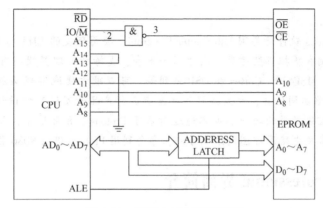

图 4-21　习题 4-10 系统连接图

第 5 章

Proteus仿真平台的使用

学习目的： Proteus 软件是英国 Lab Center Electronics 公司研发的 EDA 仿真工具软件，它将原理图设计、PCB 绘制和虚拟模型仿真集成于同一平台，支持的处理器模型有 8051、HC11、PIC、AVR、ARM、8086、MSP430、Cortex 和 DSP 系列等，可以很方便地实现从原理图绘图、代码调试到 CPU 与外围电路协同仿真，大大减轻了研发者进行产品开发过程的设计成本，也能促进初学者对程序编制和控制效果的理解。本章通过对基于 Proteus 7.8 环境下，原理图绘制和仿真功能的介绍，学习和掌握电路原理图的绘制方法，学会利用 Proteus 进行 8086 程序的虚拟仿真。

5.1 ISIS 7 Professional 界面简介

5.1.1 ISIS 主界面

Proteus 安装完毕，运行 ISIS 7 Professional，则会出现图 5-1 所示的 ISIS 主界面。

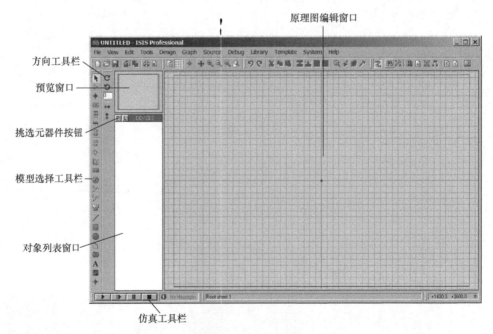

图 5-1 ISIS 主界面

原理图编辑窗口：用于绘制原理图，供放置各种元器件、虚拟仪器及信号连线操作等；通过鼠标中间滚轮可进行缩放操作，查看原理图整体效果、局部细节。

预览窗口：可预览、显示两种内容。①鼠标焦点落在原理图编辑窗口时，显示整张原理图的缩略图。有两种框：蓝框表示当前页边界，绿框表示当前编辑窗口显示的区域（在上面单击可改变绿框的位置，从而改变原理图可视区域）。②在对象列表窗口中单击任一器件，可显示出该器件的原理预览图。

对象列表窗口：用于元器件（Components）、终端接口（Terminals）、信号发生器（Generators）、仿真图表（Graph）等中对象的挑选，这些对象可用于放置到绘画区进行原理图绘制。

方向工具栏：实现对选中元器件的旋转（左转/右转90°）、翻转（水平/垂直），改变器件方向目的便于信号线连线。使用方法：鼠标单击对象即对象选中，再单击方向工具栏中相应图标。

模型选择工具栏：ISIS主界面最左侧则是最常用的模型选择工具栏。系统以图标方式，分类列出Proteus支持的所有模型（Mode），光标在相应图标暂留时，则显示该图标的功能提示信息（最下面状态栏也会同步显示）。

Select Mode：对象选择，对图中各类对象进行编辑。

Component Mode：元器件选择。

Junction Dot Mode：放置连接点，信号交叉线上有实心黑点表示相连。

Wire Label Mode：放置标签，给信号线命名。

Text Script Mode：放置文本，弹出窗口中可输入多行文字，主要用于对系统进行文字说明。

Buses Mode：绘制总线（注意：总线只是一种显示效果，并不表示信号真的相连，一定要借助于Label）。

Subcircuit Mode：放置子电路图

Terminals Mode：终端接口，如电源POWER、地GROUND、总线BUS、INPUT、OUTPUT等。

Device Pins Mode：器件引脚，用于绘制各种引脚，如普通引脚、时钟引脚、反电压引脚等。

Graph Mode：仿真图表，如模拟图表、数字图表、噪声图表等，主要用于各种仿真分析。

Tap Recorder Mode：录音机。

Generator Mode：各种信号激励源（或信号发生器），如直流电源、交流电源等。

Voltage Probe Mode：电压探针，仿真时可显示探针处电压值。

Current Probe Mode：电流探针，仿真时可显示探针处电流值。

Virtual Instruments Mode：各种虚拟仪器，如示波器、计数器、串口终端等。

除上述模型外，还有以下图形模型，用于增加显示效果（注：2D不具备电信号功能）。

2D Graphics Lin Mode：画各种直线。

2D Graphics Box Mode：画各种方框。

● 2D Graphics Circle Mode：画各种圆。

◗ 2D Graphics Arc Mode：画各种圆弧。

◖◗ 2D Graphics Closed Path Mode：画各种多边形。

A 2D Graphics Text Mode：文字标注。

S 2D Graphics Symbols Mode：画符号。

✛ 2D Graphics Markers Mode：画原点。

仿真工具栏：仿真控制，包括运行、单步运行、暂停、停止。

Proteus 所有功能除了利用主菜单中各子菜单外，还可利用功能图标（图标栏）或快捷键进行操作，如图 5-2 所示。

图 5-2 主菜单和图标栏

5.1.2 Proteus 常用快捷键

F8：全部显示，当前工作区全部显示。

F6：放大，以鼠标为中心放大。

F7：缩小，以鼠标为中心缩小。

G：栅格开关，栅格网格。

Ctrl + F1：栅格宽度 0.1mm，显示栅格为 0.1mm。

F2：栅格为 0.5mm，显示栅格为 0.5mm。

F3：栅格为 1mm，显示栅格为 1mm。

F4：栅格为 2.5mm，显示栅格为 2.5mm。

x：打开关闭定位坐标，显示一个大十字射线。

m：显示单位切换，mm 和 th 之间的单位切换，在右下角显示。

o：重新设置原点，将鼠标指向的点设为原点。

u：撤销键。

PgDn：改变图层。

PgUp：改变图层。

Ctrl + 画线：可以画曲线（斜线）。

R：刷新。

+ −：旋转。

F5：重定位中心。

5.2 绘制电路原理图

电路设计的第一步是原理图设计、绘制，在此基础上才能进行仿真。在具体绘图前，可以利用主菜单中有关项对工作环境进行配置，如图纸尺寸、字体、颜色等，具体使用读者可参阅有关 Proteus 教材。

下面主要围绕原理图绘制，介绍相关操作步骤。

5.2.1 元器件选择 Pick

在模型选择工具栏中选择 ⤳ （Component Mode）图标，再单击 P 挑选元器件按钮，则打开图 5-3 所示 Pick Devices 窗口，进行元器件的查找、选择。

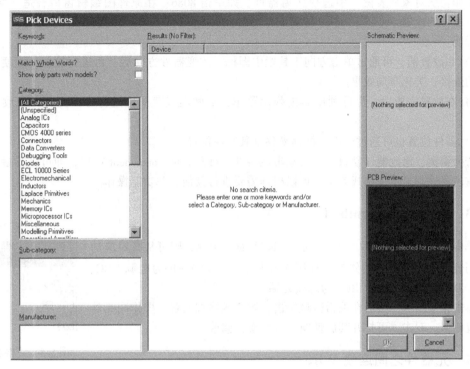

图 5-3 Pick Devices 窗口

操作：在 Keywords 栏中输入元器件名称，如 8086、74LS138、74LS373、RES（电阻）、CAP（电容）等。在输入的同时，系统自动会根据输入的信息对元器件进行"过滤"，同时右侧窗口中会显示出有关器件的原理图、PCB 封装图。在 Results 窗口中双击所需器件，则完成该型号器件的添加选择。

说明：Keywords 栏中可以输入"＊"、"？"通配符，表示过滤出某一类器件，从中选择所需器件。例如，LED＊表示所有以 LED 开头的器件，即列出各种颜色的发光二极管；CAP＊表示列出所有电容，包括有极性、无极性。

可连续进行添加元器件，被添加的器件自动出现在对象列表窗口中。最后单击 OK 按钮，退出 Pick Devices 窗口，返回 ISIS 主界面，如图 5-4 所示。

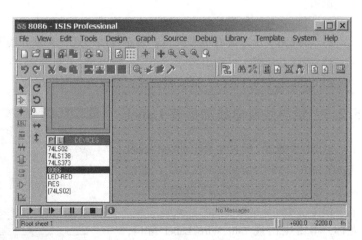

图 5-4 ISIS 原理图设计窗口

103

5.2.2 元器件放置

将上述从库中选出的器件放置到编辑窗口区，即开始原理图的设计，并可对放置完毕后的器件参数进行编辑、修改。

操作：从对象列表窗口中选择所需器件，如单击 8086；在原理图编辑窗口合适区域单击，则完成器件的放置。

说明：

1）在放置前，可通过单击方向工具栏中图标，改变器件方向后，再进行放置，以便于后面导线的连接、美化布局效果。

2）在放置完毕后，也可利用右击弹出菜单，从弹出式菜单中选择方向图标，来改变方向布局。

3）器件位置也可通过选中、拖动来移动其布局位置。

若要编辑、修改器件参数，则需双击该器件，打开 Edit Component 窗口，即可进行参数的修改。右击器件则显示弹出式菜单，可以根据需要进行其他有关功能操作。

5.2.3 终端放置 Terminal

单击模型选择工具栏中 （Terminals Mode）图标，则可从其对应的对象列表窗口中选择所需终端，如图 5-5 所示，如 POWER 为电源 VCC、GROUND 为电源地 GND、BUS 为总线终端。

单击相应图标，然后在编辑区域单击，则完成终端放置，操作同元器件放置相似。双击，可打开其属性窗口进行参数修改。

图 5-5　终端窗口

5.2.4 元器件之间连线 Wire

在原理图编辑窗口区域，光标以"笔"图标进行显示。当"笔"光标捕捉到引脚热点时，会出现一红色虚线方框，表示可以开始连线。

操作：在起始点红色虚线方框引脚处单击，在终点引脚处再单击（或在连线目标位置处双击），则完成相应导线的连接。

说明：

1）可以在导线转弯处单击，可以手工引导方式进行连线。

2）若线路上出现实心小黑圆点，表示导线接通，否则导线不相连。

3）按住 Ctrl 键，可画出斜线。

4）设置主菜单 View 中 Snap 相应项，可以改变网格尺寸。

5.2.5 给导线或总线加标签 Label

单击模型选择工具栏中 LBL（Wire Label Mode）图标，则可给导线（或总线）进行标注，通过 Label 方式实现信号线相连。

操作：光标移动到导线上，变成"×"光标，单击则出现 Edit Wire Label 窗口，如图 5-6 所示，在 String 栏输入合适的标签名称。

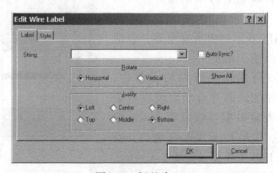

图 5-6　标签窗口

说明：

1）所有相同名称 Label，表示它们之间是相连的，即相当于 5.2.4 小节描述的 Wire 连线效果。

2）总线命名：String 处输入如命名为 AD [0..15]，表示有 16 个独立的名称分别为 AD0、AD1、AD2，一直到 AD15 的标签名。以后在标注与之相连的导线时，只要从下拉列表中选取即可，如图 5-7 所示。

3）若标注上划线，如 $\overline{RD}$，则需在 String 栏处输入 $ RD $，即两个 $ 符号表示上划横线。

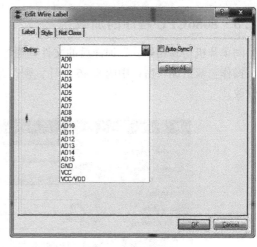

图 5-7　标签列表

5.2.6　添加虚拟仪器等

虚拟仪器是 Proteus 非常实用的功能之一，借助示波器、计数器、串口终端等，仿真时可观察程序、数据运行结果。

操作：单击模型选择工具栏中 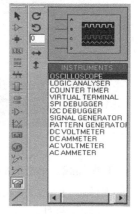（Virtual Instruments Mode）图标，在对象列表窗口中选择相应测试虚拟仪器，如图 5-8 所示，放置到编辑窗口，并与相应对象进行连接。

说明：虚拟仪器的效果仅在仿真时才能体现。仿真时，主菜单 Debug 对应子菜单中，可以打开所需观察的窗口，如示波器 Digital Oscilloscope。

注意：原理图编辑时，主菜单的子菜单中无此类图标。

除了虚拟仪器外，用户还可在原理图中添加 信号激励源、仿真图表分析工具、探针等，增加仿真目的效果，相关操作与添加虚拟仪器相似。

图 5-8　虚拟仪器列表

5.2.7　添加文本

在原理图中添加文本，目的是对有关信息进行说明，如开关器件旁标注"开始"、"停止"，增加说明效果。

操作：单击模型选择工具栏中 **A** 图标，再在编辑窗口区域单击，则打开编辑窗口，如图 5-9 所示，在 String 栏输入相应的文字标注信息。

说明：**A** 只能输入单行文本，若要输入多行文本，则通过 图标实现。

除了 Text 文本外，还可用其他画线、画圆等 2D 工具，在原理图进行有关绘制，增加显示效果。

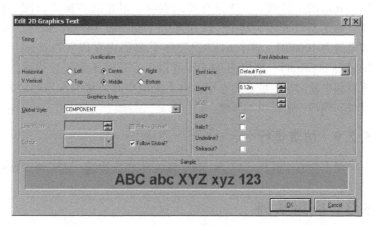

图 5-9　Text 窗口

105

5.2.8 8086CPU 程序的加载

同单片机仿真相似，经编译后的文件是通过属性加载方式“烧写”到相应 CPU 中的。

操作：双击编辑窗口中的 8086 器件，则打开其 CPU 属性窗口，如图 5-10 所示，进行相关属性修改。

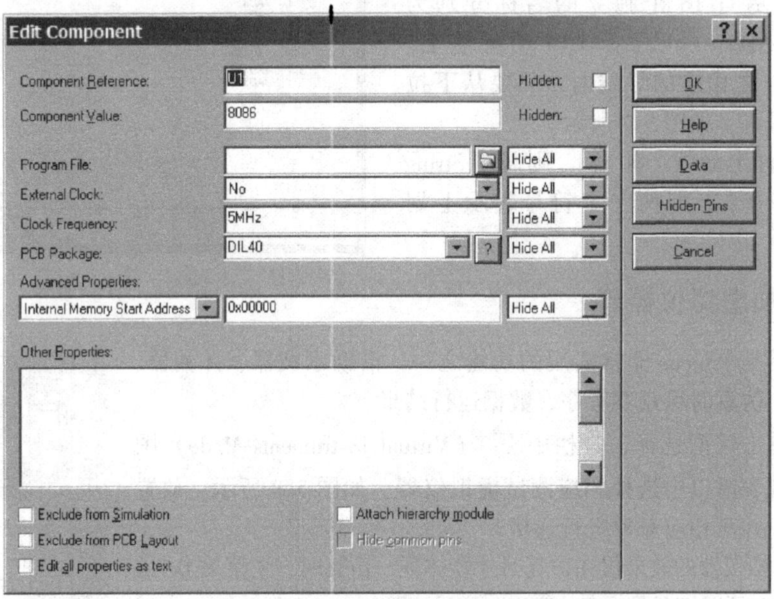

图 5-10　8086 属性窗口

程序加载：单击 Program Files 栏处的图标，则打开文件查找窗口，选择、加载 8086 所支持的编译后 . EXE、. com 或 BIN 格式的文件。一旦文件被选中，则相应文件名信息就自动显示在 Program Files 栏处。

高级配置：8086 没有内存储器，仿真需要设置内存起始地址、内存大小和外部程序加载到内存的地址段。单击 Advanced Properties 的下拉列表，选择有关列表项，对相应数据进行配置，如图 5-11 所示。其中，内存大小（Internal Memory Size），如设置为 10000H，表示 64KB；程序下载到内存段（Program Loading Segment），如设为 0400H 或以上，目的是为了让代码下载到中断向量地址外的内存，而不占据中断向量的入口地址内存区（0000H ~ 03FFH）。其他属性，用户一般可以不修改。

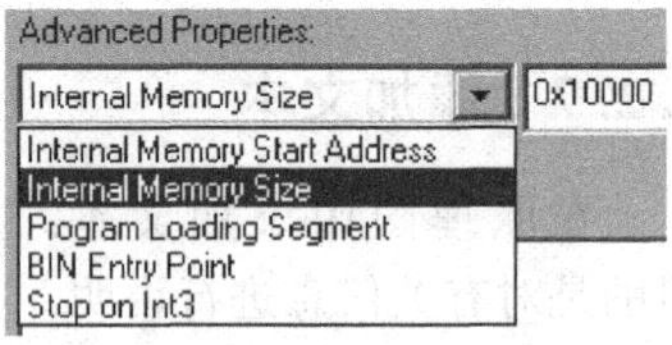

图 5-11　属性列表

5.2.9 仿真运行

单击仿真工具栏 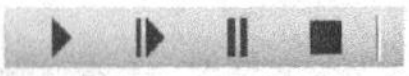 中相应按钮，进入调试运行窗口。

5.3 应用举例

下面以 8086 为控制器，实现对 74LS373 构成 I/O 外设扩展，控制一只 LED 闪烁为例，介绍基于 Proteus 平台如何进行仿真过程。

5.3.1　利用 EMU8086 对源程序进行编译

Proteus 只能对 8086 源程序编译后的 COM、EXE 或 BIN 进行仿真，所以事先要利用有关工具软件（如 EMU8086、MASM 等），对汇编语言源文件进行编译。

例如，EMU8086 是一款集编辑、编译、反编译和模拟仿真（虚拟 PC）软件，打开该软件，选择 new 图标，就能新建一窗口，开始源程序输入、编辑等操作，如图 5-12 所示。

程序说明：根据设计的硬件原理图，利用输出指令 OUT，向地址 D000H 单元送入数据，控制数据的 D7 高/低，就能控制相应 LED 的灭/亮，闪烁速度则由延时软件决定。

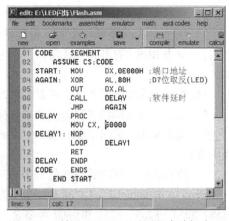

图 5-12　利用 EMU8086 对源程序编辑窗口

单击图标 compile，系统软件开始对源程序进行编译，生成相应格式的目标文件，供后续仿真中 CPU 使用。

5.3.2　硬件设计与仿真

根据 5.2 节描述的操作步骤，硬件原理图如图 5-13 所示。

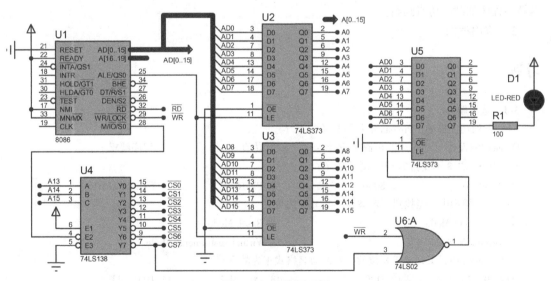

图 5-13　硬件原理图

原理说明：

8086 以最小方式工作，脚 33 接高电平；U2、U3 两片 73LS373 作为地址锁存器，构成控制外设的 16 位地址总线；74LS138 对高位地址 A15、A14、A13 进行地址译码，作为对外设的片选控制。

利用 U5 作为扩展并行输出端口，其 LE 锁存信号由 $\overline{CS7}$ 和 $\overline{WR}$ 经或非门 74LS02 控制，对由 OUT 输出的数据进行锁存，改变数据 D7 位，从而控制 D1 发光二极管效果。

操作说明：

1）元器件库中需选取的器件名称：8086、74LS373、74LS138、74LS02、RES、LED – RED 等。

2）将对象列表窗口中的器件，分别放置到原理图编辑窗口，并进行合理布局。

3）从 Terminals 模型中添加一定数量的 POWER（电源 VCC）、GROUND（地）、BUS（总线终端）。双击 BUS，打开其属性窗口，在 String 栏分别输入 AD[0..15]、A[0..15]，进行总线标签名称的定义。

4）按工作原理进行布线，必要时可改变网格尺寸，斜线要借助 Ctrl 键。

5）在信号线上标注名称、命名或选择设置位置，或对器件参数进行修改。

6）双击 8086，打开其属性窗口，将编译后可执行程序进行加载，如 flash. exe；配置高级属性中参数。

7）仿真运行，则能看到红色 LED 在不断地闪烁。

图 5-13 中 U1、U2、U3 和 U4 构成的电路可以作为外设的基本控制部分，与后续介绍的 8255、8253、8259、8251 和 0809 等结合，设计相应电路，编制有关程序，实现相应外设的仿真控制。

小结

1）ISIS 主界面构成说明和快捷键介绍。

2）原理图操作主要步骤：元器件选择→器件和终端放置→连线→加注标签、虚拟仪器和文本等→程序加载→仿真运行。

3）应用举例。

习题

5-1 选择题

（1）下列功能描述，Proteus 本身不具备的是（   ）。

① 原理图设计　　　　② 电路板设计　　　　③ 仿真　　　　④ 程序编辑

（2）Proteus7. 8 不支持的 CPU 型号是（   ）。

① AT89C51　　　　② 8086　　　　③ PIC16　　　　④ STC15F2K61S2

（3）下列模型中，能找到"示波器"MODE 的是（   ）。

① Component Mode　　　　　　　　② Buses Mode

③ Terminals Mode　　　　　　　　④ Virtual Instruments Mode

（4）Proteus 中，下列关于 8 位数据总线命名格式正确的是（   ）。

① D[0..7]　　　② D[0...7]　　　③ D0...D7　　　④ D【0..7】

（5）Proteus7. 8 不能直接仿真的文件类型是（   ）。

① ASM　　　② COM　　　③ EXE　　　④ BIN

（6）EMU8086 工具软件不具备的功能是（   ）。

① 编辑　　　② 编译　　　③ 仿真　　　④ 绘图

（7）下列可以作为地址锁存器使用的 TTL 芯片是（   ）。

① 74LS373　　　② 74LS02　　　③ 74LS138　　　④ 8255

（8）改变网格大小，需到（   ）主菜单中寻找有关子菜单。

① View　　　② Edit　　　③ Tools　　　④ Debug

（9）方向工具栏中，可以使器件（　　）放置。

① 左右镜像　　　　　② 上下镜像　　　　　③ 90°旋转　　　　　④ 45°旋转

（10）在 Proteus 原理图中，要画出斜线，需要下列（　　）键配合。

① Shift　　　　　　② Ctrl　　　　　　③ Alt　　　　　　④ 空格

5-2　填空题

（1）Proteus 是一款 EDA 软件，具有（　　）、PCB 绘制和（　　）等功能。

（2）在 Proteus 里要设置电源和地，必须从（　　）模型中查找，然后放置在编辑区。

（3）元器件引脚表示信号相连，可以用（　　）进行画线，也可同名的（　　）表示相连。

（4）若标签名为 A0、A1、A2、A3，则对应总线命名格式是（　　），总线标签 D [0..1] 具体自动产生的标签名是（　　）。

（5）虚拟仪器中，示波器的名称是（　　），串口终端的名称是（　　）。

（6）74LS373 的功能是（　　），74LS138 的功能是（　　）。

（7）器件被选中，其对应的颜色是（　　）；连线时，光标捕捉到引脚"热点"，光标效果是（　　）。

（8）Proteus 标签中，标注要显示出上划线，要将标注夹在两个（　　）符号之间。

（9）栅格开关、显示，可击按键（　　）实现，鼠标中间滚轮作用是（　　）。

（10）8086 的属性设置窗口中，（　　）属性用于加载程序，（　　）属性用于设置内存大小，该两属性一定要进行配置，否则程序无法运行。

5-3　简答题

（1）简述 Proteus 具有哪些功能？

（2）简述 Proteus 原理图绘制与仿真的操作过程。

（3）简述源程序如何生成 EXE 的过程？

（4）简述 Proteus 支持的模型主要有哪几种？

（5）简述信号连线有哪两种方法？

5-4　编程题

（1）利用 74LS373 控制 8 只 LED，编程实现流水灯效果，画出相应的硬件并进行仿真。

（2）利用一片 74LS373 作为并行输出，分别控制 8 只 LED；一片 74LS245 作为并行输入，接有 8 只按键。设计相应的硬件，编写程序并仿真实现按下任一键，其相应的 LED 则亮，反之不亮。

第 **6** 章

输入/输出与接口技术

学习目的：CPU 只有通过输入电路，才能接收外界信息；CPU 根据控制要求对相关数据进行处理，然后通过输出电路，输出合理的控制信号，从而实现智能化控制效果。通过本章内容学习，要求读者对 I/O 接口的基本概念和功能、I/O 接口的组成、I/O 端口的地址译码方法有一定了解，并能根据 I/O 端口的工作原理，编写相应的访问程序。

6.1 I/O 接口概述

6.1.1 接口

一个实际的微机系统，除了 CPU、存储器、输入/输出设备，还必须有各种接口（Interface）电路。其中，CPU 是微机系统中运算与控制的中心，接口就是 CPU 与外部世界的连接电路，是 CPU 与外界进行信息交换的中转站。这里所说的"外部世界"，是指除 CPU 本身以外的所有设备或电路。

如图 6-1 所示，接口是 CPU 与内存及 CPU 与外部设备之间通过总线进行连接的逻辑结构

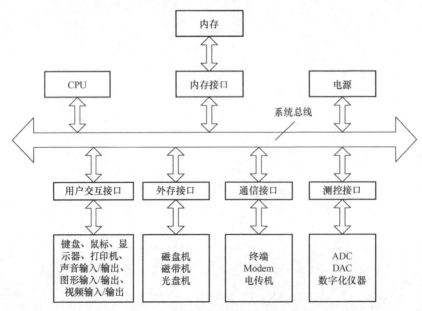

图 6-1 微机应用系统接口示意图

（电路），是一个特定的管理/协调和信息缓冲部件，CPU 与内存之间进行连接的逻辑结构称为存储器接口，CPU 与外部设备之间通过总线进行连接的逻辑结构称为 I/O 接口。选用不同的外部设备（简称外设），需要配置相应的接口电路，可以构成不同用途的应用系统。本章主要讨论 I/O 接口。

6.1.2　I/O 设备与 I/O 接口

　　微机的通信是通过输入/输出设备进行的，它们是计算机系统的重要组成部分。程序、原始数据和各种现场采集到的资料和信息，都要通过输入设备输入至计算机，计算结果或各种控制信号要输出给各种输出设备，以便显示、打印和实现各种控制动作。常用的输入设备有键盘、鼠标、扫描仪、光笔、转换器等；常用的输出设备有显示器、各种打印机、绘图仪、A/D 转换器等。输入设备和输出设备统称为外部设备（简称外设）或 I/O 设备。I/O 设备一般不和微机内部直接相连，而是必须通过 I/O 接口电路与微机内部进行信息交换。那么，为什么 I/O 设备不能像存储器那样直接连接到数据总线、地址总线和控制总线呢？

　　首先，外部设备的种类繁多，可以是机械式、电动式、电子式以及其他形式。输入的信息也不相同，可以是数字量、模拟量（模拟的电压、电流），也可以是开关量（两个状态的信息）。必须通过 I/O 接口实现微机与外部设备的隔离和信号转换。

　　其次，I/O 设备输入信息的速度也有很大区别，可以是手动的键盘输入（每个字符输入的速度为秒级），也可以是磁盘输入（它能以 1Mbit/s 以上的速度传送），必须通过 I/O 接口来进行缓冲和协调。

　　再次，随着计算机技术的发展，I/O 设备的种类日益丰富，一台多媒体微机可能要配置数十个 I/O 设备，若不通过接口，而由 CPU 直接对 I/O 设备的操作实施控制，就会使 CPU 一直忙于与外设打交道，大大降低 CPU 的效率。

　　最后，若 I/O 设备直接由 CPU 控制，也会使外设的硬件结构依赖于 CPU，对外设本身的发展不利。I/O 接口的引入，使得 CPU 对 I/O 设备的操作转化为对 I/O 接口的操作。

　　因此，I/O 接口就是使 CPU 和外设连接起来，并使两者之间正确进行信息交换而专门设计的逻辑电路。微机的应用是随着外部设备的不断更新和接口技术的发展而深入到各个领域的。实际上，任何一个微机应用系统的研制和设计，主要就是微机接口的研制和设计，需要设计的硬件是一些接口电路，所要编写的软件是控制这些电路按要求工作的驱动程序。因此，微机接口技术是一种用软件和硬件综合起来完成某一特定任务的技术。目前。大多数接口电路都已做成大规模集成电路芯片，并已系列化、标准化，而且许多接口芯片都具有可编程功能，使用灵活方便、功能强，这为微型计算机的输入/输出提供了良好的硬件。

6.2　I/O 接口的基本功能与组成

6.2.1　I/O 接口的基本功能

　　显然外设的多样性，必然导致接口电路的多样性。简单地说，I/O 接口是为了协调 CPU 与各种外设间的矛盾（不匹配）而设置的介于 CPU 和外设之间的控制逻辑电路。因此，接口电路要面对 CPU 和外设两个方面，一般来说，应具有以下一些功能。

1. 数据格式转换功能

　　CPU 处理的数据均是 8 位、16 位、32 位的并行二进制数据，而有的外设（如串行通信设备、磁盘驱动器等）只能处理串行数据。这时，接口电路应具有数据的串并行变换功能。

　　为此应在接口中设置移位寄存器，数据格式变换功能也包括宽度变换。

2. 数据缓冲功能

为了协调高速主机与低速外设间的速度不匹配，避免数据的丢失，接口中一般都设有数据寄存器、锁存器或缓冲器，统称为数据端口。输入、输出数据首先在锁存器中保留以使 CPU 和外设在数据交换时取得同步。

3. 信号电平转换功能

由于 I/O 设备所需的控制信号和它所能提供的状态信号往往同微机的总线信号不兼容，不兼容性表现在两者的信号功能定义、逻辑关系、电平高低以及工作时序的不一致，因此，信号转换（包括 CPU 的信号与 I/O 设备的信号在逻辑关系上、时序配合上以及电平匹配上的转换）就成为接口设计中的一个重要任务。

4. 接收和执行 CPU 命令的功能

一般 CPU 和对外设的控制命令是以代码形式发送到接口电路中的控制寄存器（称为控制端口）中，再由接口电路对命令代码进行识别和分析，并产生若干与所连外设相适应的控制信号，传送到设备，使其产生相应的具体操作。

5. 译码选址功能

在微机系统中一般带有多台外设，并且一个接口中还具有几个不同端口，而一个 CPU 在某一时刻只能与一台外设的一个端口交换信息，所以为了使计算机区分各个外设及外设内的各个端口，就要在接口中对 I/O 设备进行寻址，选定需要与自己交换信息的设备。

6. 时序控制功能

为满足计算机与外设在时序方面的要求，对于工作同步，要求接口电路应提供复位电路，使接口电路本身及所接外设进行重新启动；对于信号同步，要求接口电路需要具有自己的时钟发生器。

7. 中断管理功能

当外设需要及时得到 CPU 服务时，特别是在出现故障时，应由 CPU 立即处理，这就要求在接口中设有中断控制器或优先级管理电路，以便 CPU 处理有关中断事务（包括接收中断申请、中断优先级排队、提供中断向量等）。中断管理功能不仅使微机系统对外具有实时响应功能，又可使 CPU 与外设并行工作，提高 CPU 的工作效率。

8. 可编程功能

目前大多数的接口电路都做成大规模集成电路芯片形式，且都有可编程功能。所谓可编程功能，就是在不改变硬件电路的情况下，只需修改接口驱动程序就可以改变接口的工作方式和接口功能，大大提高接口的灵活性和可扩充性，为用户进行微机应用系统的研制和开发提供方便。

9. 错误检测功能

在接口电路中，经常需要考虑对错误的检测这个问题，如数据传输错误和覆盖错误。数据传输错误是由外部干扰造成的，可采用奇偶校验予以消除；覆盖错误是由于传输速度不当引起的，接口应能检测出错误，以便正确传输。

总之，I/O 接口的功能就是完成数据、地址和控制三总线的转换和连接任务。当然，对于某个具体的接口电路，可能只具有上述这些功能的一部分就能满足要求，而不具备上述全部功能。

6.2.2 I/O 接口组成

I/O 接口的功能实现既需要硬件的支撑，也需要软件的驱动。I/O 接口实际上是微机与 I/O 设备间的硬件连接和软件控制的总称。接口中硬件和软件分别称为接口硬件和接口软件。

1. 接口硬件

接口电路现在通常在一块大规模或超大规模集成电路芯片上，因而常称为接口芯片。当然，有时也有根据需要而用中、小规模集成电路做成的。不同功能的接口电路，其结构虽各有不同，但都是由寄存器和控制逻辑两大部分组成的，每部分又包含几个基本组成部分，如图6-2所示。

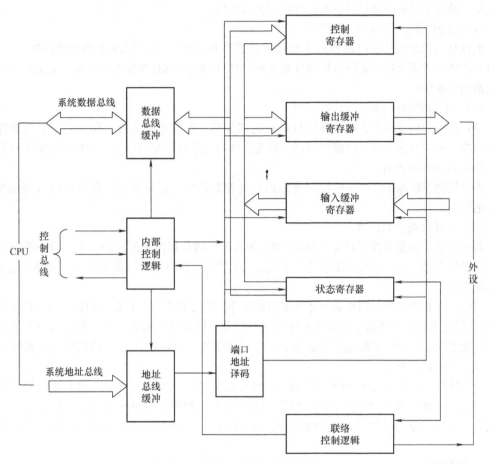

图6-2　接口电路基本结构框图

（1）数据缓冲寄存器

缓冲寄存器有时也简称缓存器，它分为输入缓存器和输出缓存器两种。前者的作用是将外设送来的数据暂时存放，以便处理器将它取走；后者的作用是暂时存放处理器送往外设的数据。有了数据缓存器，就可以在高速工作的CPU与慢速工作的外设之间起协调和缓冲作用，实现数据传送的同步。由于输入缓存器的输入是接在数据总线上的，因此它必须有三态输入功能。

（2）控制寄存器

控制寄存器用于存放处理器发来的控制命令和其他信息，以确定接口电路的工作方式和功能。由于现在的接口芯片大都具有可编程的特点，即可通过编程来选择或改变其工作方式和功能，这样，一个接口芯片就相当于具有多种不同的工作方式和功能，因此使用起来十分灵活和方便。

（3）状态寄存器

状态寄存器用于记录外设现行各种状态信息。状态通常在状态寄存器中占一位，可以被处理器读出，从而使CPU了解外设及数据传送过程中正在发生或最近已经发生的情况，并做出正确的判断，使它能安全可靠地与接口完成交换数据的各种操作。特别当CPU以程序查询方式同外设交换数据时，状态寄存器更是必不可少的。状态寄存器用来反映外设或接口本身的当前工作状态。例如，输入设备的状态通常用 Ready 表示，输出设备的空闲或忙状态常用 Busy 来表示等。

以上 3 种寄存器是接口电路中的核心部分。为了保证在处理器和外设之间通过接口正确地传送数据，接口电路还必须包括下面几种控制逻辑电路。

（4）数据总线和地址总线缓冲器

数据总线和地址总线缓冲器用于实现接口芯片内部总线和处理器外部总线的连接。例如，接口的数据总线可直接和系统数据总线相连接，接口的端口选择根据 I/O 寻址方式的要求与地址总线恰当地连接。

（5）端口地址译码器

端口地址译码器用于正确选择接口电路内部各端口寄存器的地址，保证一个端口寄存器唯一地对应一个端口地址码，以便处理器正确无误地与指定外设交换信息，完成规定的 I/O 操作。

（6）内部控制逻辑

内部控制逻辑用于产生一些接口电路内部的控制信号，实现系统控制总线与内部控制信号之间的变换。

（7）对外联络控制逻辑

对外联络控制逻辑用于产生与接收 CPU 和外设之间数据传送的同步信号。这些联络握手信号包括微处理器一边的终端请求响应、总线请求和响应，以及外设一边的准备、就绪和选通等控制与应答信号。

当然，并非所有接口都具备上述全部组成部分。但一般来说，数据缓冲器、端口地址译码器和输入/输出操作控制逻辑是接口电路中的核心部分，任何接口都不可少。其他部分保证在处理器和外设之间通过接口正确地传送数据，至于是否需要，则取决于接口功能的复杂程度和 CPU 与外设的数据传送方式。

由于接口电路介于 CPU 和外设之间，它既要面对 CPU 又要面对外设，因此在逻辑结构上分为两部分：一部分是与 CPU 相连接，这部分面向主机的逻辑是标准的逻辑，不同的接口差异不是很大；另一部分是与外设相连接的逻辑，这部分是非标准的，随所连接的外设不同而差异较大。

2. 接口软件

接口软件又称为设备驱动程序。从实现接口功能来看，一个完整的设备驱动程序大约包括如下一些程序段：

（1）初始化程序段

对可编程接口芯片，都需要通过其方式命令或初始化命令设置工作方式及初始条件，这是驱动程序中的基本部分。

（2）传送方式处理程序段

对 I/O 设备的处理，一般都涉及输入/输出数据传送，针对 CPU 与 I/O 设备不同的数据传送方式，要有不同的处理程序段。

（3）主控程序段

主控程序段即完成接口任务的程序段，如数据采集的程序段，包括发转换启动信号、查转换信号、读数据、计算以及保存结果等内容。

（4）程序终止与退出程序段

程序终止与退出程序段包括程序结束退出前对接口电路的保护程序，以及对操作系统中数据的恢复程序等。

（5）辅助程序段

辅助程序段主要解决人机对话等内容。

以上这些程序段的实现是相互依存、统为一体的，是为了分析一个完整的设备接口程序而划分成几个部分的。

6.3 CPU 与 I/O 端口的数据传输方式

输入/输出是微机与外部设备之间的数据传送，实际上是 CPU 与接口之间的数据传送。传送的方式不同，CPU 对外设的控制方式也不同。CPU 与 I/O 设备之间传输数据的控制方式一般有 3 种，即程序控制方式、直接存储器存取方式和专用 I/O 处理器方式。

6.3.1 程序控制方式

程序传送是指在程序控制（IN 或 OUT 指令）下进行数据传送，这是 CPU 与外设间最简单的一种数据传送方式。它可分为无条件传送方式、有条件传送方式和中断传送方式 3 种。这种传送方式的数据传送速度较低，传送路径要经过 CPU 内部的寄存器，同时数据输入/输出的响应也较慢。

1. 无条件传送方式

无条件传送方式又称同步传送方式，是一种最简单的传送方式，其特点是输入时假设输入设备数据已经准备好，输出时假设输出设备是空闲的。无条件传送方式下的接口电路和程序设计都比较简单，应用场合也很少，只能用在一些简单外设的操作上。例如，主机对开关设备的操作以及 CPU 通过输出锁存器及驱动器控制 LED 显示器的数码显示等。一般情况下，使用无条件传送方式输入时需加缓冲器，输出时需加锁存器；在启动输入/输出传送时，CPU 无须考虑 I/O 设备状态，直接使用 IN/OUT 指令在 CPU 与 I/O 接口间进行数据传送。

无条件传送方式对少量数据传送来说，是最省时间的一种传送方法，适用于各类巡回检测和过程控制。通常，这些外设随时做好了数据传送的准备，而无须检测其状态。由于这种方式传送数据不能太频繁，并需保证每次传送时外设都要处于就绪状态，而这种条件有时又很难满足，所以，无条件传送方式用得较少。

2. 条件传送方式

条件传送方式又称查询方式，即 CPU 传送数据（包括输入和输出）之前，先要去查询外设是否"准备好"。若没有准备好，则继续查询其状态，直至外设准备好才进行数据传送。

条件传送方式是一种天然的同步控制机制，由于是 CPU 主动，所有 I/O 传送都与程序的执行严格同步，因此能很好地协调 CPU 与外设之间的工作，数据传送可靠。条件传送方式的接口比较简单，硬件电路不多，较之无条件传送方式，只需要添加供 CPU 查询外部设备状态的电路，如使用一个 D 触发器和一个三态缓冲器附加地址译码就可以构成；查询程序也不复杂，图 6-3 是使用条件传送方式输入的流程图。

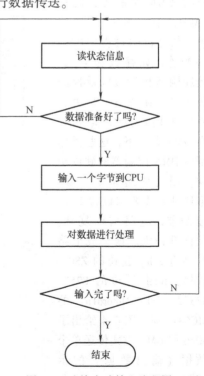

图 6-3 查询方式输入流程图

在条件传送方式下，CPU 每传送一个数据，需花费很多时间来等待外设进行数据传送的准备，因此 CPU 利用效率很低。此外，当系统中有多个外部设备时，CPU 只能使用轮询方式依次为各个外部设备服务，如果 I/O 处理的实时性要求很高，或者 CPU 的任务很繁忙，则不宜采用这种方式。但这种方式接口设计简单，往往不需要增加额外的硬件电路，因此易于实现。在 CPU 不太忙且传送速度不高的情况下，可以采用。

3. 中断传送方式

查询方式下 CPU 使用效率低和多设备时实时性较差的缺陷，归根结底是由于 CPU 与 I/O 设备之间以及多个 I/O 设备之间不能同时工作的缘故，因此，让 CPU 与 I/O 设备并行工作是中断传送方式的基本思想。

采用中断传送方式传送数据时，无需反复测 试外部设备的状态。在外部设备没有做好数据传送准备时，CPU 可以运行与传送数据无关的其他指令。外设做好传送准备后，主动向 CPU 请求中断，CPU 响应这一请求，暂停正在运行的程序，转入进行数据传送的中断服务子程序，完成中断服务子程序（完成数据传送）后，自动返回原来运行的程序。这样，虽然外部设备工作速度比较低，但 CPU 在外设工作时，仍然可以运行其他程序，使外设与 CPU 并行工作，提高了 CPU 的效率。

6.3.2 直接存储器存取方式

直接存储器存取（Direct Memory Access，DMA）方式或称为数据通道方式，是一种由专门的硬件电路执行 I/O 交换的传送方式。它让外设接口可直接与内存进行高速的数据传送，而不必经过 CPU，这样就不必进行保护现场之类的额外操作，可实现对存储器的直接存取。这种专门的硬件电路就是 DMA 控制器，简称 DMAC。在查询和中断方式下，数据传送过程中的一些操作，如存数和取数、地址刷新和计数以及检测传送是否结束等，是由软件控制相应的指令实现的。在 DMA 方式下，这些操作都由 DMA 控制器的硬件实现，因此传送速率很高。但这种方式要求设置 DMA 控制器，电路结构复杂，硬件开销大。该集成电路产品有 Zilog 公司的 Z80 - DMA，Intel 公司的 8257、8237A 和 Motorola 的 MC6844 等。图 6-4 给出了 8086 用 DMA 方式传送单个数据（输出数据）的示意图。

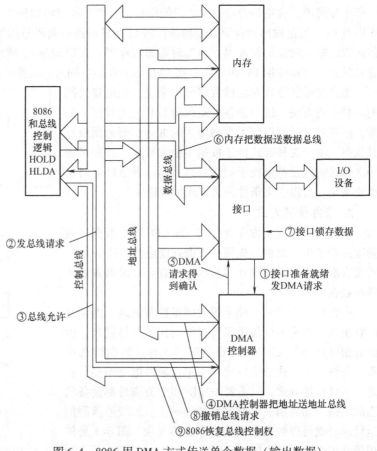

图 6-4 8086 用 DMA 方式传送单个数据（输出数据）

如图 6-4 所示，当接口准备就绪后，便向 DMA 控制器发 DMA 请求①；接着，CPU 通过 HOLD 引脚接收 DMA 控制器发出的总线请求②。通常，CPU 在完成当前总线操作以后，就会在 HLDA 引脚上向 DMA 控制器发出允许信号③而响应总线请求，DMA 控制器接收到此信号后就接管了对总线的控制权。此后，在总线上依次进行地址和数据的传送④⑤⑥⑦。当 DMA 传送结束后，DMA 控制器就将 HOLD 信号变为低电平，并放弃对总线的控制⑧。8086 检测到 HOLD 信号变为低电平后，也将 HLDA 信号变为低电平，于是 CPU 又恢复对系统总线的控制权⑨。

6.3.3 专用 I/O 处理器方式

采用 DMA 方式后，由于 DMA 控制器直接控制了数据的传送，因此对数据的传送速率和响应时间都有很大的提高。但是，DMA 控制器只能实现对数据输入/输出传送的控制，而对输入/输出设备的管理和其他操作，诸如信息的变换、装配、拆卸和数码校验等功能操作仍需由 CPU 来完成。显然，对于有大量 I/O 设备的微机系统，前几种 I/O 传送控制方式都难以满足需要。为了使 CPU 完全摆脱管理和控制输入/输出的沉重负担，人们又提出并在实际中广泛采用了一种专用 I/O 处理器控制方式，把原来由 CPU 完成的各种 I/O 操作与控制全部交给 I/O 处理器（IOP）去完成。

在 I/O 处理器方式中，I/O 处理器几乎接管了原来由 CPU 承担的控制输入/输出操作及输入/输出信息的全部功能。I/O 处理器有自己的指令系统，能够直接存取系统主存储器，也能独立地执行程序，能对外设进行控制、对输入/输出过程进行管理，并能完成字与字之间的装配和拆卸、码制的转换、数据块的错误检测和纠错以及格式变换等操作。I/O 处理器完成 I/O 操作和预处理后，再以查询或中断方式与 CPU 交换数据，向 CPU 报告外设和外设控制器的状态，对状态进行分析，并对输入/输出系统出现的各种情况进行处理。上述操作都是和 CPU 程序并行执行的，整个系统的效率很高。为了使 CPU 的操作与输入/输出操作并行进行，必须使外设在任何时刻都能独立地工作，并且要让外设工作所需要的各种控制命令和定时信号与 CPU 无关，由外设控制器自动地独立形成。

在 8086/8088 系列中，8089 IOP 就是常用的高性能的通用输入/输出处理器。在 8089 内部有两个独立的 I/O 通道，其中每一个通道都兼有 CPU 功能和非常灵活的 DMA 控制器的功能。

实际中也不一定将全部 I/O 设备都交由专用 I/O 处理器去控制，而可以将高速 I/O 设备和低速 I/O 设备分开来。专用处理器专门负责高速 I/O 设备，完成实时 I/O 处理，而低速 I/O 设备仍由中央处理器 CPU 负责控制。

6.4 I/O 端口地址译码技术

6.4.1 I/O 端口和 I/O 操作

1. I/O 端口

所谓端口（Port），是指接口电路中能被 CPU 直接访问的寄存器的地址。CPU 通过这些地址即端口向接口电路中的寄存器发送命令、读取状态和传送数据，因此，根据接口功能的不同，一个接口可以有几个端口，如命令口、状态口和数据口，分别对应于命令寄存器、状态寄存器和数据寄存器。有的接口包括的端口多（如 8255A 并行接口芯片有 4 个端口，8237A 芯片有 16 个端口），有的接口包括的端口少（如 8251A、8259A 芯片只有两个端口）。此外对端口的操作也有所不同，有的端口只能写或只能读，有的既可以写也可以读。通常，一个端口只能写入或读出一个信息，但也有几种信息共用一个端口的，如 8255A 的一个命令口可接收方式控制字和 C 口位控制字两种不同的命令，8259A 的一个端口可接收 4 种不同的命令。

计算机给接口电路中的每个寄存器分配一个端口，因此，CPU 在访问这些寄存器时，只需指明它们的端口，不需指出是什么寄存器。这样在输入/输出程序中，只看到端口，而看不到相应的具体寄存器。也就是说，访问端口就是访问电路中的寄存器。

2. I/O 操作

通常所说的 I/O 操作是指对 I/O 端口的操作，而不是对 I/O 设备的操作，即 CPU 所访问的是与 I/O 设备相关的端口，而不是 I/O 设备本身。

6.4.2　端口地址编址方式

对上述端口有两种编址方式：一种是端口地址和存储器地址统一编址，即存储器映射方式；另一种是 I/O 端口地址和存储器地址分开独立编址，即 I/O 映射方式。

1. 统一编址（存储器映射方式）

统一编址方式的特点是把一个外设端口作为一个存储单元来对待，故每一个外设端口占有存储器的一个地址。从外部设备输入一个数据，作为一次存储器读的操作；而向外部设备输出一个数据，则作为一次存储器写的操作。不设置专门的 I/O 指令，有一部分对存储器使用的指令也可用于端口。Motorola 系列、Apple 系列微机和一些小型机就是采用这种方式。

这种方式的优点如下：

1）对外设的操作可使用全部的存储器操作指令，故指令多，使用方便，如对外设中的数据（存于外设的寄存器中）进行算术和逻辑运算、进行循环或移位等。

2）内存和外设的地址分布图是同一个。

3）不需要专门的输入/输出指令，也不必区分是存储器还是 I/O 端口的控制信号。

这种方式的缺点如下：

1）外设占用了内存单元，使内存容量减小。

2）对外设端口的寻址也要用全字长译码，时间相对较长。

3）用同样的指令访问内存和外设端口，程序的可读性变差，调试难度加大。

4）为了识别一个 I/O 端口，必须对全部地址线译码，这样不仅增加了地址译码电路的复杂性，而且使执行外设寻址的操作时间相对增长。

统一编址方式在单片机中得到广泛应用，而在通用型的计算机系统中已经不再使用。

2. 独立编址（I/O 映射方式）

独立编址方式中，处理器有专门的 I/O 指令，也就是接口中的端口地址单独编址而不和存储空间合在一起，即两者的地址空间是互相独立的，I/O 结构不会影响存储器的地址空间。IBM PC 系列计算机和大型计算机中通常采用这种方式。

这种编址方式的优点是 I/O 端口地址不占用存储器地址空间，由于系统需要的 I/O 端口寄存器一般比存储器单元要少得多，如设置 256～1024 个端口对一般微机系统已绰绰有余，因此选择 I/O 端口只需用 8～10 根地址线即可。由于 I/O 地址线较少，因此 I/O 端口地址译码较简单，寻址速度较快。使用专用 I/O 指令和真正的存储器访问指令有明显区别，可使程序编制的清晰，便于理解和检查。

同时，由于使用专门的 I/O 指令访问端口，并且 I/O 端口地址和存储器地址是分开的，故 I/O

端口地址和存储器地址可以重叠，而不会相互混淆。并且，由于存储器与 I/O 端口的控制结构相互独立，可以分别设计，且有利于系统扩展。

这种方式的缺点是专用 I/O 指令类型少，远不如存储器访问指令丰富，使程序设计的灵活性较差；且使用 I/O 指令一般只能在累加器和 I/O 端口间交换信息，处理能力不如存储器映射方式强；尤其是要求处理器能提供存储器读/写及 I/O 端口读/写两组控制信号，这不仅增加了控制逻辑的复杂性，而且对于引脚线本来就紧张的 CPU 芯片来说不能不说是一个负担。

6.4.3 独立编址方式的端口访问

1. I/O 指令中端口地址的宽度

在 I/O 指令中可采用单字节地址和双字节地址寻址方式。若用单字节地址作为端口地址，则最多可访问 256 个端口。系统主板上接口芯片的端口，采用字节地址，并且是直接在指令中给出端口地址，其指令格式为

```
IN   AL,PORT;输入
OUT PORT,AL;输出
```

其中，PORT 是一个 8 位的字节地址。

例如：

```
IN AL,60H;60H 为系统板 8255A 的 PA 端口地址
OUT 61H,AL;61H 为系统板 8255A 的 PB 端口地址
```

若用双字节地址作为端口地址，则最多可寻址 2^{16} 个端口。I/O 扩展槽上的接口控制卡，采用双字节地址，并且是用寄存器间接给出端口地址，地址总是放在寄存器 DX 中。其指令格式为

```
MOV  DX,××××H
IN   AL,DX
```

其中，××××H 为 16 位的双字节地址。

例如：

```
MOV  DX,300H                ;300H 为扩展板 8255A 的 PA 端口
IN   AL,DX
MOV  DX,301H                ;301H 为扩展板 8255A 的 PB 端口
OUT  DX,AL
```

可见，I/O 指令访问端口地址宽度不同的 I/O 端口时，所用指令格式不同。

2. I/O 端口的访问

所谓对端口的访问，就是 CPU 对端口的读/写。而通常所说的 CPU 从端口读数据或向端口写数据，仅仅是指 I/O 端口与 CPU 的累加器之间的数据传送，并未涉及数据是否传送到存储器（RAM）的问题。若要求输入时，将端口的数据传送到存储器，则除了把数据读入 CPU 的累加器之外，还要将累加器中的数据再传送到内存。或者相反，输出时，数据从存储器先送到 CPU 的累加器，再从累加器传送到 I/O 端口。

例如，输入时：

```
MOV  DX,300H                ;I/O 端口
IN   AL,DX                  ;从端口读数据到 AL
MOV  [DI],AL                ;将数据从 AL→存储器
```

输出时：

```
MOV   DX,301H          ;I/O 端口
MOV   AL,[SI]          ;从内存取数据到 AL
OUT   DX,AL            ;数据从 AL→端口
```

6.5 I/O 端口的地址

6.5.1 I/O 硬件分类

对于接口设计者来说，搞清楚系统 I/O 端口地址分配十分重要，因为要把用户新的 I/O 设备加入到系统中去就要在 I/O 地址空间中占一席之地。哪些地址已分配给了别的设备，哪些是计算机制造商为今后的开发而保留的，哪些地址是空闲的，了解了这些信息才能正确使用 I/O 端口。下面以 IBM PC 系列为例来分析 I/O 端口地址分配情况。

按照 I/O 设备的配备情况，I/O 接口的硬件分为以下两类。

1）系统板上的 I/O 芯片。这些芯片大多都是可编程的大规模集成电路，完成相应的接口操作，如定时/计数器、中断控制器、DMA 控制器、并行接口等。

2）I/O 扩展槽上的接口控制卡。这些控制卡（适配器）是由若干个集成电路按一定的逻辑组成的一个部件，如软驱卡、硬驱卡、图形卡、声卡、打印卡、串行通信卡等。

6.5.2 I/O 端口地址分配

不同的微机系统对 I/O 端口地址的分配是不同的。PC 根据上述 I/O 接口的硬件分类把 I/O 空间分成两部分。

虽然，PC 的 I/O 地址线可有 16 根，对应的 I/O 端口编址可达 64KB，但由于 IBM 公司在当初设计微机主板及规划接口卡时，其端口地址译码是采用非完全译码方式，即只考虑了低 10 位地址线 $A_0 \sim A_9$，而没有考虑高 6 位地址线 $A_{10} \sim A_{15}$，故 I/O 端口地址范围是 0000H ~ 003FFH，总共只有 1024 个端口，并且把前 512 个端口分配给了主板，后 512 个端口分配给了扩展槽上的常规外设。后来 IBM 公司在 PC/AT 系统中做了一些调整，其中前 256 个端口（000 ~ 0FFH）供系统板上的 I/O 接口芯片使用，见表 6-1；后 768 个端口（100 ~ 3FFH）供扩展槽上的 I/O 接口控制卡使用，见表 6-2。

表 6-1 系统板上接口芯片的端口地址

I/O 芯片名称	端口地址
DMA 控制器 1	000 ~ 01FH
DMA 控制器 2	0C0H ~ 0DFH
DMA 页面寄存器	080 ~ 09FH
中断控制器 1	020 ~ 03FH
中断控制器 2	0A0 ~ 0BFH
定时器	040 ~ 05FH
并行接口芯片（键盘接口）	060 ~ 06FH
RT/CMOS RAM 协处理器	070 ~ 07EH
协处理器	0F0H ~ 0FFH

表6-2 扩展槽上接口控制卡的端口地址

I/O 接口名称	端口地址
游戏控制卡	200 ~ 20FH
并行口控制卡 1	370 ~ 37FH
并行口控制卡 2	270 ~ 27FH
串行口控制卡 1	3F8 ~ 3FFH
串行口控制卡 2	2F0 ~ 2FFH
原型插件板（用户可用）	300 ~ 31FH
同步通信卡 1	3A0 ~ 3AFH
同步通信卡 2	380 ~ 38FH
单显 MDA	3B0 ~ 3BFH
彩显 CGA	3D0 ~ 3DFH
彩显 EGA/VGA	3C0 ~ 3CFH
硬驱控制卡	1F0 ~ 1FFH
软驱控制卡	3F0 ~ 3F7H
PC 网卡	360 ~ 36FH

从表6-1 中可以看出，分配给每个接口芯片的 I/O 端口地址在实际使用中并未全部用完。例如，中断控制 I/O 端口的 8259A 只使用了前面两个端口地址，20H、21H（主片）和 A0H、A1H（从片）；并行接口芯片 8255A 只使用了前面 4 个端口地址，60H ~ 63H；使用端口地址最多的 DMA 控制器芯片 8237A，也只用了前面的 16 个地址（0 ~ FH）。在表6-2 中，可以看到允许用户使用的端口地址是 300 ~ 31FH。这一段地址是留给用户在开发 IBM-PC 系列机功能块（插板）时使用的端口地址，系统是不会占用它的。除在表6-1 和表6-2 中已经分配了的 I/O 地址之外，其余的地址均由厂商保留使用。

6.5.3 地址选用的原则

只要设计 I/O 接口电路，就必然要使用 I/O 端口地址。为了避免端口地址发生冲突，在选用 I/O 端口时要注意：

1）凡是被系统配置所占用了的地址一律不能使用。

2）原则上讲，那些未被占用的地址，用户可以使用，但对计算机厂家申明保留的地址，则不要使用，否则会发生 I/O 地址重叠和冲突，造成用户开发的产品与系统不兼容而失去使用价值。

3）通常，用户可使用 300 ~ 31FH 地址，这是 IBM-PC 留作实验卡用的，用户可以使用。但是，由于每个用户都可以使用，所以在用户可用的这段 I/O 地址范围内，为了避免与其他用户开发的插板发生地址冲突，最好采用地址开关。

6.6 I/O 接口设计方法

6.6.1 I/O 接口硬件设计方法

用户的接口可以做成插卡形式，插在微机主机板上的 I/O 扩充插槽上，实现主机与外设或测控通道的连接；也可以使用通用接口通过外部总线与计算机内部进行通信，如 USB 设备接口等；

广义地讲，也可以通过计算机网络实现统一功能。后两种接口，一般不需要用户再专门设计接口电路，本小节主要讨论 I/O 插卡形式。

I/O 插卡又称为 I/O 适配器卡，是目前应用最广泛的一种接口形式，如声卡、网卡和显示卡等。如前面所述，所有的微机在主板上都有 I/O 扩展插槽，这些 I/O 插槽除系统配置占用一些外，剩下的供用户插入其他 I/O 适配器卡使用。根据总线类型不同，分别有 ISA 插槽、PCI 插槽和 AGP 插槽等。本小节不讨论具体的总线插槽，只从 I/O 插卡的一般设计原则上来讨论接口方法。

I/O 接口硬件的功能就是完成数据、地址和控制三总线的转换和连接任务。接口电路一侧连接的是系统总线，另一侧连接的是外部设备。接口电路设计与分析要从系统总线和外部设备两方面来进行。

外设一侧的情况很复杂，这是因为被控对象外设种类繁多、型号不一，所提供的信号线五花八门，其逻辑定义、时序关系和电平高低差异甚大。这一侧的分析重点有两个方面：一是搞清被连接的外设的外部特性，即外设信号线引脚的功能定义和逻辑定义，这样就可以找出需要接口为它提供哪些控制信号线，它能反馈给接口哪些状态信号线，以便在接口硬件设计时，提供这些信号线，满足外设的要求；二是了解被控外设的工作过程，以便在接口软件设计时，按照这种过程编写程序。外设的种类甚多，从高容量快速磁存储器到指示灯和扬声器，不管其复杂程度如何，只要将它们的外部和工作过程分析清楚，接口电路的硬件设计与软件编程就有了依据。

系统总线一侧的设计分析主要根据数据线的宽度（8 位、16 位和 32 位等）、地址线的宽度（16 位、20 位、24 位和 32 位）和控制线的逻辑定义（高电平有效、低电平有效和脉冲跳变），以及时序关系有什么特点等完成三总线的连接。

因 I/O 槽上的信号是主机板上总线信号的延伸，如果 I/O 接口卡设计不当，则不但 I/O 卡不能工作，而且还会使微机不能工作甚至损坏，故 I/O 接口设计必须遵循以下原则。

1）I/O 接口卡要能工作，先要为 I/O 接口卡合理分配系统资源，包括端口地址、DMA 通道、中断请求号 IRQ 等，避免和板上或其他 I/O 接口卡争夺资源，造成硬件冲突。

2）I/O 接口卡的工作时序必须与微机 I/O 总线读/写周期的时序严格配合。对慢速外设器件可使用锁存器和插入等待状态电路等辅助完成信息传输。

3）I/O 槽上的信号线的负载能力有限（一般可带两个低功耗肖特基负载），因此 I/O 卡上的芯片数量应尽可能少（尽量选用 LSI/VLSI），以减轻微机总线的负载。如器件较多，负载较重时，则必须使用总线驱动器。

4）与数据总线相连的器件必须具有三态功能，在不进行数据传输时，使其处于高阻态。

5）I/O 槽上的地址和读/写控制线均为单向输出，I/O 卡决不能输出信息到这些线上。

6）I/O 接口卡应有去耦滤波等抗干扰措施，走线工艺合理，不能成为微机的干扰源。

7）I/O 接口卡插脚与 I/O 槽引脚对应关系必须正确，I/O 卡的几何尺寸应适当。

6.6.2　I/O 接口软件设计方法

1. 直接对硬件编程

对用户应用系统的接口控制程序应直接面向接口编程，尤其对于用户自己设计的 I/O 插卡。由于接口程序对硬件的依赖性，它与一般的管理程序和数据处理程序不同，是直接与硬件打交道的，因此设计者必须对相应的硬件细节十分熟悉。具体地讲，就是对接口芯片和被控对象外设的外部以及接口芯片的编程命令要彻底弄清楚才能着手编写程序。汇编语言是直接对硬件进行编程的比较好的语言，用汇编语言编写的程序在实时性与代码效率以及充分发挥底层硬件的潜力等方面都是最佳的。目前，也有不少情况可以用 C 或者 C++ 语言对硬件直接编程，它们的主要特点是程序可读性强，易于维护。

2. 间接对硬件编程

对硬件直接编程最大的问题在于程序员必须对硬件的操作过程非常熟悉，有时候甚至还要对操作系统非常熟悉。对于大部分用户来说，这是很困难的。实际上，系统中有很多硬件资源带有标准的接口，这些设备的驱动程序已经被做进了 BIOS（基本输入/输出系统）或在操作系统中作为标准的编程接口提供给用户。这些硬件包括键盘、显示器、打印机、串行口、软硬盘驱动器以及具有 USB 接口的设备等。对这些硬件，可以使用 BIOS 调用、DOS 系统功能调用、Win32 API 调用以及像 DirectX 这样的编程接口进行间接地访问。对于这种间接地访问，可以采用汇编语言编写，更多的情况下采用高级语言编写，如 C、C++、VB 等。

小结

1）接口就是 CPU 与外部设备之间的连接电路，是 CPU 与外界进行信息交换的中转站。I/O 接口是为了协调 CPU 与各种外设间的矛盾（不匹配）而设置的介于 CPU 和外设之间的控制逻辑电路。一般来说，I/O 接口具有以下一些功能：

①数据格式转换功能；②数据缓冲功能；③信号电平转换功能；④接收和执行 CPU 命令的功能；⑤译码选址功能；⑥时序控制功能；⑦中断管理功能；⑧可编程功能；⑨错误检测功能。

2）CPU 与 I/O 设备之间传输数据的控制方式一般有 3 种，即程序控制方式、直接存储器存取方式和专用 I/O 处理器方式。端口是指接口电路中能被 CPU 直接访问的寄存器的地址。CPU 通过这些地址即端口向接口电路中的寄存器发送命令、读取状态和传送数据，因此，根据接口功能的不同，一个接口可以有几个端口，如命令口、状态口和数据口，分别对应于命令寄存器、状态寄存器和数据寄存器。对上述端口有两种编址方式：一种是端口地址和存储器地址统一编址，即存储器映射方式；另一种是 I/O 端口地址和存储器地址分开独立编址，即 I/O 映射方式。I/O 接口的设计包括硬件接口设计和软件接口设计。

习题

6-1 微机的接口一般应具备哪些功能？

6-2 什么是端口？I/O 端口的编址方式有哪几种？各有何特点？在 8086/8088 系统中采用哪种方法？在 PC 系列微机中端口的地址范围有多大？

6-3 CPU 与外部设备有哪几种数据传送方式？各有何特点？各适用于何种场合？

6-4 举例说明微机常用哪些输入、输出设备。

第7章

并行输入/输出接口

学习目的：CPU 作为控制核心芯片，由于其引脚数量有限，无法满足种类丰富、数量众多的各种外设的直接控制要求。并行接口技术作为扩展输入/输出方法之一，具有数据传递速度快、功能灵活、可大大减轻 CPU 对外设控制的复杂性等优势，是系统设计中应掌握的基本控制技术之一。本章通过以 8255A 为代表的可编程并行接口芯片的学习，要求掌握其工作原理和编程方法，学会利用 8255 进行并行输入/输出接口的扩展，以及掌握并行接口编程技术。

7.1 并行接口的基本概念

在微机系统中，CPU 与外设之间的通信方式共有两种：一种是并行通信方式，一种是串行通信方式。

所谓并行通信就是将一个数据的各数位用相同根数的导线同时进行传输。显然，与一次传送一位的串行通信相比，在同样的数据传输率下，并行通信具有传输速度快、消息含量大等优点。当然，由于并行通信比串行通信所用的电缆要多，随着传输距离的增加，成本也将大幅度增加。因此，并行通信实际上总是用在数据传输率要求较高而传输距离较短的场合。

实现并行通信的接口电路就是并行接口。它对 CPU 和外设来说都是并行的。一个并行接口既可以设计成只用作输出的具有锁存能力的单输出接口，也可以设计成具有缓冲能力的单输入接口，除此之外，还可以将它设计成既具有输入又具有输出的双功能接口。这种双功能接口又有两种结构：一种结构是利用一个接口中的两个数据通道，一个作为输入通道，另一个作为输出通道；另一种是利用一个双向数据通道，该通道既作为输入通道又作为输出通道。前一种结构可以同时进行输入和输出，而后一种结构的输入和输出操作必须分时进行。

图 7-1 是一个典型的并行接口和外设连接的示意图。图中的并行接口是一个双通道的并行接口芯片，包括输入缓冲寄存器、输出缓冲寄存器、控制寄存器和状态寄存器。其中，控制寄存器用来接受 CPU 对它的控制命令，状态寄存器提供各种状态供 CPU 查询，输入和输出缓冲寄存器用来实现输入和输出。

输入时，外设将数据送给接口，同时使"数据输入准备好"置位。接口在将数据放入输入缓冲器时，使输入回答信号置位，外设在收到回答信号后，就撤消数据和"数据输入准备好"信号。同时使状态寄存器中的相应位置位，以便 CPU 查询。当然，若采用中断方式，可向 CPU 发中断请求。CPU 在读取数据后，接口会自动将状态寄存器中的"数据输入准备好"复位，并且使数据总线处于高阻状态。此后，开始下一个输入过程。

输出时，当 CPU 输出的数据到达接口的输出缓冲器后，接口会自动清除"输出准备好"状

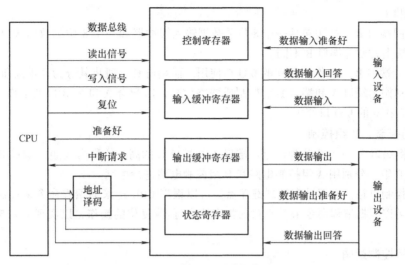

图 7-1 并行接口和外设的连接

态位，并且将数据送往外设，外设收到数据后，往接口发一个"回答"信号，接口收到此信号后，将状态寄存器中的"输出准备好"状态位置"1"，此后，CPU 开始下一个数据的输出。

7.2 可编程并行 I/O 接口——8255A

7.2.1 8255A 的主要特征和内部结构

8255A 是 Intel 系列的可编程并行接口芯片。它不需要附加外部电路便可和微机及多数外设直接连接，并且可通过软件编程的方法分别设置它的 3 个 8 位 I/O 端口的工作方式，给使用带来很大方便，所以广泛应用于各种微机系统中。

8255A 的内部结构框图如图 7-2 所示。

由图 7-2 可见，8255A 由以下几个部分组成。

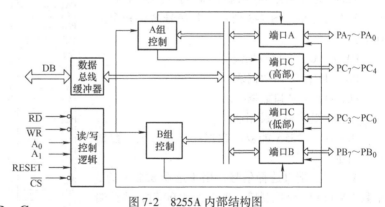

图 7-2 8255A 内部结构图

1. 3 个数据端口 A、B、C

8255A 有 3 个 8 位的输入/输出端口：端口 A、端口 B、端口 C，可用软件分别设置成输入或输出端口，但它们在结构和功能上有各自的特点。

（1）端口 A

端口 A 包括一个 8 位的数据输入锁存器和一个 8 位的数据输出锁存器/缓冲器。所以，无论用端口 A 作为输入口还是输出口，其数据均能受到锁存。

（2）端口 B

端口 B 包括一个 8 位的数据输入缓冲器和一个 8 位的数据输出锁存器/缓冲器。所以用端口 B 作为输出口时，其数据能得到锁存；而作为输入口时，不具有锁存能力，因此外设输入数据必须维持到有效读取为止。

（3）端口 C

端口 C 同端口 B 一样也包括一个 8 位的数据输入缓冲器和一个 8 位的数据输出锁存器/缓冲器，但在用法上常常与端口 B 不同。

端口 A 和端口 B 一般作为独立的 I/O 口使用。而端口 C 一般将其分为高 4 位和低 4 位两个 4 位端口，分别作为端口 A 和端口 B 的控制或联络信号，以配合 A 口和 B 口的工作。当然，端口 C 也可以作为独立的 I/O 口使用。

2. A 组控制、B 组控制

8255A 将端口 A、B、C 分为两组：端口 A 和端口 C 的高 4 位称为 A 组，端口 B 和端口 C 的低 4 位称为 B 组，分别用 A 组控制电路和 B 组控制电路进行控制。

这两组控制电路，内部设有控制寄存器，可以根据 CPU 送来的编程命令来控制 8255A 的工作方式，也可以根据编程命令对 C 口的指定位进行置/复位的操作，以实现对 8255A 数据端口的有效控制。

3. 读/写控制逻辑

读/写控制逻辑电路负责管理 8255A 的数据传输过程。它接收来自控制总线的控制信号 $\overline{WR}$、$\overline{RD}$、RESET 和数据总线的 A_1A_0（8086 为 A_2A_1）以及地址译码输出的片选信号 $\overline{CS}$，由这些信号形成对端口的控制信号，并通过 A 组控制和 B 组控制电路实现对数据、状态信息和控制信息的传输。

4. 数据总线缓冲器

数据总线缓冲器是一个双向三态的 8 位数据缓冲器，可直接和系统的数据总线连接。数据的输入/输出以及控制字的写入都是通过这个缓冲器传递的。

7.2.2 8255A 的外部引脚

8255A 芯片采用 40 引脚的双列直插式 DIP 封装。其引脚分布如图 7-3 所示，各信号名称和含义如下：

$PA_7 \sim PA_0$：A 口数据线。

$PB_7 \sim PB_0$：B 口数据线。

$PC_7 \sim PC_0$：C 口数据线。

以上 3 组均和外设相连。

$D_7 \sim D_0$：8255A 的双向数据线，和系统的数据总线相连。

A_1、A_0：端口选择信号，用于选择 8255A 的 3 个数据端口和 1 个控制口。当 A_1A_0 为 00 时，选择端口 A；为 01 时，选择端口 B；为 10 时，选择端口 C；为 11 时，选择控制口。

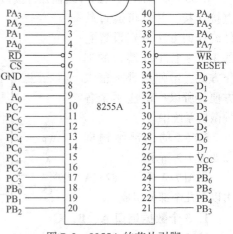

图 7-3　8255A 的芯片引脚

$\overline{RD}$：芯片读出信号，来自系统总线，低电平有效。

$\overline{WR}$：芯片写入信号，来自系统总线，低电平有效。

$\overline{CS}$：芯片选择信号，来自地址译码器，低电平有效。

RESET：复位信号。当它为高电平时，清除所有内部寄存器的内容，并将 3 个数据端口置为输入方式。

V_{CC}、GND：电源和地线。

7.2.3　CPU 与 8255A 的连接

从编程的角度看，8255A 只是 3 个数据端口和 1 个控制端口。在 $\overline{CS}$ 为低电平有效的情况下，通过 A_1、A_0、$\overline{WR}$、$\overline{RD}$ 的不同组合实现对 3 个数据口的读/写操作和对控制口的写操作。其中 A_1、A_0 和端口之间的对应关系如下：

$A_1A_0 = 00$：端口 A。

$A_1A_0 = 01$：端口 B。

$A_1A_0 = 10$：端口 C。

$A_1A_0 = 11$：控制口。

8255A 的几个控制信号和传输功能之间的关系见表 7-1。

表 7-1　8255A 的控制信号和传输功能的对应关系

$\overline{CS}$	A_1	A_0	$\overline{RD}$	$\overline{WR}$	功能说明
0	0	0	0	1	端口 A→数据总线
0	0	1	0	1	端口 B→数据总线
0	1	0	0	1	端口 C→数据总线
0	1	1	0	1	非法状态
0	0	0	1	0	数据总线→端口 A
0	0	1	1	0	数据总线→端口 B
0	1	0	1	0	数据总线→端口 C
0	1	1	1	0	数据总线→控制口
0	×	×	1	1	$D_7 \sim D_0$ 呈高阻状态
1	×	×	×	×	$D_7 \sim D_0$ 呈高阻状态

在 8255A 和 8088/8086 系统连接时，数据线和控制信号一般和系统总线的相应信号直接相连，片选信号一般和地址译码器的输出相连，3 个端口的数据线和外设的数据线直接相连。但是对 8255A 的端口选择信号 A_1 和 A_0 来说，在连接上有所不同。

在 8088 系统中，由于采用 8 位数据总线，所以系统数据总线的 A_1 和 A_0 总是直接和 8255A 的 A_1 和 A_0 相连。

而在 8086 系统中，由于采用 16 位数据总线，CPU 在数据传输时，数据的低 8 位的输入/输出总是通过偶地址端口，高 8 位数据输入/输出总是通过奇地址端口来实现的。所以，当 8255A 的 $D_7 \sim D_0$ 和系统数据总线的低 8 位相连时（为了简化硬件连接，常常如此），要求 CPU 访问 8255A 的 4 个端口地址均为偶地址，而 8255A 自身又规定其 4 个片内端口地址应为 00、01、10 和 11。为了满足 CPU 和 8255A 的不同要求，在和 8086 系统连接时，须将系统总线的 A_2 和 A_1 分别和 8255A 的 A_1 和 A_0 相连。也就是说 CPU 访问 8255A 的 4 个端口时，其编程地址应为 4 个连续的偶地址，此时，系统总线的 A_0 总为 0。这一点在具体应用中要加以注意。图 7-4 是 8255A 和 8086 系统的连接示意图。

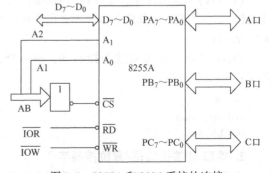

图 7-4　8255A 和 8086 系统的连接

127

7.2.4　8255A 的控制字和初始化编程

8255A 是可编程接口，有 3 个数据端口和 1 个只能写不能读的控制端口。它可以通过指令往控制端口中设置控制字来决定它的工作方式，并且只有先写入方式选择控制字，才能通过 3 个数据端口实现正确的 I/O 操作。

控制字分为两类：方式选择控制字和端口 C 按位置位/复位控制字。

1. 方式选择控制字

8255A 的数据端口可工作在 3 种不同的工作方式下。方式选择控制字就是对它们的工作方式进行设置，它将 3 个数据端口分为 A、B 两组。其中，A 组包括端口 A 和端口 C 的高 4 位，B 组包括端口 B 和端口 C 的低 4 位。图 7-5 是 8255A 的方式选择控制字的具体格式。

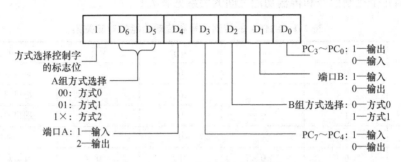

图 7-5　8255A 的方式选择控制字

由图 7-5 可见：

1）8255A 共有 3 种工作方式：

方式 0：基本的输入/输出方式。

方式 1：选通输入/输出方式（应答方式）。

方式 2：双向传输方式。

2）端口 A 可工作在 3 种工作方式中的任何一种，端口 B 只能工作在方式 0 或方式 1，端口 C 则常常配合端口 A 和端口 B 工作，为这两个端口的输入/输出传输提供控制信号和状态信号。可见，只有端口 A 可工作在方式 2。

3）同组的两个端口可以分别作为输入端口或输出端口，并不要求它们同为输入端口或同为输出端口。而一个端口到底作为输入端口还是输出端口，则完全通过对方式选择控制字的编程来确定。

4）对 8255A 的初始化操作就是设置 8255A 的工作方式和输入/输出方式的操作，也就是通过输出指令往控制端口传送方式选择控制字。

【例 7-1】　设某片 8255A 的控制端口的地址为 0086H，现要求将其 3 个数据端口均设置为基本的输入/输出方式，其中端口 A 的 8 位和端口 C 的低 4 位为输入，端口 B 的 8 位和端口 C 的高 4 位为输出。

根据图 7-5 中的方式选择控制字，该 8255A 的方式选择控制字为 91H。它的初始化程序如下：

```
MOV AL,91H
MOV DX,0086H
OUT DX,AL
```

2. 端口 C 按位置位/复位控制字

当端口 C 设置为输出方式时，常常用于控制目的，用来发送控制信号。此时，可利用端口 C 的位操作功能，即按位置位/复位控制字，将端口 C 的某一位置 1 或清 0，而不影响端口 C 其他位的状态。其格式如图 7-6 所示。

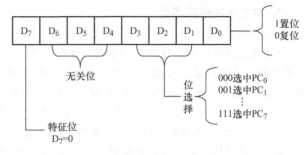

对于控制口来说，它是通过接收来的控制字的最高位来区分是方式选择字还是按位置 1/复 0 控制字。若 $D_7 = 1$，则该控制字是方式选择字，否则是按位置 1/复 0 控制字。

图 7-6 8255A 的 C 口置位/复位字

但要注意的是，虽然是对端口 C 进行置 1 或清 0，但该控制字不是写入端口 C，而是将按位置 1/复 0 控制字写入控制口，并且只有当该位被置为输出方式时才有效。

还有一点，当端口 A 用于方式 1 和方式 2 或者端口 B 用于方式 1 时，端口 C 中用于联络信号的对应位，其信号是由硬件自行决定产生的，不能用按位置 1/复 0 控制字来加以改变，而 C 口剩余的 I/O 位为输出方式时，该控制字仍然有效。

【例 7-2】　设 8255A 的控制口的地址仍为 0086H，现要对 C 口的最高位 PC_7 置 1，将次高位 PC_6 清 0，可用如下程序实现。

```
MOV      DX,0086H
MOV      AL,0FH
OUT      DX,AL
MOV      AL,0CH
OUT      DX,AL
```

7.3 8255A 的 3 种工作方式及其应用

由方式选择字已经知道，8255A 有 3 种工作方式，即方式 0、方式 1 和方式 2。下面对这 3 种工作方式分别加以讨论。

7.3.1 方式 0 及其应用

1. 方式 0 的特点
方式 0 也称基本输入/输出方式，它有以下特点：

1）该方式下传送数据时不需要专门的联络信号，完全由用户决定。

2）每组 12 位可全部作为方式 0 的数据线使用。具体地说，将 8255A 的 24 个数据线分为 2 个 8 位端口：PA 口和 PB 口，并且将 PC 口分为高 4 位和低 4 位两个 4 位口，对这 4 个端口可通过方式控制字任意规定为输入和输出。因此共有 16 种不同的使用组态，可以适用于多种场合。

3）单向 I/O，每次初始化只能指定 PA、PB 和 PC 为输入或输出，不能指定端口既作为输入又作为输出。

2. 方式 0 的输入/输出操作
方式 0 的输入/输出操作比较简单。输入时，要求在发出读信号前，必须保证外设数据以及片选信号和端口选择信号 A_0、A_1 先行有效，并保持到读信号结束后，而且要求读脉冲的宽度至少为 300ns，这样才能从 8255A 的相应端口正确读取数据，否则会产生误读。输出时，同样要求地址信号先行有效并保持到写信号结束以后，而数据必须在写命令结束前出现在数据总线上，然后才能输出数据到 8255A 的相应端口让外设接收，否则将丢失信息。

3. 方式 0 的使用场合

方式 0 的使用场合有两种，一种是无条件传送，一种是查询式传送。

1）无条件传送时，发送方和接收方自行维持同步，它们之间不需要联络信号，即认为对方已准备好。具体地说，当 CPU 读时，外设的数据应该已经准备就绪；当 CPU 写时，外设也已处理完以前的数据并已准备接收新的数据。在这种情况下，对接口的要求很简单，只要接口能实行输入缓冲和输出锁存，即可进行正确的信息传输。因此，用 8255A 进行无条件传送时，可实现三路 8 位数据传输或两路 8 位及两路 4 位数据传输。

2）查询式传送时，需要有应答信号，但方式 0 没有规定具体的应答信号，必须自行定义。一般是将端口 A 和端口 B 作为数据的输入/输出口，而将端口 C 分为高 4 位和低 4 位两部分，可分别作为输入状态信息的输入口或输出控制信号的输出口。这样，利用端口 C 的配合，就可实现端口 A 和端口 B 的查询式数据传输。

7.3.2 方式 1 及其应用

1. 方式 1 的特点

方式 1 又称选通输入/输出方式，也叫应答方式。其特点如下：

1）只有 A 口和 B 口可分别或同时工作在方式 1 的输入或输出。

2）当 A 口和 B 口工作在方式 1 时，分别需要用到 C 口固定的 3 位作为联络信号，这些联络信号不能用程序加以改变。

3）C 口中除了固定的联络信号外，其余位仍然可作为方式 1 的输入或输出。

4）若 A 口和 B 口工作于方式 1，在输入/输出操作过程中，产生固定的状态字，这些状态信息可作为查询或中断请求之用，状态字可以从 C 口读取。

5）单向传送，一次初始化只能设置一个方向传送。

端口工作在方式 1 时的这种联络信号的对应关系见表 7-2。

表 7-2　8255A 芯片工作在方式 1 时的通信联络信号

端　口	联　络　线	输　入	输　出
A 口方式 1	PC_7	I/O	$\overline{OBF_A}$
	PC_6	I/O	$\overline{ACK_A}$
	PC_5	IBF_A	I/O
	PC_4	$\overline{STB_A}$	I/O
	PC_3	$INTR_A$	$INTR_A$
B 口方式 1	PC_2	$\overline{STB_B}$	$\overline{ACK_B}$
	PC_1	IBF_B	$\overline{OBF_B}$
	PC_0	$INTR_B$	$INTR_B$

表 7-2 中各信号的含义如下：

$\overline{STB}$：外设数据输入选通信号，低电平有效，由外设送往 8255A。输入时，外设用$\overline{STB}$信号把它已经送到外设数据线上的数据选通锁存到相应端口的输入锁存器内。$\overline{STB_A}$选通 A 口，$\overline{STB_B}$选通 B 口。

IBF：输入缓冲区满信号，高电平有效，由 8255A 送往 CPU 或外设以供查询。当 IBF 有效时，表示 8255A 的相应端口已经接收到输入数据，但尚未被 CPU 取走。此时外设应暂停发送新的数据，直到输入缓冲器腾空为止。IBF_A表示 A 口输入缓冲器满，IBF_B表示 B 口输入缓冲器满。

$\overline{\text{OBF}}$：输出缓冲区满信号，低电平有效，由 8255A 输出给外设以便通知取走数据，当然也可以送给 CPU 以供查询。$\overline{\text{OBF}}$ 有效时，表示相应端口的输出缓冲器数据有效，外设可以取走该数据。$\overline{\text{OBF}_A}$ 表示 A 口输出缓冲满，$\overline{\text{OBF}_B}$ 表示 B 口输出缓冲器满。

$\overline{\text{ACK}}$：外设接收到输出数据的应答信号，低电平有效，由外设输入给 8255A。用 8255A 输出时，外设送回 $\overline{\text{ACK}}$ 信号后表示数据已经取走，允许更新相应端口的输出缓冲器，CPU 可以输出下一个数据。$\overline{\text{ACK}_A}$ 表示 A 口数据已经取走，$\overline{\text{ACK}_B}$ 表示 B 口数据已经取走。

INTR：中断请求信号，高电平有效，由 8255A 输出给 CPU 或中断控制器。输入数据时出现 IBF 有效信号或输出时出现 $\overline{\text{OBF}}$ 有效信号后，都会通过 8255A 形成有效的中断请求信号 INTR 以向 CPU 申请中断，请求 CPU 输入/输出下一个数据。INTR_A 有效表示 A 口申请中断，INTR_B 有效表示 B 口申请中断。

2. 方式 1 的输入结构和输入过程

（1）方式 1 的输入结构

方式 1 下 8255A 的各端口输入结构如图 7-7 所示

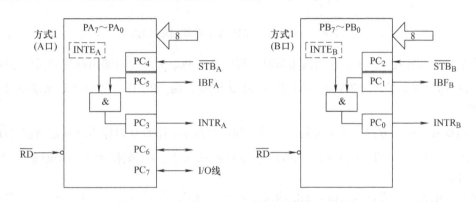

图 7-7　方式 1 下 8255A 的各端口输入结构

当端口 A 工作在方式 1 并作为输入口时，端口 C 的 PC_4 作为选通信号输入端 $\overline{\text{STB}_A}$，PC_5 作为输入缓冲器满信号输出端 IBF_A，PC_3 则作为中断请求信号输出端 INTR_A。

当端口 B 工作在方式 1 并作为输入口时，端口 C 的 PC_2 作为选通信号输入端 $\overline{\text{STB}_B}$，PC_1 作为输入缓冲器满信号输出端 IBF_B，PC_0 则作为中断请求信号输出端 INTR_B。

图 7-7 中，$INTE_A$ 和 $INTE_B$ 为端口 A 和端口 B 的中断允许信号。当允许 A 口中断时，应用 C 口按位置 1/复 0 控制字对 PC_4 置 1，否则应将 PC_4 复 0 以屏蔽 A 口中断；同样，当允许 B 口中断时，将 PC_2 置 1，否则将其复位。此处 PC_4 和 PC_2 均有双重作用，其输出锁存器作为内部中断允许信号用，其输入缓冲器作为外部输入选通信号用。由于 C 口每个数位的输出锁存器和输入缓冲器在硬件上是相互隔离的，因此这种双重用法不会造成冲突。

（2）方式 1 的输入过程

当外设输入数据准备就绪时，向 8255A 发出数据选通信号 $\overline{\text{STB}}$，一旦外设数据进入输入缓冲器，一方面使 IBF 信号变为有效高电平，通知外设暂停发送新的数据并撤消 $\overline{\text{STB}}$ 信号；另一方面在中断允许信号 INTE 有效的情况下，等到外设撤消 $\overline{\text{STB}}$ 信号后，立即将 INTR 信号置为有效高电平以向 CPU 或 8259 中断控制器申请中断。CPU 响应中断后，执行输入指令读取输入缓冲器的数据时，先由读信号$\overline{RD}$的下降沿使 INTR 变为低电平以清除中断请求，再由读信号$\overline{RD}$的上升沿使 IBF 变为无效以通知外设可以发送新的数据，进而开始下一个输入过程。

3. 方式 1 的输出结构和输出过程

（1）方式 1 的输出结构

方式 1 下 8255A 的各端口输出结构如图 7-8 所示。

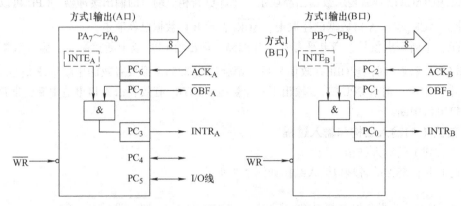

图 7-8　方式 1 下的 8255A 的各端口输出结构

当端口 A 工作在方式 1 并作为输出口时，端口 C 的 PC_7 作为 A 口输出缓冲器满信号$\overline{OBF}_A$输出端，PC_6 作为 A 口外设接收数据后的响应信号$\overline{ACK}_A$输入端，PC_3 作为 A 口中断请求信号 $INTR_A$输出端。

当端口 B 工作在方式 1 并作为输出口时，端口 C 的 PC_1 作为 B 口输出缓冲器满信号$\overline{OBF}_B$输出端，PC_2 作为 B 口外设接收数据后的响应信号$\overline{ACK}_B$输入端，PC_0 则作为 B 口中断请求信号 $INTR_B$ 输出端。

至于输出方式下的 $INTE_A$ 和 $INTE_B$ 内部中断允许信号的作用和设置方法与输入方式下完全相同。此外，A 口和 B 口同为方式 1 输入时，端口 C 中除已定义的 6 个信号数位外，剩下两位 PC_6 和 PC_7 仍可作为 I/O 线使用，其输入/输出方式由方式选择字的 D_3 位设定。同理，当 A 口和 B 口同为方式 1 输出时，端口 C 的 PC_5 和 PC_4 也可作为 I/O 线使用，其输入/输出方式仍由方式选择字的 D_3 位设定。

（2）方式 1 的输出过程

假设输出端口与 CPU 之间采用中断方式联系，当外设准备就绪时，向 8255A 发出一个$\overline{ACK}$有效信号请求发送数据。一旦 8255A 收到$\overline{ACK}$信号，一方面使$\overline{OBF}$信号变为无效，通知外设暂时不要接收数据；另一方面在 8255A 相应端口允许中断的情况下，立即使中断请求信号 INTR 变为有效以向 CPU 申请中断。等到 CPU 响应中断后，通过执行输出指令向 8255A 发送新的数据，同时利用$\overline{WR}$的下降沿复位 INTR，利用$\overline{WR}$的上升沿将$\overline{OBF}$信号置为有效，以通知外设收取数据。当外设收取数据后，返回$\overline{ACK}$信号使$\overline{OBF}$无效，表明输出缓冲器腾空，并向 CPU 再次申请中断，从而开始一个新的输出过程。实际上，上述第一个字节数据的输出也可由 CPU 主动完成，然后再利用中断方式亦可。

4. 方式 1 的状态字

在方式 1 下 8255A 有固定的状态字，为查询方式提供了状态标志位，CPU 可通过读状态字来确定中断源，实现查询中断。其状态字格式见表 7-3。

表7-3 8255A 在方式1下的状态字格式

A组状态					B组状态		
PC_7	PC_6	PC_5	PC_4	PC_3	PC_2	PC_1	PC_0
输入	I/O	I/O	IBF_A	$INTE_1$	$INTR_A$	$INTE_2$	IBF_B	$INTR_B$
输出	$\overline{OBF_A}$	$INTE_1$	I/O	I/O	$INTR_A$	$INTE_2$	$\overline{OBF_B}$	$INTR_B$

状态字是在 8255A 输入/输出操作过程中由内部产生，从 PC 口读取的，因此从 PC 口读出的状态字是独立于 PC 口外部引脚的，或者说与 PC 口的引脚无关；状态字中的 INTE 位是控制标志位，控制 8255A 能否提出中断请求，它不是 I/O 操作过程中自动产生的状态，而是由程序通过按位置位/复位命令来设置或清除的。

【例7-3】 若允许 PA 口输入时，产生中断请求，则必须设置 $INTE_A = 1$，即置 $PC_4 = 1$；若禁止它产生中断请求，则置 $INTE_A = 0$，即 $PC_4 = 0$。其程序如下：

```
MOV DX,303H         ;设 8255A 的命令口地址是303H
MOV AL,09H          ;00001001B,置位命令字,使 PC₄=1,允许中断请求
OUT DX,AL
MOV AL,08H          ;00001001B,置位命令字,使 PC₄=0,禁止中断请求
OUT DX,AL
```

5. 方式1的使用场合

由于方式1不但可以采用中断方式传送数据，而且具备相应的联络信号，因此其应用十分广泛。只要选定方式1，在规定一个端口的输入/输出方式的同时，就自动规定了有关的控制信号和中断请求信号，如果外设能向 8255A 提供输入数据选通信号或输出数据接收应答信号，即可采用方式1，达到既方便又有效的传送目的。

7.3.3 方式2及其应用

1. 方式2的特点

方式2又称选通输入/输出方式或双向传输方式。其特点如下：

1）由于该方式需占用端口 C 的 5 个数位作为联络信号，所以当端口 A 工作于方式2时，端口 B 只能用作方式0或方式1，也就是说方式2只适用于端口 A。

2）在方式2下，外设可以在 A 口的 8 位数据线上分时向 CPU 发送数据或从 CPU 接收数据，但不能同时进行。

3）因有专门的联络信号和中断请求信号，所以可采用中断方式或查询方式与 CPU 交换数据。

4）可以看成是方式1下的输入或输出的结合。

2. 方式2的输入/输出结构和输入/输出操作

（1）方式2的输入/输出结构

方式2和方式1类似，一旦设定为方式2，端口 C 的若干数位自动提供相应的控制信号，具体的输入/输出结构如图 7-9 所示，各信号含义见表 7-4。

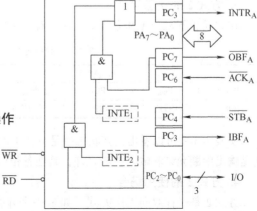

图 7-9 方式2下 8255A 的 A 口输入/输出结构

表 7-4　8255A 芯片 A 口方式 2 时的联络信号

联　络　线	联　络　信　号	信　号　含　义
PC_7	$\overline{OBF_A}$	A 口输出缓冲器满信号
PC_6	$\overline{ACK_A}$	A 口外设收到数据的应答信号
PC_5	IBF_A	A 口输入缓冲器满信号
PC_4	$\overline{STB_A}$	A 口外设数据输入选通信号
PC_3	$INTR_A$	中断请求信号
PC_2	I/O	数据线
PC_1	I/O	数据线
PC_0	I/O	数据线

图 7-9 中的各信号含义同方式 1 类似。下面只对 $INTE_1$ 和 $INTE_2$ 做简要说明。

$INTE_1$：输出中断允许信号。$INTE_1$ 为 1 时，允许 8255A 由 $INTR_A$ 往 CPU 发中断请求信号，以通知 CPU 现在可以往 8255A 的端口 A 输出一个数据；$INTE_1$ 为 0 时，则屏蔽了中断请求，也就是说，即使 8255A 的数据输出缓冲器为空，也不能在 $INTR_A$ 端产生中断请求。而 $INTE_1$ 到底为 0 还是为 1，是由软件通过对 PC_6 的设置来决定的，PC_6 为 1，则 $INTE_1$ 为 1，否则 $INTE_1$ 为 0。

$INTE_2$：输入中断允许信号。$INTE_2$ 为 1 时，端口 A 的输入处于中断允许状态；$INTE_2$ 为 0 时，端口 A 的输入处于中断屏蔽状态。$INTE_2$ 是由软件通过对 PC_4 的设置来决定的，PC_4 置为 1，则 $INTE_2$ 为 1，否则 $INTE_2$ 为 0。

（2）方式 2 的输入/输出操作

方式 2 的输入/输出操作可以看成是方式 1 的输入和输出的结合。

方式 2 的输出过程：CPU 响应输出中断后，用输出指令往 8255A 的 A 口中写入一个新的数据，并利用写脉冲 $\overline{WR}$ 来清除中断请求信号 $INTR_A$，同时使 A 口输出缓冲器满信号 $\overline{OBF_A}$ 变为有效低电平以通知外设取数。外设取数后返回响应信号 $\overline{ACK_A}$ 以清除 $\overline{OBF_A}$ 有效信号并置位 $INTR_A$ 以向 CPU 再次申请中断，从而开始下一个数据传输过程。

方式 2 的输入过程：当外设往 8255A 的 A 口送来数据时，选通信号 $\overline{STB_A}$ 同时有效，使数据锁入 8255A 的 A 口输入缓冲器中，并置输入缓冲器满信号 IBF_A 为有效高电平，以通知外设暂停送数和撤消 $\overline{STB_A}$ 有效信号。一旦 $\overline{STB_A}$ 信号失效后即发中断请求，CPU 响应中断进行读操作时，将 8255A 的 A 口输入数据读入到 CPU 中，并利用 $\overline{RD}$ 信号使输入缓冲器满信号 IBF_A 变为无效低电平，同时复位中断请求信号 $INTR_A$，至此完成一次输入过程，然后等待新的中断请求。

3. 方式 2 的状态字

在方式 2 下 8255A 和方式 1 一样，有固定的状态字，其状态字格式见表 7-5。

表 7-5　8255A 在方式 2 下的状态字格式

A 组状态					B 组状态		
PC_7	PC_6	PC_5	PC_4	PC_3	PC_2	PC_1	PC_0
$\overline{OBF_A}$	$INTE_1$	IBF_A	$INTE_2$	$INTR_A$	I/O	I/O	I/O

从表 7-5 中可以看出，其状态字是方式 1 的输入和输出两种方式的组合，$INTE_1$ 和 $INTE_2$ 分别是输出中断允许和输入中断允许，其他各位的含义在此不再赘述。

4. 方式 2 的使用场合

方式 2 是一种双向工作方式，如果一个并行外设既可以作为输入设备，也可以作为输出设备，并且输入和输出是分时进行的，那么将此设备与 8255A 的 A 口相连，并使 A 口工作在方式 2

就非常方便。例如,磁盘就是一种这样的双向外设。CPU 既能对磁盘读,又能对磁盘写,并且读和写在时间上是不重合的。所以,可以将磁盘驱动器的数据线和 8255A 的 A 口相连,再使 $PC_7 \sim PC_3$ 与磁盘控制器的控制线和状态线相连,即可有效地完成双向数据传输任务。

5. 方式 2 与其他方式的组合

当 A 口工作在方式 2 时,端口 B 和端口 C 的 $PC_2 \sim PC_0$ 位可工作在方式 0 或方式 1,并且可分别作为输入或输出,这完全由方式选择字来决定。

（1）方式 2 与方式 0 输入的组合的方式选择字

D_7	D_6	D_5	D_4	D_3	D_2	D_1	D_0
1	1	X	X	X	0	1	1/0

（2）方式 2 与方式 0 输出的组合的方式选择字

D_7	D_6	D_5	D_4	D_3	D_2	D_1	D_0
1	1	X	X	X	0	0	1/0

（3）方式 2 与方式 1 输入的组合的方式选择字

D_7	D_6	D_5	D_4	D_3	D_2	D_1	D_0
1	1	X	X	X	1	1	1/0

（4）方式 2 与方式 1 输出的组合的方式选择字

D_7	D_6	D_5	D_4	D_3	D_2	D_1	D_0
1	1	X	X	X	1	0	1/0

请读者对上述 4 种组合的控制信号和 C 口的 $PC_2 \sim PC_0$ 的工作方式做具体分析。

7.4 8255A 应用举例

【例 7-4】 用方式 0 与打印机连接。

CPU 通过并行接口采用查询方式把存放在 BUF 缓冲区的 256 个字符送去打印机进行打印,其原理图如图 7-10 所示。

采用查询方式时,打印机与 CPU 之间传送数据过程如下:

1）首先查询 BUSY 的状态,若 BUSY = 1,打印机忙,则等待;若 BUSY = 0,打印机闲,则传送数据。

2）将需打印的数据送到打印机的数据线上,注意此时数据还未送入打印机。

3）输出选通信号$\overline{STB}$,将数据线上的数据送入打印机。

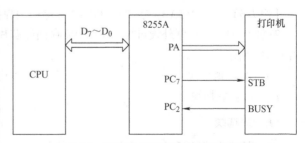

图 7-10 查询方式下打印机接口原理图

4）打印机收到数据后,发出 BUSY 信号,表明打印机正在处理数据。处理完毕后,撤销“忙”信号,即使 BUSY = 0。

5）重复执行 1）到 4）。

其中，BUSY 状态用 PC_2 读入，所以为输入方式；A 口传送数据，所以为输出方式；PC_7 用作选通信号，所以设为输出方式；打印机 BUSY 信号的转变由打印机自动完成。B 口在此没有用到，因此可任意。于是，其状态字为 10000001B。

根据以上过程，得到打印驱动程序流程如图 7-11 所示。

驱动程序如下：

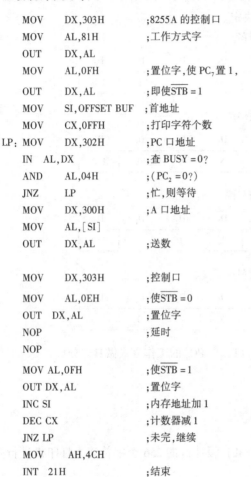

```
        MOV    DX,303H        ;8255A 的控制口
        MOV    AL,81H         ;工作方式字
        OUT    DX,AL
        MOV    AL,0FH         ;置位字,使 PC7 置 1,
        OUT    DX,AL          ;即使 STB = 1
        MOV    SI,OFFSET BUF  ;首地址
        MOV    CX,0FFH        ;打印字符个数
LP:     MOV    DX,302H        ;PC 口地址
        IN     AL,DX          ;查 BUSY = 0?
        AND    AL,04H         ;( PC2 = 0?)
        JNZ    LP             ;忙,则等待
        MOV    DX,300H        ;A 口地址
        MOV    AL,[SI]
        OUT    DX,AL          ;送数

        MOV    DX,303H        ;控制口
        MOV    AL,0EH         ;使 STB = 0
        OUT    DX,AL          ;置位字
        NOP                   ;延时
        NOP
        MOV AL,0FH            ;使 STB = 1
        OUT DX,AL             ;置位字
        INC SI                ;内存地址加 1
        DEC CX                ;计数器减 1
        JNZ LP                ;未完,继续
        MOV AH,4CH
        INT  21H              ;结束
```

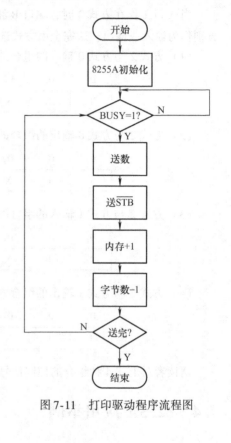

图 7-11　打印驱动程序流程图

【例 7-5】 用 8255A 作为 2764EPROM 存储器编程接口。

2764 是 8K×8 位紫外线可擦式 EPROM 存储器芯片，其标准存取时间为 250ns，其引脚分布如图 7-12 所示。

$A_{12} \sim A_0$：地址线。

$D_7 \sim D_0$：数据线。

$\overline{CE}$：片选线。

$\overline{OE}$：输出允许信号。

PGM：编程脉冲输入。

V_{CC}、GND：+5V 工作电源和地。

V_{PP}：+21V ±0.5V 编程电源。

用 8255A 作为 8086CPU 和 2764EPROM 存储器编程接口电路如图 7-13 所示。

图 7-12　2764EPROM 引脚分布

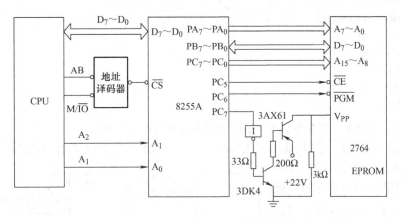

图 7-13 2764EPROM 的编程接口

由图 7-13 可见，由于和 8086 相连，所以 8255A 的 4 个编程地址均采用偶地址，编程数据则由 B 口输出。由于 2764 有 13 位地址，所以其编程地址必须用 8255A 的两个端口分两次传送给 2764，在此用 A 口和 C 口的 $PC_0 \sim PC_4$ 共 13 位输出编程地址。另外，用 PC_5 和 PC_6 作为 2764 的片选信号和编程脉冲输入信号，用 PC_7 作为 2764 的编程电压的控制信号，它经过反向器和晶体管后将所需的编程电压加到 2764 的 V_{PP} 引脚。

设 8255A 的端口地址为 00F8H～00FEH，编程数据放在 8000H 开始的 8KB 的缓冲器内。其参考程序如下：

```
             ORG  1000H
START: MOV  BX,0000H        ;置 2764 初始地址
       MOV  DI,8000H        ;置编程数据源地址
       MOV  CX,2000H        ;置编程数据字节数
       MOV  DX,00FEH        ;置 8255A 控制口地址
       MOV  AL,80H          ;置 8255A 方式控制字
       OUT  DX,AL           ;输出 8255A 方式控制字
RLOOP: MOV  AL,BL
       MOV  DL,0F8H
       OUT  DX,AL           ;A 口输出低 8 位编程地址
       MOV  AL,[DI]
       MOV  DL,0FAH
       OUT  DX,AL           ;B 口输出编程数据字节
       MOV  AL,BH
       MOV  DL,0FCH
       OUT  DX,AL           ;C 口输出高 5 位编程地址和编程控制信号
       CALL DL50MS          ;调 50ms 延时子程序
       MOV  AL,0FH          ;PC7 置 1 控制字
       MOV  DL,0FEH
       OUT  DX,AL           ;PC7 置 1 撤消编程电压
       INC  BX;             2764 编程地址加 1
       INC  DI;             编程数据源地址加 1
       LOOP RLOOP           ;8KB 是否写完
       HLT
DL50MS PROC                 ;延时子程序
       PUSH CX
       MOV  CX,0009H
```

137

```
CCT:    MOV  AX,056CH
BBT:    DEC  AX
        JNZ  BBT
        LOOP CCT
        POP  CX
        RET
```

【例7-6】 8255A 工作在方式 1，采用中断方式和打印机连接。

8255A 工作在方式 1，采用中断方式工作的 Centronics 360 字符打印机的接口电路如图 7-14 所示。

8255A 的 A 口工作在方式 1 的输出方式，用以传送打印字符。此时，PC_6 和 PC_3 自动作为 $\overline{ACK}$ 信号输入端和 INTR 信号输出端，而 PC_7 的 $\overline{OBF}$ 端未用。由于该打印机需要一个选通信号，所以用 PC_0 来产生选通脉冲。

假设 PC_3 连到中断控制器

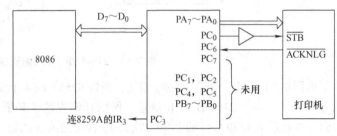

图 7-14　8255A 方式 1 作为打印机接口示意图

8259A 的 IR_3 所对应的中断类型码为 0BH，所以其中断向量放在中断向量表的 2CH ~ 2FH 的 4 个字节中，中断服务程序写在 1000H：2000H 处，对 8259A 的初始化已经完成，8255A 的端口地址为 $C_0 ~ C_6$。

在此系统中由中断处理程序实现字符输出，并且打印字符已经放在 DI 指向的缓冲区内，主程序只是对 8255A 进行方式设置和开放中断。其参考程序如下：

主程序：

```
MAIN:   MOV  AL,A0H            ;8255A 的方式选择字
        OUT  0C6H,AL
        MOV  AL,01             ;PC0 置为 1,使选通无效
        OUT  0C6H,AL
        XOR  AX,AX             ;设置中断向量表的 0BH 号中断
        MOV  DS,AX
        MOV  AX,2000H
        MOV  WORD PTR[002C],AX
        MOV  AX,1000H
        MOV  WORD PTR[002E],AX
        MOV  AL,0DH            ;使 PC6 为 1,允许 8255A 中断
        OUT  0C6H,AL
        STI                    ;开中断
        ⋮
```

中断服务子程序：

```
TOPRINT:PUSH AX                ;字符送 A 口
        PUSH DI
        MOV  AL,[DI
        OUT  0C6H,AL
        MOV  AL,0              ;使 PC0 为 0,产生选通信号
        OUT  0C6H,AL
        INC  AL               ;使 PC0 为 1,撤消选通信号
```

```
        OUT    0C6H,AL
            ⋮
IRET
```

注意：除了用 STI 指令开放中断外，还要用置位/复位命令字将 PC_6 置 1，也就是将 INTE 置 1，使 8255A 也处于中断允许状态。

小结

1）并行通信是将一个数据的各数位用相同根数的导线同时进行传输。实现并行通信的接口电路就是并行接口。

2）8255A 有 4 个端口，包括 3 个数据端口和 1 个控制端口，由 A_1A_0 区分：00、01、10 分别对应端口 A、B、C，11 对应控制口。

3）8255A 将 3 个数据口分成 2 组 4 部分：

A 组：A 口、C 口的高 4 位。

B 组：B 口、C 口的低 4 位。

每一部分可以单独设定输入/输出。

4）8255A 有 3 种工作方式：方式 0、方式 1、方式 2。

方式 0：普通输入/输出方式。

方式 1：选通输入/输出方式（单向）。

方式 2：选通输入/输出方式（双向）。

其中：

A 口：可以工作在方式 0、方式 1、方式 2 中的任何一种。

B 口：可以工作在方式 0、方式 1 中的一种。

C 口：只能工作在方式 0，并且当 A 口和 B 口工作在方式 1 或方式 2 时，C 口的指定位是作为 A 口和 B 口的联络信号使用的。

5）8255A 的控制字包括方式选择控制字和 C 口的置位/复位控制字，它们都是写入控制口，它们的格式见图 7-5 和图 7-6。在此特别注意，虽然置位/复位控制字是对 C 口进行控制，但是要写入控制口。对 8255A 控制字的格式和初始化编程的掌握，是本章的重点。

6）8255A 工作在方式 1、方式 2 下时 C 口的各位的含义见表 7-6。

表 7-6　8255A 芯片 A 口方式 2 时的联络信号

联络信号名称	信　号　含　义	联络信号名称	信　号　含　义
$\overline{OBF}$	输出缓冲器满信号	$\overline{STB}$	外设数据输入选通信号
$\overline{ACK}$	外设收到数据的应答信号	INTR	中断请求信号
IBF	输入缓冲器满信号	INTE	中断允许信号

7）当 8255A 工作在方式 1 和方式 2 时，为查询方式提供了状态字，通过对 C 口的读取操作来获得。不同的工作方式其格式也不相同，具体见表 7-3 和表 7-5。

习题

7-1　假定 8255A 的 A 口为方式 1 输入，B 口为方式 1 输出，则读取 C 口的各位是什么含义？

7-2　对 8255A 的控制口写入 B0H，则其端口 C 的 PC_5 引脚是什么作用的信号线？

7-3　试编写程序，将从 8255A 的 A 口输入数据，随即向 B 口输出，并对输入的数据加以判断，当大于等于 80H 时，置位 PC_5 和 PC_2，否则复位 PC_5 和 PC_2。

139

第 8 章

中断技术

学习目的：中断技术是计算机应用技术的一项重要技术，利用中断可以大大提高 CPU 的控制效率、数据传输的实时性，所以中断功能的强弱也是衡量 CPU 性能的重要指标之一。本章主要对 8086/8088 的中断系统和 8259A 可编程中断控制器进行介绍，目的是掌握微机中断系统的编程、控制方法，重点是学会利用 8259A 进行外部中断扩展的设计和控制技术。

8.1 中断系统

当 CPU 与外设交换信息时，若用查询的方式，则 CPU 就要浪费很多时间去等待外设。这就使快速的 CPU 与慢速的外设之间存在矛盾，CPU 与外设之间数据传输的实时性较差。这也是计算机在发展过程中遇到的严重问题之一。为解决这个问题，一方面要提高外设的工作速度，另一方面要发展中断的概念。中断技术是计算机的一种重要技术，是计算机内部管理的一种重要手段。它的作用之一是使异步于主机的外部设备与主机并行工作，从而提高整个系统的工作效率。

8.1.1 中断的概念

当某个事件发生时，为了对该事件进行处理，CPU 中止现行程序的执行，转去执行处理该事件的程序（俗称中断处理程序或中断服务程序），待中断服务程序执行完毕，再返回断点继续执行原来的程序，这个过程称为中断。其处理程序的流程图如图 8-1 所示。

以外设提出交换数据为例，当 CPU 执行主程序到第 K 条指令时，外设如果提出交换数据的请求，CPU 响应了外设交换数据的请求之后，转入中断处理状态，执行中断服务程序，与外设交换一次数据。在完成中断服务后恢复原来程序，即从第 K + 1 条指令（断点处）继续执行。这样，便产生了保护现场和恢复现场的要求。图 8-1 所示当 CPU 转入中断处理程序时，首先应保留中断时的断点地址

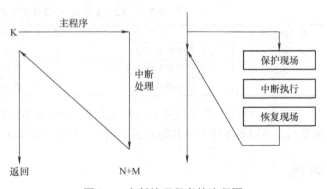

图 8-1　中断处理程序的流程图

K + 1 和 CPU 寄存器的状态（保护现场），等到数据交换完毕，就必须恢复现场，返回到断点地址 K + 1 的地方，继续往下执行原程序。

8.1.2 中断系统的功能

中断系统是指为实现中断而设置的各种硬件与软件，包括中断控制逻辑及相应管理中断的指令。为了满足上述各种情况下的中断要求，中断系统应具有以下功能。

1. 实现中断及返回

当某一中断源发出中断申请时，CPU 能决定是否响应这个中断请求（当 CPU 在执行更紧急、更重要的工作时，可以暂不响应中断）。若允许响应这个中断请求，CPU 必须在现行的指令执行完后，把断点处的 IP 和 CS 值（下一条应执行的指令的地址）、各个寄存器的内容和标志位的状态压入堆栈保留下来（称为保护断点和现场），然后转到需要处理的中断源的服务程序（Interrupt Service Routine）的入口；当中断处理完后，再将原先压入堆栈的各个寄存器的内容和标志位的状态弹出堆栈（也称恢复现场），再弹出 IP 和 CS 的值（称为恢复断点），使 CPU 返回断点，继续执行主程序。

2. 能实现优先权排队

通常，在系统中有多个中断源，会出现两个或两个以上的中断源同时提出中断请求的情况，而 CPU 在某一个时刻只能响应处理一个中断源的请求，这样设计者就必须事先根据情况的轻重缓急，给每个中断源确定一个中断级别（即中断优先权）。当多个中断源同时发出中断申请时，CPU 能找到优先权级别最高的中断源，优先响应它的中断请求；在优先级别最高的中断源处理完了以后，再响应优先级别较低的中断源。

3. 高级中断源能中断低级的中断处理

若 CPU 中标志寄存器 IF = 1，表明 CPU 可以响应某一中断源的请求，在进行中断处理时，若有优先级别更高的中断源发出中断申请，则 CPU 要能中断正在进行的中断服务程序，保留这个程序的断点和现场（类似于子程序嵌套），转去响应更高级的中断，在高级中断处理完以后，再继续进行被中断的中断服务程序，形成中断的嵌套。而当发出新的中断申请的中断源的优先权级别与正在处理的中断源同级或更低时，则 CPU 就先不响应这个中断申请，直至正在处理的中断服务程序执行完以后才去处理新的中断申请。

8.2 中断技术的基本概念

8.2.1 中断的分类

8086/8088 有一个强有力的中断系统，可以处理 256 种不同的中断，每个中断对应一个类型码，所以，256 种中断对应的中断类型码为 0 ~ 255。

从产生中断的方法来分，这 256 种中断可以分为两大类：一类叫硬中断，另一类叫软中断。

1. 硬中断

硬中断是通过外部的硬件设备产生的，所以，常常把硬中断称为外部中断。硬中断又可分为两类：一类叫不可屏蔽中断，另一类叫可屏蔽中断。

（1）不可屏蔽中断 NMI

当 8086/8088 CPU 的 NMI 引脚上出现一个上升沿的边沿触发有效请求信号时，它将由 CPU 内部的锁存器将其锁存起来。8086/8088 要求 NMI 上的请求脉冲的有效宽度（高电平的持续时间）要大于两个时钟周期。一旦此中断请求信号产生，不管标志位 IF 的状态如何，即使在关中断（IF = 0）的情况下，CPU 也能响应它。对于这种中断 CPU 不能用关中断指令 CLI 来屏蔽，并且无中断响应周期和 CPU 不发中断回答信号（INTA），也不要求中断源提供中断号，而是一旦发生 NMI 中断，就自动转移到中断类型码为 2 的中断所对应的服务程序去执行。NMI 的优先级在硬中断中最高，因此，它常用于紧急情况的故障处理，如 I/O 通道出错、系统 RAM 校验出错以及掉电等灾难性事件的处理。因此，一般用户不使用 NMI。此外，NMI 中断是不可嵌套的。

（2）可屏蔽中断

可屏蔽中断是由用户定义的外部硬件中断。当 8086/8088 CPU 的 INTR 引脚上出现一高电平有效请求信号时，它必须保持到当前指令的结束。这是因为 CPU 只在每条指令的最后一个时钟周期才对 INTR 引脚的状态进行采样。如果 CPU 采样到有可屏蔽中断请求信号 INTR 产生，它是否响应此中断请求信号还要取决于标志寄存器的中断允许标志位 IF 的状态。若 IF = 0，此时 CPU 是处于关中断状态，则不响应 INTR；若 IF = 1，则 CPU 是处于开中断状态，将响应 INTR 并通过 INTA 引脚向产生 INTR 信号的设备接口（中断源）发回响应信号，启动中断过程。

8086/8088 CPU 在发出第 2 个中断响应信号 INTR 时，将使发出中断请求信号的接口把 1 个字节的中断类型码通过数据总线传送给 CPU，该中断类型码指定了中断服务程序入口地址在中断向量表中的位置。有关中断类型码和中断服务程序入口地址的关系见 8.2.4 小节。

中断允许标志位 IF 的状态可用指令 STI 使其置位，即开中断；也可用 CLI 指令使其复位，即关中断。由于 8086/8088 CPU 在系统复位以后或任一种中断被响应以后，IF = 0，所以根据实际需要，在执行程序的过程中要用 STI 指令开中断，以便 CPU 有可能响应新的可屏蔽中断请求。

中断向量表中，中断类型码为 08H ~ 0FH 和 70H ~ 77H 的中断就属于这种中断。可屏蔽中断是微机应用系统开发人员经常打交道的中断资源。

2. 软中断

软中断又称为内中断，包括软件中断和 CPU 内部特殊中断，它们由内部中断指令或执行程序过程中出现异常而产生。软中断通常由 3 种情况引起：①由中断指令 INT 引起；②由于 CPU 的某些错误而引起；③为调试程序（DEBUG）设置的中断。

典型的软中断，如除数为 0 引起的中断和中断指令 INT 引起的中断。从软中断的产生过程来说，完全和硬件电路无关。

（1）软件中断

由执行 INT nH 指令而引发的中断称为软件中断。软件中断的特点也是不可屏蔽，无需 CPU 发中断回答信号 INTA，它的中断类型码由中断指令自身给出，而不是通过中断控制器提供的。

（2）CPU 内部中断

由 CPU 执行某些特殊操作而引发的中断称为 CPU 内部中断，中断号为 00H、01H、03H、04H、06H 和 07H。例如，除法错中断引发 00H 号中断，单步中断引发 01H 号中断，断点中断引发 03H 号中断，溢出中断引发 04H 号中断等。这类软中断只做特殊应用。

图 8-2 给出了 8086/8088 系统中关于中断来源的分类。

其中，单步中断是一种很有用的调试方法。当标志位 TF 置为 1 时，每条指令执行后，CPU 自动

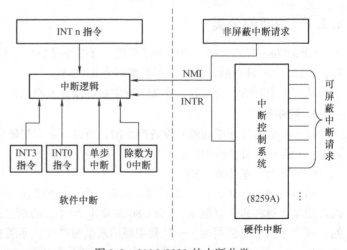

图 8-2 8086/8088 的中断分类

产生中断类型码为01H的单步中断。产生单步中断时，CPU同样自动地将标志寄存器、CS和IP的内容保存入栈，然后清除TF、IF。于是，当进入单步中断处理程序后，就不是处于单步方式了，它将按正常方式运行中断处理程序。在单步处理程序结束时，原来的标志寄存器内容从堆栈中取回，又把CPU重新置成单步方式。使用单步中断可以一条指令一条指令地跟踪程序的流程，观察CPU每执行一条指令后，各个寄存器及有关存储单元的变化情况，从而指出和确定产生错误的原因。

断点中断的类型码为03H，和单步中断一样也是供DEBUG调试程序使用的，通常调试程序时，把程序按功能分成几段，然后每段设一个断点。当CPU执行到断点时便产生中断，这时程序员可以检查各寄存器及有关存储单元的内容。

在上述内中断中，CPU内部中断和软件中断都不能被禁止，并且比任何外部中断的优先权都高。

3. 硬中断与软中断的比较

1）引起中断的条件不同。硬中断是由外部设备发出中断请求而引发的，因此，它具有随机性和突发性。软中断可归纳为CPU执行中断指令INT而引发的，因此，它是由用户程序预先安排好的，不是随机发生的。

2）CPU获取中断类型码的方式不同。可屏蔽中断的中断类型码是由用户选定，由中断控制器8259A向CPU提供的。不可屏蔽中断的类型码是由系统分配的固定2号中断。软中断的类型码不需要由外部中断控制器提供，是由中断指令直接给出的。

3）CPU响应中断的条件不同。硬中断中的可屏蔽中断，因为是可屏蔽的，所以只有在开中断时，CPU才能响应，故需执行开中断指令STI，才能进入中断服务程序。而软中断和NMI都是不可屏蔽的，因此不需执行开中断指令STI。

4）中断服务程序的结构不同。在可屏蔽中断服务程序中，服务完毕返回断点之前，一般需发一条中断结束命令给中断控制器（非自动中断结束方式），接着再执行IRET指令，才返回断点。而在软中断服务程序中，服务完毕只需执行IRET指令，不需向中断控制器发中断结束命令。

5）软中断可以由用户调用，硬中断是不可调用的。

6）中断处理过程不同。

8.2.2　中断源与中断识别

1. 中断源

发出中断请求的外部设备或引发中断的原因（事件）称为中断源。中断源有：

1）外设中断，如外设请求以中断方式与CPU交换数据。

2）硬件故障中断，如电源掉电引起中断。

3）指令中断，如执行INT　21H指令引起的中断。

4）程序性中断，如由于程序员的疏忽或算法上的差错，使程序在运行中出现错误而引起的中断。

2. 中断识别

CPU响应中断后，只知道有中断请求但不知道是哪一个中断源，寻找该中断源的操作过程称为中断识别。中断识别的目的就是形成该中断服务程序的入口地址。

CPU识别中断的方法有两种：向量中断和程序查询中断。向量中断指在CPU响应中断后，由中断控制器将中断源的标志码送到CPU，使CPU指向对应的中断服务程序。查询中断指采用软件或硬件查询技术来确定发出中断请求的中断源。

8.2.3 中断向量与中断向量表

1. 中断向量

实模式下，中断服务程序的入口地址（中断服务程序的首地址）就是中断向量。每个中断类型码对应一个中断向量。由于中断服务程序是预先设计好并存放在程序存储区的，因此，中断服务程序的入口地址（4字节）由两部分组成：服务程序的段基地址 CS（2字节）和服务程序的偏移地址 IP（2字节）。

2. 中断向量表

把系统中所有的中断向量集中起来放到存储器的某一区域内，这个中断向量的存储区就叫中断向量表或称中断服务程序入口地址表。8086/8088 的中断系统是以位于内存 0 段的 0 ~ 3FFH 区域的共 1024 个地址单元作为中断向量存储区的，每个中断向量占 4 个字节，因此中断向量表中最多可以容纳 256 个中断向量。

中断向量并不是任意存放的。一个中断向量占 4 个存储单元，其中前两个单元存放中断处理子程序入口地址的偏移量（IP），低位在前，高位在后；后两个单元存放中断处理子程序入口地址的段地址（CS），同样也是低位在前，高位在后。按照中断类型码的次序，对应的中断向量在内存的 0 段 0 单元开始有规则地进行排列，如图 8-3 所示。

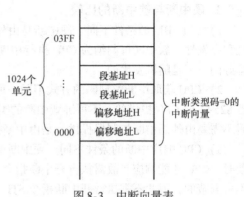

图 8-3　中断向量表

8.2.4 中断类型码与中断向量指针

1. 中断类型码

中断类型码简称中断号，是分配给中断系统中每个中断源的代号。系统在为每一种中断源分配一个代号的同时，也为每一种中断源的中断服务程序的入口地址分配了一个存放地址。中断号在中断处理过程中起着很重要的作用：①CPU 需要通过它形成一个地址指针，才可以在中断向量表中找到中断服务程序的入口地址，以便实现程序的转移；②应用程序进行中断向量初始化时，需要用到中断号去修改中断向量。

CPU 获取中断号的方法与中断类型有关，不同的中断类型获取中断号的方法不同。可屏蔽中断 INTR 的中断号由中断控制器 8259A 提供；指令中断 INT nH 的中断号（nH）是由中断指令直接给出的；不可屏蔽中断 NMI 以及 CPU 内部一些特殊中断的中断号是由系统预先设置好的，如 NMI 的中断号为 02H、非法除数的中断号为 00H 等。

2. 中断向量指针

中断向量指针是指向存放中断服务程序入口地址第一字节的地址。在实模式下，因中断向量表首地址为 0，所以中断向量指针 = 中断类型号（N）×4。中断服务程序的入口地址是 32 位的，每个入口地址占 4 个字节的连续存储单元，两个低字节单元存放偏移地址 IP，两个高字节单元存放段基地址 CS。这 4 个连续的地址与中断类型码相对应，其对应关系是 4 个连续的存储单元的地址依次为 4n（n×4）、4n+1、4n+2、4n+3。这样，CPU 一旦知道了某中断的类型码，就能很快计算出要执行的中断服务程序的入口地址，即（4n, 4n+1）送至 IP，（4n+2, 4n+3）送至 CS。中断类型码与中断向量所在位置关系如图 8-4 所示。图中，256 个中断的前 5 个是专用

144

中断，它们有着固定的定义和处理功能，其中除了类型 2 的非屏蔽中断外，其他几个中断都是软中断；从类型 5 到类型 31（1FH）共 27 个中断是保留的中断，是提供给系统使用的，即使有些保留中断在现在系统中可能没有用到，但为了保持系统之间的兼容性以及当前系统和未来的 Intel 其他系统之间的兼容性，用户一般不应该对这些中断自行定义；其余类型的中断原则上可以由用户定义。但是实际上有些中断已经有了固定的用途，如 21H 类型的中断是操作系统 MS－DOS 的系统调用。

在一个具体的系统中，经常并不需要高达 256 种中断，所以系统中也不必将 0 段 0000 ～ 03FF 的区域都用来存放中断向量，系统只要分配对应的存储空间给已经定义的中断类型就行了。

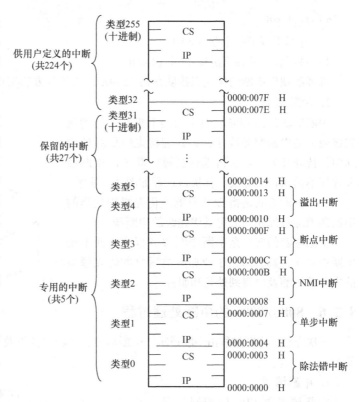

图 8-4　中断类型码与中断向量所在位置关系

【例 8-1】 一中断类型码为 13H 的中断向量，它的中断服务程序的入口地址存放在 004CH ～ 004FH 连续的 4 个存储单元中，在 004CH、004DH、004EH、004FH 这 4 个单元中的值分别为 59H、ECH、00H、F0H，那么，中断服务程序的入口地址为多少？

解：已知中断类型码为 13H，因此对应的中断向量指针为 13H × 4 = 4CH，中断服务程序的入口地址存放在 004CH 开始，004FH 结束的连续 4 个单元中，按照低 2 个字节单元内容为偏移地址 IP、高 2 个字节单元内容为段基地址 CS 的原则，得到中断服务程序的入口地址为 F000H：EC59H，示意图如图 8-5 所示。

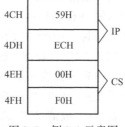

图 8-5　例 8-1 示意图

8.2.5　中断优先级排队方式及中断嵌套

1. 中断优先级

系统中可能同时有几个中断源请求中断，而 CPU 在一个时刻只能响应一个中断请求，为此，要对请求中断的中断源进行排队。根据任务的轻重缓急，系统预先给每个中断源指定一个优先级别。安排了优先权后，当有多个中断请求时，CPU 首先只响应并处理优先级别最高的中断申请，处理完了最高优先等级的中断之后，再回来处理次高优先级的中断，直到把同时申请的几个中断请求处理完毕。很明显，采用优先级排队的管理方式，可以使系统中那些需要实时处理的任务得到及时服务。

整个中断系统的中断优先级排列如下：

1）最高级：CPU 内部中断与异常。

145

2）软件中断。

3）外部不可屏蔽中断（NMI）。

4）最低级：外部可屏蔽中断（INTR）。

可屏蔽硬件中断的优先级排队是由 8259A 采用硬件方法实现的，在 8.3.3 小节将详细介绍。

2. 中断嵌套

中断嵌套是指 CPU 暂时中断当前正在运行的优先级较低的中断服务程序，去处理优先级更高的中断源，待处理完以后，再返回到被中断了的中断服务程序继续执行的方式。其执行过程如图 8-6 所示。

完全嵌套方式是指 CPU 只响应优先级别更高的中断源而屏蔽掉相同或更低优先级的中断源。

中断嵌套的实质是中断中断服务程序，而不是中断主程序，其目的在于使那些更紧急的优先级高的中断源能够及时得到处理和服务。

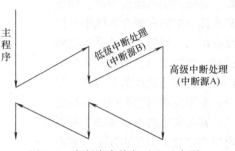

图 8-6　中断嵌套执行过程示意图

8.2.6　8086/8088 的中断处理过程

一次完整的中断过程由中断请求、中断响应、中断服务以及中断返回 4 个阶段组成，如图 8-7 所示。

1. 中断请求

中断请求是 CPU 的控制信号，由中断源设备通过置"1"设置在接口卡上的中断请求触发器完成。为此，需要为每个中断源设置一个中断请求触发器。如果 CPU 希望在一段时间内有选择地取消某个（些）中断源请求中断的权利，只要限制它们置"1"的操作，这里是通过为每个中断源设置一个中断屏蔽触发器实现的，CPU 可以按需要对它执

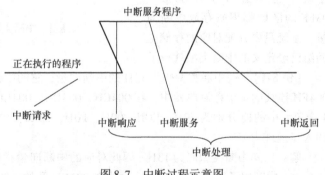

图 8-7　中断过程示意图

行置"1"或清"0"的操作。中断屏蔽触发器置"1"，表示要屏蔽该设备的中断请求，即使引发中断的事件已经发生，它也不能完成对自己的中断请求触发器置"1"的操作，仅在中断屏蔽触发器为"0"状态（未屏蔽中断），引发中断的事件到来时才能置"1"中断请求触发器。

2. 中断响应

当 CPU 接到中断请求信号（可能多个）时，如果下面几个条件都具备，它就会响应中断请求。这几个条件包括允许中断（允许中断触发器为"1"状态）、CPU 结束一条指令的执行过程、新请求的中断优先级比此时刻正处理的任务的优先级更高。中断响应最核心的功能是停下处于运行中的主程序的正常执行过程，准备进入中断处理阶段。中断响应的流程图如图 8-8 所示。

3. 中断服务

当满足上述条件后，CPU（如 8086/8088）就响应中断，转入执行中断服务阶段，大致完成以下几个步骤。

（1）关中断

CPU 响应中断后，在发出中断响应信号（在 8086/8088 中为 INTA）的同时，内部自动地

（由硬件）实现关中断，以免在响应中断后处理当前中断时又被新的中断源中断，以至破坏当前中断服务的现场。

（2）保留断点

CPU 响应中断后，立即封锁 IP + 1（断点地址），且把此 IP 和 CS 值压栈保护，以备在中断处理完毕后，CPU 能返回断点处继续运行主程序。

（3）保护现场

在 CPU 处理中断服务程序时，有可能用到各寄存器，从而改变它们原在运行主程序时所暂存的中间结果，这就破坏了原主程序中的现场信息。为使中断服务程序不影响主程序的正常运行，故要把主程序运行到断点处时的有关寄存器的内容和标志位的状态压入堆栈保护起来。

（4）给出中断服务程序入口地址，转入执行相应的中断服务程序

8086/8088 是由中断源提供中断类型码的，并根据中断类型码在中断向量表中取得由中断向量提供的中断服务程序的起始地址。

（5）恢复现场

把被保留在堆栈中的各有关寄存器的内容和标志位的状态从堆栈中弹出，送回 CPU 中它们原来的位置。这个操作是在中断服务程序中用 POP 指令来完成的。

4. 中断返回

中断服务结束后，通过执行 IRET 指令，执行中断返回，将堆栈内保存的断点 IP 和 CS 值弹出，CPU 就恢复到断点处继续运行。

中断服务和中断返回的流程图如图 8-9 所示。

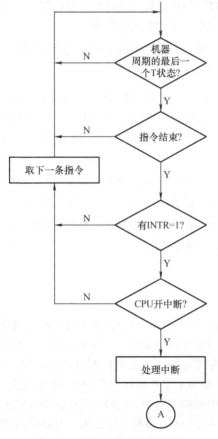

图 8-8　中断响应过程流程图

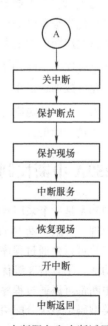

图 8-9　中断服务和中断返回流程图

8.2.7　中断响应时序

下面以 8086 CPU 的最小方式以及用户定义的硬件中断为例，简要讨论中断响应的时序，如图 8-10 所示。

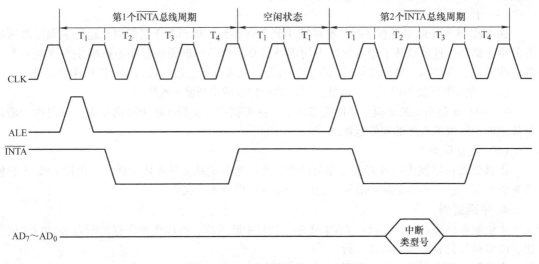

图 8-10　最小方式下的中断响应时序图

如果在前一个总线周期中 CPU 的中断系统检测到 INTR 引脚是高电平，而且程序状态字的 IF 位为 1，则 CPU 在完成当前的一条指令后，便开始执行一个中断响应时序。

8086 的中断响应时序由两个 $\overline{\text{INTA}}$ 中断响应总线周期组成，中间由两个空闲时钟周期 T_1 隔开。在两个总线周期中，$\overline{\text{INTA}}$ 输出为低电平，以响应这个中断。

第 1 个 $\overline{\text{INTA}}$ 总线周期表示一个中断响应正在进行之中，CPU 输出有效总线锁定信号 $\overline{\text{LOCK}}$（低电平），使总线处于封锁状态，不能进行数据和地址信息的传送。8259A 将判断中断优先级后选中的最高优先级置位 ISR，而相应的 IRR 位被清 0。这样可以使申请中断的设备有时间去准备在第 2 个总线周期内发出中断类型码。

第 2 个总线周期，$\overline{\text{LOCK}}$ 低电平信号撤销，地址允许信号 ALE 变为低电平（无效），即地址线不工作，允许数据线工作，中断类型码通过 16 位数据总线的低 8 位（$AD_0 \sim AD_7$）上传送给 8086CPU 读入。在中断响应总线周期期间，经 $DT/\overline{R}$ 和 $\overline{\text{DEN}}$ 两个引脚信号的配合作用，使得 8086 CPU 可以从申请中断的接口电路中取得一个单字节的中断类型码。

8.3　8259A 中断控制器

Intel 8259A 是一个采用 NMOS 工艺制造、使用单一 5V 电源、具有 28 个引脚的双列直插式芯片，用于管理可屏蔽中断 INTR 的中断请求。Intel 8259A 是可编程的中断控制器，"可编程的"就是说该芯片可以由通过程序写入不同的数据控制字或命令字的方式控制其处于某种工作方式。它的主要功能：①具有 8 级优先权控制，通过 9 片 8259A 芯片级联可扩展至 64 级优先权控制；②每一级中断都可以通过程序来屏蔽或允许；③在中断响应周期，8259A 可提供相应的中断类型码，中断类型码是系统分配给每个中断源的代号；④8259A 有多种工作方式，可以通过编程来进行选择。

8.3.1　8259A 中断控制器外部引脚

8259A 是 28 个引脚的双列直插式片子，其引线及其名称如图 8-11 所示。

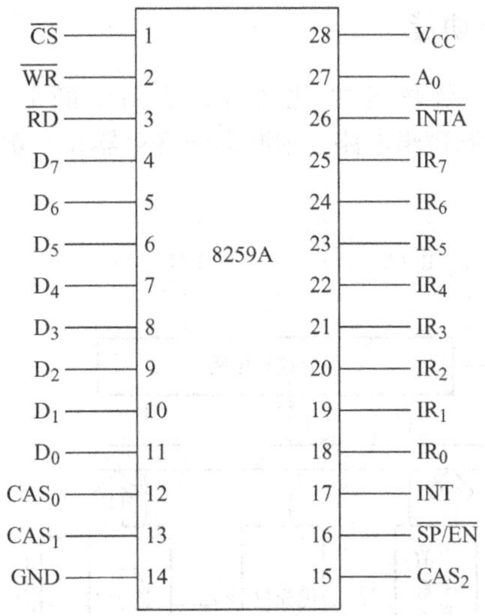

$D_7 \sim D_0$	数据总线(双向)
$\overline{RD}$	读输入
$\overline{WR}$	写输入
A_0	命令选择地址
$\overline{CS}$	选片
$CAS_2 \sim CAS_0$	级联线
$\overline{SP}/\overline{EN}$	从程序/允许缓冲
INT	中断输出
$IR_0 \sim IR_7$	外设的中断响应输入
$\overline{INTA}$	中断响应输入
V_{CC}	+5V电源
GND	接地

a) 引脚排列图　　　　　　　b) 引脚名称

图 8-11　8259A 外部引线及其名称

8259A 是具有 28 个引脚的集成电路芯片，这 28 个引脚分别是：

1）$D_7 \sim D_0$：双向数据输入/输出引脚，用以与 CPU 进行信息交换。

2）$IR_7 \sim IR_0$：8 级中断请求信号输入引脚，在完全嵌套方式下，规定的优先级为 $IR_0 > IR_1 > \cdots > IR_7$，有多片 8259A 形成级联时，从片的 INT 与主片的 IR_i 相连。

3）INT：中断请求信号输出引脚，高电平有效，用以向 CPU 发中断请求信号，应接在 CPU 的 INTR 引脚输入端。

4）$\overline{INTA}$：中断响应应答信号输入引脚，低电平有效，在 CPU 发出第 2 个 $\overline{INTA}$ 响应信号时，8259A 通过数据总线将其中最高级别的中断请求的中断类型码送给 CPU。该引脚接在 CPU 的 $\overline{INTA}$ 中断应答信号输出端。

5）$\overline{RD}$：读控制信号输入引脚，低电平有效，实现对 8259A 内部有关寄存器内容的读操作。

6）$\overline{WR}$：写控制信号输入引脚，低电平有效，实现对 8259A 内部有关寄存器的写操作。

7）$\overline{CS}$：片选信号输入引脚，低电平有效，一般由系统地址总线的高位经过译码后形成。

8）A_0：8259A 两组内部寄存器的选择信号输入引脚，决定 8259A 的端口地址。

$A_0 = 0$，对应选择 ICW_1、OCW_2、OCW_3 3 个命令字（偶地址端口选择）；

$A_0 = 1$，对应选择 OCW_1、$ICW_2 \sim ICW_4$ 4 个命令字（奇地址端口选择）。

9）$CAS_2 \sim CAS_0$：级联信号引脚，当 8259A 为主片时为输出，否则为输入，与 $\overline{SP}/\overline{EN}$ 信号配合，实现芯片的级联。这 3 个引脚信号的不同组合 000 ~ 111，刚好对应于 8 个从片。

10）$\overline{SP}/\overline{EN}$：双功能双向信号。当 8259A 工作在缓冲方式时，它的作用为输出，用于控制缓冲器的传送方向。当数据从 CPU 送往 8259A 的时候，该引脚输出为高电平 $\overline{EN} = 1$；当数据从 8259A 送往 CPU 的时候，该引脚输出为低电平 $\overline{EN} = 0$。当 8259A 工作在非缓冲模式的时候，它作为输入，用于指定 8259A 是主片还是从片。当该引脚为 1 时 $(\overline{SP}=1)$ 是主片，反之 $\overline{SP}=0$，为从片。

11）V_{CC}、GND：+5V 电源和接地引脚。

8.3.2 8259A 中断控制器内部结构与主要功能

8259A 由数据总线缓冲器、读/写控制逻辑、级联缓冲/比较器、当前中断服务寄存器（ISR）、优先权电路、中断请求寄存器（IRR）、控制逻辑电路、中断屏蔽寄存器 8 个功能部分组成，各部分之间的结构和相互联系如图 8-12 所示。

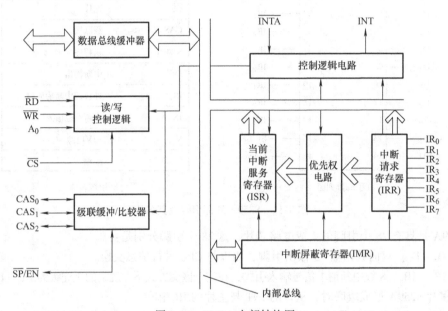

图 8-12 8259A 内部结构图

1）数据总线缓冲器：8259A 与系统数据总线的接口，是一个 8 位双向三态缓冲器。CPU 与 8259A 之间的控制命令信息、状态信息以及中断类型信息，都是通过该缓冲器传送的。

2）控制逻辑电路：8259A 全部功能的控制核心，对整个芯片内部各部件的工作进行协调和控制。它包括 7 个 8 位寄存器和有关的控制线路。其中，7 个寄存器是可编程的，按其功能分为两组，第一组 4 个寄存器为初始化命令字寄存器，分别存放初始化命令字 $ICW_1 \sim ICW_4$；第二组 3 个寄存器为操作命令字寄存器，分别存放操作命令字 $OCW_1 \sim OCW_3$。它的主要功能是对芯片内部工作实施控制，使芯片各部分按编程的规定有条不紊地工作。

3）中断请求寄存器 IRR：一个具有锁存功能的 8 位寄存器。8259A 芯片的 $IR_0 \sim IR_7$ 引脚状态分别与 IRR 的 $D_0 \sim D_7$ 位状态相对应。当 $IR_i = 1$（$i = 0 \sim 7$）时，IRR 的相应位被置"1"，如 IR_5 有中断请求，则 IRR 中的 D_5 被置"1"，如图 8-13 所示。

8259A 通过 IRR 可同时接收外部输入的 8 个中断请求。输入 IRR 的方式有两种，即边沿触发和电平触发方式，IRR 的内容可用操作命令字 OCW_3 读出。

D_7	D_6	D_5	D_4	D_3	D_2	D_1	D_0
0	0	1	0	0	0	0	0

图 8-13 中断请求寄存器 IRR 的表示

4）中断屏蔽寄存器 IMR：一个 8 位寄存器，它的每一位 $D_0 \sim D_7$（$IM_0 \sim IM_7$）和中断请求输入

端 $IR_0 \sim IR_7$ 相对应。当其中某一位 D_i（$i = 0 \sim 7$）置 "0" 时，表示对应的 IR_i 端的中断被允许；反

之，置 D_i 为 "1" 时，表示 IR_i 端的中断被禁止。图 8-14 所示为中断屏蔽寄存器 IMR 各位的置位情况，该图表示屏蔽 IR_4 和 IR_2 的中断，其他

D_7	D_6	D_5	D_4	D_3	D_2	D_1	D_0
0	0	0	1	0	1	0	0

图 8-14 中断屏蔽寄存器 IMR 的表示

中断被允许。该寄存器的内容为 8259A 的操作命令字 OCW_1，可以由程序设置或改变。

5）当前中断服务寄存器 ISR：一个 8 位寄存器，寄存器中的每一位分别与 8 级中断 $IR_0 \sim IR_7$ 相对应，用来记录正在处理的中断引脚。若某一中断被响应（当时它的优先级最高），在第 1 个中断

响应信号 $\overline{INTA}$ 到来时，ISR 中相应位置 "1"。图 8-15 的 ISR 状态说明当前 CPU 相应的中断为 IR_3 请求的中断，要结束这一中断必须将它在 ISR

D_7	D_6	D_5	D_4	D_3	D_2	D_1	D_0
0	0	0	0	1	0	0	0

图 8-15 中断服务寄存器 ISR 的表示

中对应位清 0。该寄存器的内容也可以由操作命令字 OCW_3 读出。

6）读/写控制逻辑：CPU 通过它实现对 8259A 的读/写操作。读/写控制电路接收来自 CPU 的读/写命令，由输入的片选信号 $\overline{CS}$、读信号 $\overline{RD}$、写信号 $\overline{WR}$ 和地址线 A_0 共同控制，完成规定的操作。$\overline{RD}$、$\overline{WR}$、$\overline{CS}$ 和 A_0 4 个信号对 8259A 的读/写操作控制见表 8-1。

7）级联缓冲/比较器：用以实现 8259A 芯片之间的级联，使得中断源可以由 8 级扩展至 64 级。

8）优先权电路：用以比较正在处理的中断和刚刚进入的中断请求之间的优先级别，选出优先级最高的中断申请 IR_i。若允许多重中断，则将新选出的中断请求信号 IR_i 的中断优先级和正在被服务的中断优先级进行比较，选出优先级最高的中断。优先权电路通过控制电路向 CPU 发出中断请求信号 INTR，在获得第 1 个中断响应信号 $\overline{INTA}$ 时，将 ISR 寄存器中相应位置 "1"，表示 CPU 正在响应该中断请求。

表 8-1 8259A 读/写功能控制表

$\overline{CS}$	$\overline{RD}$	$\overline{WR}$	A_0	读/写操作	说 明
0	1	0	0	CPU 写 ICW_1	命令字的 $D_4 = 1$
0	1	0	0	CPU 写 OCW_2	命令字的 $D_4 = 0$、$D_3 = 0$
0	1	0	0	CPU 写 OCW_3	命令字的 $D_4 = 0$、$D_3 = 1$
0	1	0	1	CPU 写 ICW_2、ICW_3、ICW_4、OCW_3	按一定顺序区分
0	0	1	0	CPU 读 IRR、ISR	由写入 OCW_3 的内容决定
0	0	1	1	CPU 读 IMR	由写入 OCW_1 的内容决定
1	×	×	×	高阻态	
×	1	1	×	高阻态	

8.3.3 8259A 的工作方式

8259A 有多种工作方式，这些工作方式可以通过编程设置或改变，下面进行分类介绍。

1. 优先权的管理方式

（1）全嵌套方式

全嵌套方式是 8259A 默认的优先权设置方式，也是 8259A 最常用和最基本的一种工作方式。如果对 8259A 进行初始化后没有设置其他的优先级方式，那么 8259A 自动设置为全嵌套方式。可以用初始化命令字 ICW_4（$SFNM=0$）将 8259A 设置成全嵌套方式。

在全嵌套方式下，8259A 所管理的 8 级中断优先权是固定不变的，其中 IR_0 的中断优先级最高，IR_7 的中断优先级最低。

CPU 响应中断后，请求中断的中断源中优先级最高的中断源在中断服务寄存器 ISR 中的相应位置位，而且把相应的中断类型码送到系统数据总线上，在此中断源的中断服务完成之前，与它同级或优先级低的中断源的中断请求被屏蔽，只有优先级比它高的中断源的中断请求才可以被响应，从而出现中断嵌套。

全嵌套方式可有两种中断结束方式：普通 EOI 技术方式和自动 EOI 方式。

全嵌套的工作过程：当一个中断请求被 CPU 响应时，8259A 将相应的中断源的中断类型码送上数据线，供 CPU 读取，同时将当前中断服务寄存器 ISR 中的对应位置"1"，然后进入中断服务程序。除了自动结束方式外，其他情况下，ISR_i 一直保持为"1"，直到 CPU 发出中断结束命令 EOI 为止。当有新的中断请求输入时，优先权判断电路将新的中断请求的优先级与当前正在服务的中断的优先级进行比较，若是新来的中断请求优先级高，则实行中断嵌套，暂停当前正在处理的中断服务程序，将 ISR 寄存器中与新的中断请求相对应的位置"1"。

（2）特殊全嵌套方式

特殊全嵌套方式与全嵌套方式基本相同，所不同的是，当 CPU 处理某一级中断时，如果有同优先级中断请求时，CPU 也会做出响应，从而形成了对同一级中断的特殊嵌套。

特殊全嵌套方式通常应用在有 8259A 级联的系统中，在这种情况下，对主 8259A 编程时，通常使它工作在特殊全嵌套方式下。这样，一方面，CPU 对于优先级别较高的主片的中断输入是允许的；另一方面，CPU 对于来自从片的优先级别较高的中断也是允许的、能够响应的。

（3）优先级自动循环方式。

在实际应用中，中断源优先级的情况是比较复杂的，要求 8 级中断的优先级在系统工作过程中可以动态改变，即一个中断源的中断请求被响应之后，其优先级自动降为最低。系统启动时，8 级中断优先级默认为 IR_0 的中断优先级最高，IR_7 的中断优先级最低。若这时刚好 IR_4 发出了中断请求，CPU 响应之后，若 8259A 工作在优先级自动循环方式下，则中断优先级自动变为 IR_5、IR_6、IR_7、IR_0、IR_1、IR_2、IR_3、IR_4。下面举例说明。

【例 8-2】 初始优先级队列如图 8-16a 所示。如果 IR_0 有中断请求，CPU 响应中断后，IR_0 的优先级自动降为最低，其优先级队列随之自动调整为如图 8-16b 所示。此时，IR_4 的中断请求被响应，中断处理结束后，IR_4 的优先级自动降为最低，紧挨着它后面的 IR_5 的优先级升为最高，其他中断源优先级按顺序递升一级，其优先级队列如图 8-16c 所示。

借助"循环队列"的概

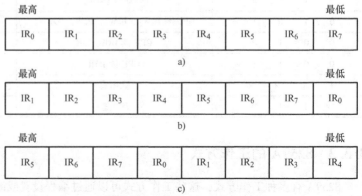

图 8-16 自动循环方式队列

念，使图 8-16 中的 3 个队列分别首尾相接，则可转换成图 8-17，这样更直观。优先级次序由高到低按顺时针循环排列，当最高优先级的中断被响应后，其优先级自动变为最低，其他中断优先级的高低也按顺时针次序自动循环。

由自动循环方式可知，该方式适用于系统中多个中断源的优先级相等的情况。该方式可通过操作命令字 OCW_2 来设置。

（4）优先级特殊循环方式

优先级特殊循环方式与自动循环方式相比，只有一点不同，即初始化的优先级是由程序控制的，而不是默认的 $IR_0 \sim IR_7$。

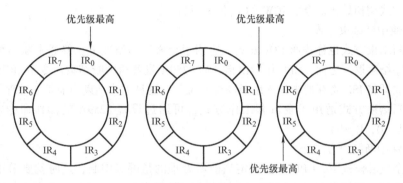

图 8-17　自动循环方式示意图

2. 中断源的屏蔽方式

CPU 对于 8259A 提出的中断请求，都可以加以屏蔽控制，屏蔽控制有下列几种方式。

（1）普通屏蔽方式

8259A 的每个中断请求输入，都要受到中断屏蔽寄存器 IMR 中相应位的控制。若相应位为"1"，则中断请求不能送 CPU。屏蔽是通过对中断屏蔽寄存器 IMR 的编程（操作命令字 OCW_1）来加以设置和改变的。

【例 8-3】 CPU 设定屏蔽字为 01011000，如图 8-18 所示，则 IR_3、IR_4 和 IR_6 3 个中断源被屏蔽。值得一提的是，一般对中断源的屏蔽不

D_7	D_6	D_5	D_4	D_3	D_2	D_1	D_0
0	1	0	1	1	0	0	0

图 8-18　中断屏蔽寄存器 IMR

能时间太长，在满足某些屏蔽目的后就应及时撤销，或者改变屏蔽对象。

（2）特殊屏蔽方式

有些场合下，希望一个中断服务程序的运行过程中，能被比它优先级低的中断请求中断，于是引入了对中断的特殊屏蔽方式。

特殊屏蔽是在中断处理程序中用 OCW_3 实现的。用了这种方式之后，尽管系统正在处理高级中断，但对外界来讲，只有同级中断被屏蔽，而允许根据优先级先后顺序完成任何级别的中断请求。

3. 结束中断处理的方式

在讲中断结束方式之前，先介绍一下中断结束处理。当一个中断得到响应后，就使当前中断服务寄存器 ISR 的相应位置"1"，表示正在为某一级的中断源服务，同时也为中断优先权电路提供判别依据。当中断服务程序结束时，应将 ISR 中的相应位置"0"（复位），否则中断控制功能就会失常。这个使相应位置"0"的动作就是中断结束处理。中断结束处理方式主要指在中断

处理过程中，何时将相应位清"0"及其实现的方法。

按照对中断结束的不同处理，8259A有两种中断结束方式，即自动结束方式和非自动结束方式，而非自动结束方式又可分为普通中断结束方式和特殊中断结束方式。

（1）中断自动结束方式（AEOI）

中断自动结束方式仅适用于只有单片8259A的场合，在这种方式下，系统一旦响应中断，那么CPU在发第2个$\overline{INTA}$脉冲时，就会使中断服务寄存器ISR中相应位复位，这样一来，虽然系统在进行中断处理，但对于8259A来讲，ISR没有相应的指示，就像中断处理结束返回主程序之后一样，CPU可以再次响应任何级别的中断请求，所以适合于不会发生中断嵌套的场合。中断自动结束方式用初始化命令字ICW_4的D_1位来设置。

（2）普通中断结束方式

普通中断结束方式也称普通EOI方式，适用于全嵌套的情况下。普通中断结束方式是指在中断服务程序结束返回之前，CPU用输出指令向8259A发普通中断结束命令字OCW_2，8259A接到该命令后立即将ISR寄存器中优先级最高位复位，以这种方式结束当前正在处理的中断。

普通中断结束方式适用于全嵌套工作方式，可通过设置8259A的操作命令字OCW_2实现（EOI = 1，SL = 0，R = 0）。

（3）特殊中断结束方式

在特殊全嵌套模式下，CPU无法确定当前所处理的是哪级中断，这时就要采用特殊的中断结束方式。特殊中断结束方式是指在CPU结束中断处理之后，向8259A发送一个特殊的EOI命令，这个命令明确指出了中断响应寄存器ISR中需要复位的位。这里需要指出，在级联方式下，一般不用自动结束中断方式，而需要用非自动结束中断方式。一个中断处理程序结束时，都必须发两个EOI命令，一个发往主片，一个发往从片。

4. 引入中断请求的方式

按照引入中断请求的方式，8259A有下列几种工作方式。

1）边沿触发方式：8259A将中断请求输入端（IR_i）出现的上升沿作为中断请求信号，上升沿后即撤消中断请求。

2）电平触发方式：8259A将中断请求输入端（IR_i）出现的高电平作为中断请求信号，在这种方式下，必须注意中断响应之后，高电平必须及时撤除，否则在CPU响应中断、开中断之后，会引起第二次不应该有的中断。

3）中断查询方式：既有中断的特点，又有查询的特点。当系统中的中断源超过64个时，则可以使8259A在查询方式下工作。中断查询方式的特点如下：

① 中断请求既可以是边沿触发，也可以是电平触发。

② 中断源仍往8259A发中断请求，但8259A却不使用INT信号向CPU发中断请求信号，而是由CPU用查询方式来确定是否有中断请求，以及为哪个中断请求服务。

③ CPU内部的中断允许标志复位，所以CPU对INT引脚上出现的中断请求呈禁止状态。

查询方式由操作命令字OCW_3来设置，实现的过程如下：

① 系统关中断。

② CPU用输出指令向8259A偶地址端口（$A_0 = 0$）发一个中断查询命令字OCW_3（设置为查询方式），格式如图8-19所示。其中D_2位为查询命令的特征位。

D_7	D_6	D_5	D_4	D_3	D_2	D_1	D_0
×	0	0	0	1	1	0	0

图8-19 查询命令字格式

③ 8259A 在接到 CPU 发来的上述格式的查询命令后，若有中断请求，则将 ISR 相应位置"1"，并且建立一个查询字。8259A 的查询字格式如图 8-20 所示。

D_7	D_6	D_5	D_4	D_3	D_2	D_1	D_0
I	×	×	×	×	W_2	W_1	W_0

图 8-20　8259A 查询字格式

其中 D_7 位：$I = 1$ 表示外设有中断请求，$I = 0$ 表示外设没有中断请求。

D_2、D_1、D_0 3 位：W_2、W_1、W_0 3 位组成的代码表示当前优先级最高的中断源，其编码含义见表 8-2。

表 8-2　W_2、W_1、W_0 编码表

W_2	W_1	W_0	中　断　源
0	0	0	IR_0
0	0	1	IR_1
0	1	0	IR_2
0	1	1	IR_3
1	0	0	IR_4
1	0	1	IR_5
1	1	0	IR_6
1	1	1	IR_7

④ CPU 要查询时，用输入指令从 8259A 的偶地址端口读取 8259A 的查询字以确定是否有中断源。

5. 系统总线的连接方式

按照 8259A 与系统总线的连接方式来分，有缓冲和非缓冲两种方式，如图 8-21 所示。

（1）缓冲方式

在多片 8259A 级联的大系统中，8259A 通过外部总线驱动器和数据总线相连，这就是缓冲方式。在缓冲方式下，8259A 的 $\overline{SP}/\overline{EN}$ 输出信号（$\overline{EN}$）作为缓冲器的启动信号，用来启动总线驱动器，在 8259A 与 CPU 之间进行信息交换。

（2）非缓冲方式

8259A 处于非缓冲方式下，

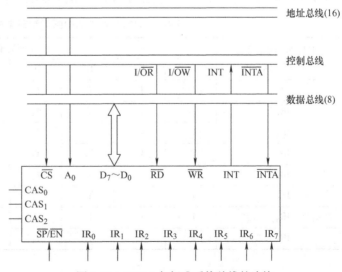

图 8-21　8259A 与标准系统总线的连接

8259A 芯片将数据线直接与系统数据总线相连，8259A 的 $\overline{SP}/\overline{EN}$ 作为 $\overline{SP}$ 使用，主片应接 +5V，从片应接 0V。

155

8.3.4 8259A 的中断过程

8259A 的 8 个功能部件组成一个有机的整体，共同协调处理它的整个中断工作过程。其具体的中断过程执行步骤如下：

1）当外部中断源使 8259A 的一条或几条中断请求线（$IR_0 \sim IR_7$）变成高电平时，则先使 IRR 的相应位置 "1"。

2）系统是否允许某个已锁定在 IRR 中的中断请求进入。$IR_0 \sim IR_7$ 8 级中断可用 IMR 对 IRR 设置屏蔽或不屏蔽来控制。如果已有几个未屏蔽的中断请求锁定在 ISR 的对应位，还需要通过优先权电路进行裁决，才能把当前未屏蔽的最高优先级的中断请求从 INT 输出，送至 CPU 的 INTR 端。

3）若 CPU 是处于开中断状态，则它在执行完当前指令后，就用 $\overline{INTA}$ 作为响应信号送至 8259A 的 $\overline{INTA}$。8259A 在收到 CPU 的第 1 个中断应答 $\overline{INTA}$ 信号后，先将 ISR 中的中断优先级最高位置 "1"，再将 IRR 中刚才置 "1" 的相应位复位成 "0"。

4）8259A 在收到第 2 个 $\overline{INTA}$ 中断响应信号后，将把与此中断相对应的一个字节的中断类型码 nH 从一个名为中断类型寄存器的内部部件中送到数据线，CPU 读入该中断类型码，并根据它从中断向量表中取得相对于该中断类型码的中断向量及其指定的中断服务程序入口地址，转入执行相应的中断服务子程序。

5）当 CPU 对某个中断请求做出的中断响应结束后，8259A 将根据一个名为方式控制器的结束方式位的不同设置，在不同时刻将 ISR 中置 "1" 的中断请求位复 "0"。具体地说，在自动结束中断（AEOI）方式下，8259A 会将 ISR 中原来在第 1 个 $\overline{INTA}$ 负脉冲到来时设置的 "1"（响应此中断请求位）在第 2 个 $\overline{INTA}$ 脉冲结束时自行复位成 "0"。若是非自动结束中断方式（EOI），则 ISR 中该位的 "1" 状态将一直保持到中断过程结束，由 CPU 发 EOI 命令才能复位成 "0"。

8 级中断请求信号所对应的中断类型码见表 8-3，其前 5 位 $T_7 \sim T_3$ 由用户在 8259A 初始化编程时设置 ICW_2 命令字的 $D_7 \sim D_3$ 决定，后 3 位则是由 8259A 自动插入的。

表 8-3　8259A 输送的中断类型码字节内容

中断请求优先级 （由高到低）	中断类型码							
	D_7	D_6	D_5	D_4	D_3	D_2	D_1	D_0
IR_0	T_7	T_6	T_5	T_4	T_3	0	0	0
IR_1	T_7	T_6	T_5	T_4	T_3	0	0	1
IR_2	T_7	T_6	T_5	T_4	T_3	0	1	0
IR_3	T_7	T_6	T_5	T_4	T_3	0	1	1
IR_4	T_7	T_6	T_5	T_4	T_3	1	0	0
IR_5	T_7	T_6	T_5	T_4	T_3	1	0	1
IR_6	T_7	T_6	T_5	T_4	T_3	1	1	0
IR_7	T_7	T_6	T_5	T_4	T_3	1	1	1

8.3.5 8259A 的初始化命令字

在使用 8259A 之前，必须对其进行编程，以规定它的各种工作方式，并明确其所处的硬件环境。8259A 编程可以分为以下两种：

1）初始化编程：由 CPU 向 8259A 送 2 ~ 4 个初始化命令字 ICW（Initialization Command

Word）。在8259A开始正常工作之前，必须由初始化命令字使其处在开始点。

2）工作方式编程：由CPU向8259A送3个工作命令字OCW（Operation Command Word），以规定8259A的工作方式。

若CPU用一条输出指令向8259A的偶地址端口写入一个命令字，而且$D_4=1$，则被解释为初始化命令字ICW_1，输出ICW_1启动了8259A的初始化操作，8259A的内、外部自动产生下列操作：

1）边沿敏感电路复位，中断请求的上升沿有效。

2）中断屏蔽寄存器IMR清0，即对所有的中断呈现允许状态。

3）中断优先级自动按$IR_0 \sim IR_7$排列。

4）清除特殊屏蔽方式。

8259A的初始化编程，需要CPU向它输出一个2～4个字节的初始化命令字，输出初始化命令字的流程如图8-22所示，其中ICW_1和ICW_2是必须的，而ICW_3和ICW_4需根据具体的情况来加以选择。

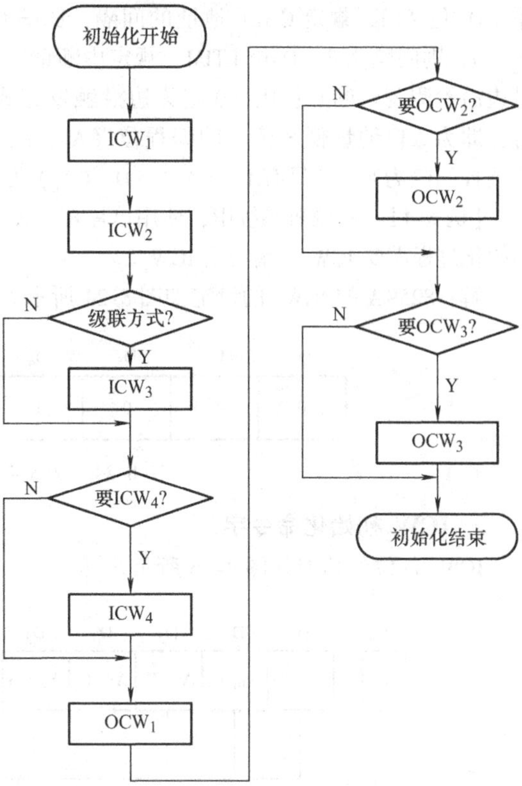

1. ICW_1初始化命令字

ICW_1的功能可用图8-23来说明。其D_4必须为1。D_0确定是否送ICW_4，若根据选择ICW_4的各位为0，则可令D_0位为0，不送ICW_4。D_1位SNGL，规定系统中是单片8259A工作还是级联工

图8-22 8259A的初始化流程图

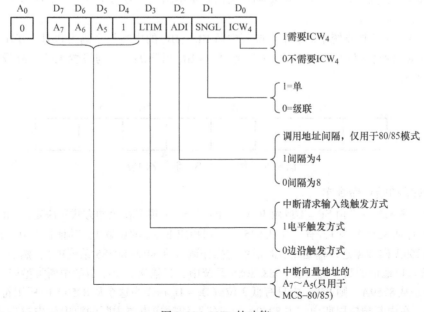

图8-23 ICW_1的功能

作。D_2 位 ADI，规定 CALL 地址的间隔，$D_2=1$，则间隔为 4，这适用于建立一个转移指令表；$D_2=0$，则间隔为 8。D_3 位 LTIM，规定中断请求输入线的触发方式，$D_3=1$ 为电平触发方式，此时边沿检测逻辑断开；$D_3=0$ 则为边沿触发方式。D_7、D_6、D_5 这 3 位当应用于 MCS-80/85 系统时，即为入口地址低 8 位中的编程位（A_7、A_6、A_5 位）。若选择间隔为 4，则这 3 位都可编程；若选择间隔为 8，则只有 D_7（A_7）、D_6（A_6）位可编程，此时 D_5 位不起作用。

【例 8-4】 一微机系统中，使用单片 8259A（$D_1=1$），中断请求信号为上升沿触发（$D_3=0$），初始化过程需要 ICW_4，请写出 ICW_1。

解：8259A 的 ICW_1 的设定如图 8-24 所示。

D_7	D_6	D_5	D_4	D_3	D_2	D_1	D_0
0	0	0	1	0	0	1	1

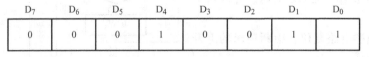

图 8-24 例 8-4 ICW_1 命令字内容

2. ICW_2 初始化命令字

ICW_2 各位的功能如图 8-25 所示。

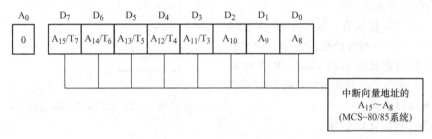

图 8-25 ICW_2 的功能

当 8259A 用于 MCS－80/85 系统中时，用于确定入口地址的高 8 位（$A_{15}\sim A_8$）。当 8259A 应用于 8088/8086 系统中时，ICW_2 的 $D_7\sim D_3$ 用以确定中断类型号的 $T_7\sim T_3$，此时 ICW_2 的 $D_2\sim D_0$ 位无用。

【例 8-5】 某微机系统中的 8 个可屏蔽中断 $IR_0\sim IR_7$ 的中断类型码为 08H～0FH，那么初始化时设置 ICW_2 的高 5 位为 00001，低 3 位为 $IR_0\sim IR_7$ 引脚编号，与设置无关，故设为“000”，如图 8-26 所示。

D_7	D_6	D_5	D_4	D_3	D_2	D_1	D_0
0	0	0	0	1	0	0	0

图 8-26 例 8-5 ICW_2 命令字内容

3. ICW_3 初始化命令字

1）对于主 8259A（由 SP＝1 或由 ICW_4 中的 M/S＝1 规定在缓冲方式所决定），ICW_3 的每一位对应于一片从 8259A，即若有一片从 8259A，则相应 ICW_3 的位置 1，其他位为 0。在中断响应周期，主 8259A 向数据总线输送 CALL 指令的操作码（在 MCS-80/85 系统中），然后由相应的从 8259A 输送入口地址的高 8 位（在 8088/8086 系统中，只输送一个字节的中断类型码）。

2）若是从 8259A，则 ICW_3 中只有低 3 位（$D_2\sim D_0$）作为这个从 8259A 的标识符（ID），高 5 位全为 0。在中断响应周期中，主 8259A 通过级联线输送申请中断的源中优先权最高的源所在的从 8259A 的标识符，每个从 8259A 拿这个标识符与自己编程时 ICW_3 中所规定的标识符相比较，只有两者相符合的这片从8259A，能在下两个中断响应周期输送入口地址的低8位和高8位（对于8088/8086系统，只送一个字节的中断类型码）。

ICW₃的功能如图8-27所示。

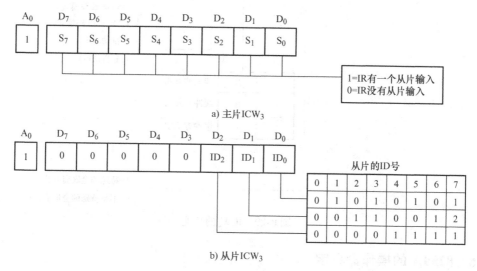

a) 主片ICW₃

b) 从片ICW₃

图8-27　ICW₃的功能

【例8-6】　主片8259A的IR₁和IR₅上接有从片，那么主片和从片的ICW₃如图8-28所示。

	D₇	D₆	D₅	D₄	D₃	D₂	D₁	D₀
主片	0	0	1	0	1	0	1	0
从片1	0	0	0	0	0	0	0	1
从片2	0	0	0	0	0	1	0	1

图8-28　例8-6 ICW₃的设定

4. ICW₄初始化命令字

ICW₄的功能如图8-29所示。其中D_0位 μPM，用于规定所用的微处理器。若μPM=0，则规定8259A用于MCS-80/85系统；若μPM=1，则规定用于MCS-86系统。

其D_1位 AEOI，规定结束中断的方式，若AEOI=1，则为自动结束中断方式；若AEOI=0，则为非自动结束中断方式。

其D_2位 M/S，它与D_3位 BUF配合使用，若BUF=1，选择为缓冲模式，则M/S=1确定为主8259A，M/S=0则为从8259A；若BUF=0，则M/S位不起作用。

其D_3位 BUF，若BUF=1，则为缓冲模式，此时$\overline{SP}/\overline{EN}$变为允许输出线（$\overline{EN}$），同时由M/S确定是主还是从8259A。

其D_4位 SFNM，若SFNM=1，则规定为特殊的全嵌套模式。

159

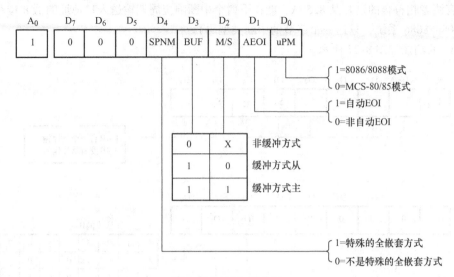

图 8-29　ICW_4 的功能

8.3.6　8259A 的操作命令字

在对 8259A 进行了初始化编程（输送了适当的初始化命令字）之后，片子已做好了接收中断请求输入的准备。在 8259A 的工作期间可由工作命令字规定其各种工作方式。8259A 有 3 个工作命令字 $OCW_1 \sim OCW_3$。

1. OCW_1 工作方式命令字

OCW_1 是中断屏蔽命令字，格式如图 8-30 所示。命令字的每一位可以对相应的中断请求输入线进行屏蔽。OCW_1 的某一位为 "1"，则相应的输入线（IR_i）被屏蔽；若某一位为 "0"，则相应的输入线（IR_i）的中断就允许。

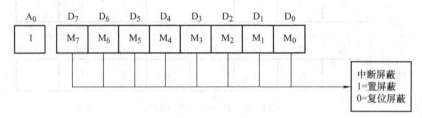

图 8-30　OCW_1 的功能

【例 8-7】　允许 $IR_0 \sim IR_3$ 的中断请求输入，屏蔽 $IR_7 \sim IR_4$ 的中断请求，那么 OCW_1 的设定如图 8-31 所示。

D_7	D_6	D_5	D_4	D_3	D_2	D_1	D_0
1	1	1	1	0	0	0	0

图 8-31　例 8-7 OCW_1 的设定

2. OCW_2 工作方式命令字

OCW_2 的功能如图 8-32 所示。

图 8-32 说明了 R、SL、EOI 3 位的功能，它们的不同组合决定了几种不同的工作方式，见表 8-4。在其中的 3 种工作方式中要用到 OCW_2 的最低 3 位，即 L_2、L_1、L_0，这 3 位二进制编码决定了 8 个中断源的某一个被 EOI 信号复位，或规定某一个的优先权最低。$D_4 D_3$ 为 00 是写入 OCW_2 的标志。

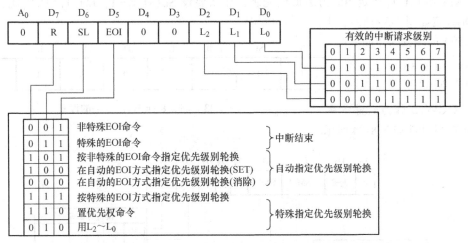

图 8-32 OCW_2 的功能

表 8-4 R、SL、EOI 的组合功能

R SL EQI	是否用 $L_2L_1L_0$	命令字名称	作　用
001	不用	普通 EOI 命令	中断处理结束时，CPU 向 8258A 发出结束命令，8258A 将中断服务寄存器 ISR 中当前优先级最高的置 1 位清 0，用于全嵌套（包括特殊全嵌套）工作方式
011	用	特殊 EOI 命令	中断处理结束时，CPU 向 8259A 发出 EOI 命令，8259A 将中断服务寄存器 ISR 中由 $L_2L_1L_0$ 指定的中断级别的相应位清 0，用于全嵌套（包括特殊全嵌套）工作方式
101	不用	普通 EOI 命令优先级循环方式	中断处理结束时，8259A 将中断服务寄存器 ISR 中当前优先级最高的置 1 位清 0，并使其优先级为最低级，最高优先级赋给它的下一级，用于优先级自动循环工作方式
100	不用	设置普通 EOI 优先级循环方式	在中断响应周期的第 2 个 $\overline{INTA}$ 信号结束时，将 ISR 寄存器中正在服务的相应位清 0，并将其赋给最低优先级，赋给它的下一级为最高优先级
000	不用	清除自动 EOI 优先级循环方式	取消自动 EOI 循环方式，恢复全嵌套方式
111	用	特殊 EOI 优先级循环方式	中断处理结束时，用 $L_2L_1L_0$ 指定最低中断优先级，用于特殊 EOI 优先级循环方式
110	用	设置优先级命令	8258A 用 $L_2L_1L_0$ 指定一个最低优先级，最高优先级献给它的下一级，其他中断优先级依次循环赋给，用于特殊优先级循环方式
010	不用	无操作	无意义

【**例 8-8**】 若使 8086 系统中 8259A 的优先级顺序为 IR_4、IR_5、IR_6、IR_7、IR_0、IR_1、IR_2、IR_3，试写出一段程序实现该优先级顺序。设 8259A 的端口偶地址为 20H。

解：先来分析一下题意，若系统中的优先级按一定的顺序来设置，则需设定 8259A 为优先级循环方式，那么用 OCW_2 的 $R(D_7) = 1$ 指定；从题中规定的优先级顺序可以看出，IR_4 的优先级最高，则需用 $L_2L_1L_0$ 指定 IR_3 为最低优先级，那么要设 $SL(D_6)=1$，$L_2L_1L_0(D_2D_1D_0)=011$。OCW_2 的设定如图 8-33 所示，十六进制为 C3H。

8259A 的编程操作如下：

MOV　AL,0C3H

OUT　20H,AL

R	SL	EOI	D_4	D_3	L_2	L_1	L_0
1	1	0	0	0	0	1	1

图 8-33　例 8-8 OCW_2 命令字的设置

3. OCW_3 工作方式命令字

OCW_3 的功能如图 8-34 所示。

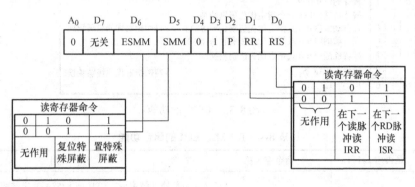

图 8-34　OCW_3 的功能

OCW_3 的最低两位决定下一个操作是否为读操作（RR = 1），以及是读中断请求寄存器 IRR 或 ISR。

D_2 位 P，决定是查询命令（P = 1）还是非查询命令（P = 0）。

D_4D_3 为 01 时为写入 OCW_3 的标志。

D_6、D_5 这两位决定是否工作于特殊屏蔽模式，当 D_6D_5 为 11 时，则允许特殊屏蔽模式；而 D_6D_5 为 10 时，撤除特殊屏蔽模式返回正常的屏蔽模式。若 D_6 位 ESMM = 0，则 D_5 位 SMM 不起作用。

8.4　8259A 的级联

所谓级联，就是在微型计算机系统中，以 1 片 8259A 的 INT 引脚与 CPU 的 INTR 引脚相连，称为主片；再将最多 8 片 8259A 的 INT 引脚，分别与主 8259A 的 $IR_0 \sim IR_7$ 相连，称为从片。显然，在主-从式 8259A 级联的微机系统中，系统能够管理的中断源可由 8 级扩展至 64 级，如图 8-35

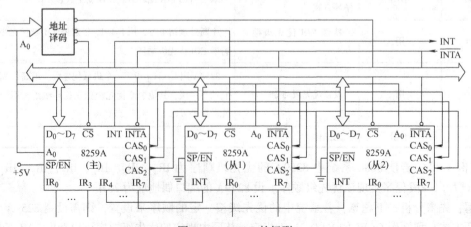

图 8-35　8259A 的级联

所示。从片数量和扩展的中断源的数量之间的关系表达式为可扩展中断源数量 = 8 × N（从片数量） + (8 - N)，若有两片从片，则可扩展 22 个中断源，按照此公式可依次类推。

主-从式 8259A 级联系统的连接需要注意以下几点：

1）主片的 INT 引脚接 CPU 的 INTR 引脚，从片的 INT 引脚接主片的 IR_i 引脚，使得由从片输入的中断请求，能够通过主片向 CPU 发出。

2）主片的 3 条级联线（$CAS_2 \sim CAS_0$）与各从片的同名级联线引脚对接，主片为输出，从片为输入。

3）主片用以向各从片发出优先级别最高的中断请求的从片代码，各从片用该代码与本片的代码进行比较，符合的话则将本片 ICW_2 中预先设定的中断类型码送至数据总线。

4）$\overline{SP}/\overline{EN}$ 作为主-从方式的设定引脚。主片的 $\overline{SP}/\overline{EN}$ 接 +5V，从片的 $\overline{SP}/\overline{EN}$ 接地。

级联系统中的所有 8259A 都必须进行各自独立的编程，作为主片的 8259A 必须设置为特殊的全嵌套方式，这样可以避免相同从片中，优先级较高的中断请求被屏蔽的情况发生。该方式与一般的全嵌套方式相比，有两点需要注意：

1）当来自某个从设备的中断请求被响应之后，主片的优先权逻辑不封锁这个从片，从而可以使来自从设备的较高优先级的中断请求能被主片正常接受，并向 CPU 发出。

2）中断服务结束时，必须用软件来检查被服务的中断是否为该从片中唯一的中断请求。为此，须先向从片发一个普通中断结束命令，清除已完成服务的 ISR 中的相应位，然后再读出 ISR 的内容，检查是否全 0。若为全 0，则向主片发一个中断结束命令，清除与从设备相应的 ISR 中的位；反之，则不向主片发中断结束命令，因为同一从片中还有其他中断请求正在处理。

8.5 8259A 在微机系统中的应用

利用可屏蔽中断来控制实现输入/输出传输数据是中断系统的重要应用。本节主要讨论的并行接口和串行接口传输数据，都可以借助中断系统来实现。中断不一定都用作数据传输的控制，如本节将给出的时钟中断例子，其服务程序的基本任务是计时，形成时间信息。

8.5.1 微机系统实模式下可屏蔽中断体系

IBM PC 微机的可屏蔽中断体系是由两片 8259A 级联组成的，可支持 15 级可屏蔽中断处理，其结构如图 8-36 所示。

从图 8-36 中的电路原理及级联结构特点，可以了解以下几个重要问题。

1）15 级硬中断优先级排队顺序问题。两片 8259A 级联之后的优先级排队顺序与原来单片使用时的排队顺序有所变化，依次是 $IRQ_0 > IRQ_1 > IRQ_8 > \cdots > IRQ_{15} > IRQ_3 > \cdots > IRQ_7$。

2）15 级中断与两片 8259A 的输入引脚 IR_i（i = 0 ~ 7）的对应关系问题。其中 IR_i 是每片 8259A 的 8 根中断请求输入线，它经过驱动后，形成 IRQ_i，引到 ISA 总线插槽上，才能供外设申请中断使用。15 个 IRQ_i 中，4 个并未引到 ISA 插槽，它们是 IRQ_0、IRQ_1、IRQ_8 和 IRQ_{13}。这表明，这几个中断是不让其他外设使用的。

3）两片 8259A 的端口地址的使用问题。两片 8259A 采用主-从级联结构形式，主片管理 $IRQ_0 \sim IRQ_7$，从片管理 $IRQ_8 \sim IRQ_{15}$。实际使用时，首先要知道所选择的中断资源是属于主片管理还是属于从片管理。主片与从片的端口地址是不同的。系统分配给主片的端口地址为 20H（偶地址 $A_0 = 0$）和 21H（奇地址 $A_0 = 1$）；给从片的端口分配的地址为 0A0H（偶地址 $A_0 = 0$）和 0A1H（奇地址 $A_0 = 1$）。

4）两片 8259A 中断资源的分配问题。现在微机，由于外设增多，原来声明保留的中断资源

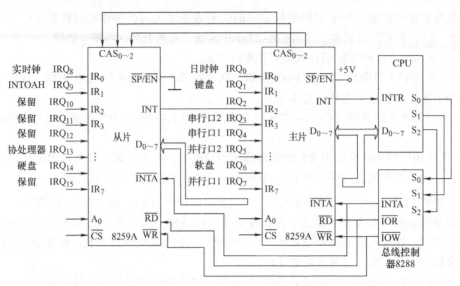

图 8-36　IBM PC 可屏蔽中断系统

也由系统分配给了不同的外设使用。其中 IRQ_9 是用户开发可屏蔽中断的用户可用中断。中断资源的分配详情，可从操作系统的设备管理器里找到。

5）两片 8259A 级联之后的使用问题。由于级联的要求，将主片 IR_2 引脚作为接受从片中断申请信号 INT，因此，原来的 IRQ_2 就不能再被外设使用了。

6）15 级中断源的 15 个中断号的分配问题。$IRQ_0 \sim IRQ_7$ 的中断类型码为 08H ~ 0FH，$IRQ_8 \sim IRQ_{15}$ 的中断类型码为 70H ~ 77H。

无论用于数据传输的控制，还是用于其他操作目的，在应用中断控制机构时都要完成以下几点工作。

1）分配合适的中断级。中断请求信号必须接到系统级总线的某个 IRQ 端。分配 IRQ 端的原则：首先，只能利用没有被系统已有设备占用的 IRQ 端。如果系统基本配置没有硬磁盘和 RS - 232C 串行接口板，$IRQ_2 \sim IRQ_5$ 都可分配给用户开发的专用接口使用。虽然有 RS - 232C 串行接口板，但不准备让它们以中断方式操作，IRQ_3 和 IRQ_4 都可另行分配使用。其次，分配时参照接口完成的任务的紧急程度。任务越紧急，应分配优先级较高的 IRQ 端。

2）设计或选择中断请求信号产生逻辑。在系统总线的中断请求输入端 $IRQ_2 \sim IRQ_7$ 上，要加上什么形式的中断请求信号，在 8259A 初始化时已确定了。在开发外设接口时，如果要利用中断，就要有一部分逻辑电路产生合适的中断请求信号。例如，一个数据输入设备，中断请求信号应该在输入设备做好发送一个数据时产生；如果是输出设备，中断请求信号应在输出设备做好接收一个数据的准备时产生。许多专门用于 I/O 接口设计的大规模集成电路芯片，如后面要讲到的串行接口芯片 8250 等，本身都具有形成或产生中断请求信号的逻辑。

3）为中断服务子程序分配合理的存储空间并把服务程序的入口地址置入中断向量表。为服务程序分配地址空间的原则是不被其他程序冲掉。如果用户的应用程序全部是用汇编语言编制的，服务程序作为应用程序的一部分，经过汇编和连接，自然就为服务程序分配了存储空间，程序装入和运行不会冲掉服务程序。

如果主程序和中断服务程序都用汇编语言编程时，在主程序中，在有关外设启动工作之前，把中断服务程序的入口地址即中断向量置入中断向量表。向中断向量表置入中断向量的最方便的方法是利用 DOS 的功能调用，即 INT　21H 指令。入口参数的设置步骤如下：

① DS：DX 中预置入中断服务程序的入口地址（两个寄存器分别置入段地址和偏移地址）。

164

② AL 中预置入要设置的中断类型号 n。

③ AH 中预置入功能号 25H。

如果按以上要求预置入口参数，指令 INT 21H 执行后，就可把中断服务程序的入口地址置入中断向量表的适当地址中。

8.5.2 8259A 在微机系统中的应用举例

【例8-9】 已知 IBM PC 系统初始化设置要求如下：

1）中断触发方式采用边沿触发。

2）中断屏蔽方式采用常规屏蔽方式，即使用 OCW$_1$ 向 IMR 写屏蔽码。

3）中断优先级排队方式采用固定优先级的完全嵌套方式。

4）中断结束方式采用非自动结束方式的两种命令格式，即不指定 EOI 方式和指定 EOI 方式。在中断服务程序完毕时和中断返回之前，用结束命令代码 20H 或 6XH（X 为 0~7）结束中断。

5）级联方式采用两片主-从连接，如图 8-36 所示。并且，规定把从片的中断申请输出引脚 INT 连到主片的中断请求输入引脚 IR$_2$ 上。两片级联处理 15 级中断。

6）15 级中断号的分配：IRQ$_0$ ~ IRQ$_7$ 的中断号为 08H ~ 0FH，IRQ$_8$ ~ IRQ$_{15}$ 的中断号为 70H ~ 77H。

7）两片 8259A 的端口地址分配：主片的端口为 20H（偶地址 A0 = 0）和 21H（奇地址 A$_0$ = 1），从片的端口为 0A0H（偶地址 A$_0$ = 0）和 0A1H（奇地址 A$_0$ = 1）。

试写出初始化编程程序段。

解： 首先要为初始化编程做一些准备工作，确定主片和从片的初始化命令字的值。

对照 ICW$_1$ 的功能表和设置要求，主片 ICW$_1$ 的值为 00010001B，即 11H；因为 IRQ$_0$ ~ IRQ$_7$ 的中断号为 08H ~ 0FH，所以中断类型码的高 5 位为 00001，则主片 ICW$_2$ 的值为 00001000B，即 08H；主片 ICW$_3$ 的值为 00000100B，即 04H；主片 ICW$_4$ 的值为 00000001B，即 01H。

从片 ICW$_1$ 的值为 00010001B，即 11H；从片 ICW$_2$ 的值为 70H；从片 ICW$_3$ 的值为 02H；从片 ICW$_4$ 的值为 01H。

主片和从片的初始化程序段如下：

```
;初始化 8259A 主片
INTA00 EQU 020H          ;8259A 主片偶地址端口 20H
INTA01 EQU 021H          ;8259A 主片奇地址端口 21H
    ⋮
MOV AL,11H               ;ICW₁
OUT INTA00,AL            ;将 ICW₁ 的值写入主片 8259A 偶地址端口
JMP SHORT $ +2           ;I/O 端口延时要求
MOV AL,08H               ;ICW₂
OUT INTA01,AL            ;将 ICW₂ 的值写入主片 8259A 奇地址端口
JMP SHORT $ +2
MOV AL,04H               ;ICW₃
OUT INTA01,AL
JMP SHORT $ +2
MOV AL,01H               ;ICW₄
OUT INTA01,AL
    ⋮
;初始化 8259A 从片
INTB00 EQU 0A0H          ;8259A 主片偶地址端口 20H
INTB01 EQU 0A1H          ;8259A 主片奇地址端口 21H
```

```
          ⋮
MOV AL,11H                  ;ICW₁
OUT INTB00,AL               ;将 ICW₁ 的值写入从片 8259A 偶地址端口
JMP SHORT ＄＋2              ;I/O 端口延时要求
MOV AL,70H                  ;ICW₂
OUT INTB01,AL               ;将 ICW₂ 的值写入从片 8259A 奇地址端口
JMP SHORT ＄＋2
MOV AL,02H                  ;ICW₃
OUT INTB01,AL
JMP SHORT ＄＋2
MOV AL,01H                  ;ICW₄
OUT INTB01,AL
          …
```

【例 8-10】 中断服务程序的入口地址标号为 VINTSUB，中断类型号为 10，写出设置中断向量的指令序列。

解：利用系统功能调用将中断向量装入中断向量表。

```
     ⋮
MOV    DX,OFFSET  VINTSUB   ;取中断服务程序入口地址的偏移地址 IP 放入 DX 寄存器中
PUSHDS                      ;将当前数据段的段基地址入栈保护
MOV AX,SEG VINTSUB          ;取中断服务程序入口地址的段基地址 CS 的值放入 AX 寄存器
MOV DS,AX                   ;将中断服务程序入口地址的段基地址放入 DS 寄存器
MOV AL,10                   ;将中断号 10 写入 AL 寄存器中
MOV AH,25H                  ;AH 的值置位固定功能号 25H
INT 21H                     ;执行 DOS 调用完成中断向量的设置
POP DS                      ;完成设置后将原 DS 的值恢复出栈
     ⋮
```

【例 8-11】 读 8259A 相关寄存器的内容。

设 8259A 的端口地址为 20H、21H，请读入 IRR、ISR、IMR 寄存器的内容，并相继保存在数据段 2000H 开始的内存单元中；若该 8259A 为主片，请用查询方式查询哪一个从片有中断请求。

```
MOV  AL,xxx01010B          ;发 OCW₃,欲读取 IRR 的内容,非查询命令
OUT  20H,AL
IN   AL,20H                ;读入并保存 IRR 的内容
MOV  [2000H],AL
MOV  AL,xxx01011B          ;发 OCW₃,欲读取 ISR 的内容
OUT 20H,AL
IN   AL,20H                ;读入并保存 ISR 的内容
MOV  [2001H],AL
IN AL,21H                  ;读入并保存 IMR 的内容,IMR 的内容即 OCW₁ 的内容,为奇地址端口
MOV  [2002H],AL
MOV  AL,xxx0110xB          ;发 OCW₃,欲查询是否有中断请求
OUT 20H,AL
IN   AL,20H                ;读入相应状态,并判断最高位是否为 1
TEST AL,80H
JZ DONE
AND AL,07H                 ;判断中断源的编码
     ⋮
DONE:HLT
```

【例8-12】 分析图8-37所示的电路，并编写主程序和中断服务程序，后者对施加到8259A的 IR_0 输入时钟信号的正边沿进行十进制计数。假设使用中断类型码72来服务 IR_0 边沿触发产生的中断，使用自动EOI以及非缓冲方式操作，输入时钟的边沿计数结果保存在01000H处。开辟的堆栈区地址范围为0FF00H～0FFFFH。主程序的起始地址标号为START，中断服务程序标号为SRV72。

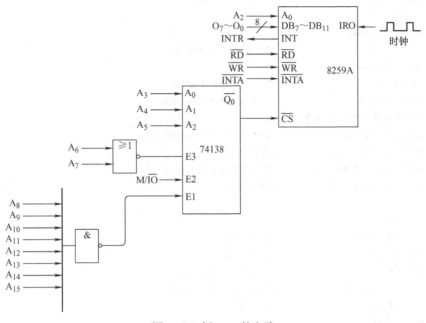

图8-37 例8-12的电路

分析：图8-37电路中的8259A响应的地址依赖于 $\overline{CS}$ 信号的产生方式以及连到8259A的 A_0 输入的地址线 A_2 的电平。取值如下：

$A_{15} \sim A_2 = 11111111000000B$，如果 $A_2 = 0$，$M/\overline{IO} = 0$，对应I/O地址为FF00H，用于 ICW_1 命令字。

$A_{15} \sim A_2 = 11111111000001B$，如果 $A_2 = 1$，$M/\overline{IO} = 0$，对应I/O地址为FF04H，用于 ICW_2、ICW_3、ICW_4 和 OCW_1 命令字。下面确定8259A的ICW和OCW命令字。

由于系统中只有一个8259A，中断输入为边沿触发方式，所以 $ICW_1 = 00010011B = 13H$。

因为使用中断类型码72来服务 IR_0 产生的中断，所以 $ICW_2 = 01001000B = 48H$。

单个8259A不需要 ICW_3。

因为使用自动EOI以及非缓冲方式操作，得到 $ICW_4 = 00000011B = 03H$。

由于只需使用 OCW_1 来屏蔽除 IR_0 外的其他所有中断，得到 $OCW_1 = 11111110B = FEH$。

接着需要设置中断向量表中的72号向量，它位于 $72 \times 4 = 120H$ 处，在此地址处需要放入中断服务程序的偏移量，在地址122H处放入中断服务程序的代码段值。主程序和中断服务程序的流程图如图8-38所示。

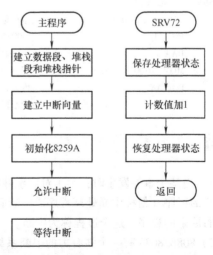

图8-38 例8-12主程序和中断服务程序流程图

解:

```
;主程序
;首先建立数据段和堆栈段
              CLI                      ;开始禁止中断
START:MOV AX,0                         ;附加段位于00000H 处
       MOV ES,AX
       MOV AX,0100H;
       MOV DS,AX                       ;数据段位于01000H 处
       MOV AX,0FF0H
       MOV SS,AX                       ;堆栈段位于0FF00H 处
       MOV SP,1000H                    ;堆栈栈顶位于10000H 处
;为72 号中断向量设置IP 和CS 值
       MOV AX,OFFSET SRV72             ;获得中断服务程序的偏移地址
       MOV [ES:120H],AX                ;设置IP 值
       MOV AX,SEGMENT SRV72            ;获得中断服务程序的代码段地址
       MOV [ES:122H].AX                ;设置CS 值

;初始化8259A
       MOV DX,0FF00H                   ;ICW₁ 地址
       MOV AL,13H                      ;ICW₁ 赋值
       OUT DX,AL                       ;将ICW₁ 写入8259A
       MOV DX,0FF04H                   ;ICW₂、ICW₄、ICW₁ 地址
       MOV AL,48H                      ;ICW₂ 赋值
       OUT DX,AL                       ;将ICW₂ 写入8259A
       MOV AL,03H                      ;ICW₄ 赋值
       OUT DX,AL                       ;将ICW₄ 写入8259A
       MOV AL,0FEH                     ;OCW₁ 赋值
       OUT DX,AL                       ;将ICW₄ 写入8259A
       STI
HERE:JMP HERE                          ;等待中断发生
;子程序
SRV72:PUSH AX
       MOV AL,[0100H]                  ;取计数值
       INC AL                          ;计数值加1
       DAA                             ;十进制调整
       MOV [0100H],AL                  ;保存更新后的计数值
       POP AX                          ;恢复寄存器值
       IRET                            ;中断段返回
```

168

小结

1）当某个事件发生时，为了对该事件进行处理，CPU 中止现行程序的执行，转去执行处理该事件的程序（俗称中断处理程序或中断服务程序），待中断服务程序执行完毕，再返回断点继续执行原来的程序，这个过程称为中断。

2）8086/8088 有一个强有力的中断系统，可以处理256 种不同的中断，每个中断对应一个类型码，所以，256 种中断对应的中断类型码为0~255。这256 种中断可以分为两大类：一类叫硬中断，另一类叫软中断。硬中断又可分为两类：一类叫不可屏蔽中断，另一类叫可屏蔽中断。

软中断又称为内中断，包括软件中断和 CPU 内部特殊中断。

3）实模式下，中断服务程序的入口地址（中断服务程序的首地址）就是中断向量。每个中断类型码对应一个中断向量。把系统中所有的中断向量集中起来放到存储器的某一区域内，这个中断向量的存储区就叫中断向量表或称中断服务程序入口地址表。中断向量指针是指向存放中断服务程序入口地址第一字节的地址。中断向量指针 = 中断类型号（N）×4。中断服务程序的入口地址是 32 位的，每个入口地址占 4 个字节的连续存储单元，两个低字节单元存放偏移地址 IP，两个高字节单元存放段基地址 CS。

4）系统中可能同时有几个中断源请求中断，而 CPU 在一个时刻只能响应一个中断请求，为此，要对请求中断的中断源进行排队。整个中断系统的中断优先级排列如下：

①最高级：CPU 内部中断与异常；②软件中断；③外部不可屏蔽中断（NMI）；④最低级：外部可屏蔽中断（INTR）。

5）Intel 8259A 是一个采用 NMOS 工艺制造、使用单一 5V 电源、具有 28 个引脚的双列直插式芯片，用于管理可屏蔽中断 INTR 的中断请求。Intel 8259A 是可编程的中断控制器，"可编程的"就是说该芯片可以由通过程序写入不同的数据控制字或命令字的方式控制其处于某种工作方式。它的主要功能：①具有 8 级优先权控制，通过 9 片 8259A 芯片级联可扩展至 64 级优先权控制；②每一级中断都可以通过程序来屏蔽或允许；③在中断响应周期，8259A 可提供相应的中断类型码，中断类型码是系统分配给每一个中断源的代号；④8259A 有多种工作方式，可以通过编程来进行选择。

习题

8-1 中断响应周期中，第 1 个 $\overline{\text{INTR}}$ 脉冲向外部电路说明什么？第 2 个脉冲呢？

8-2 8259A 的全嵌套方式和特殊全嵌套方式有什么差别？各自用在什么场合？

8-3 什么叫中断向量？它放在哪里？对应于 1CH 的中断向量存放在哪里？如果 1CH 的中断处理子程序从 5110H：2030H 开始，则中断向量应怎样存放？画出存放示意图。

8-4 设置中断优先级的目的是什么？

8-5 如果 8259A 初始化过程需要 ICW_4，系统使用多个 8259A，且输入是电平触发的，那么 ICW_1 应写入什么值？假定所有没有用到的位均为 0，将结果用二进制和十六进制数表示。

8-6 如果 8259A 输出到总线上的类型码范围为 F0H ~ F7H，那么寄存器 ICW_2 应写入什么值？

8-7 假定主 8259A 配置成 IR_3 ~ IR_0 直接从外部电路接受输入，但是 IR_7 ~ IR_4 则由从片的 INT 输出提供，则主片的初始化命令字 ICW_3 的值为多少？

8-8 如果将中断输入 IR_3 ~ IR_0 屏蔽，IR_7 ~ IR_4 撤销屏蔽，则 OCW_1 的值为多少？

8-9 如果优先级策略选择按非特殊 EOI 命令循环移位，则 OCW_2 应为多少？

8-10 若在一个系统中有 5 个中断源，它们的优先权排列为 1、2、3、4、5，它们的中断服务程序入口地址分别为 3000H、3020H、3050H、3080H、30A0H。试编写一个程序，当有中断请求 CPU 响应时，能用查询方式转至申请中断的优先权最高的中断源的中断服务程序。

第 **9** 章

定时/计数技术

学习目的：在计算机应用技术中，通过定时器功能，可以实现按设定时间去控制某种操作，如定时中断、定时检测、定时扫描等；通过计数器功能，可以实现对外界的某些事件进行计数，如流水线生产数量、速度流量等。本章通过对可编程定时/计数器 8254 的学习，熟悉其计数工作原理、工作方式、初始化编程，以及学会如何利用 8254 进行硬件设计和应用编程。目标是通过对 8254 为代表的学习应用，掌握一般集成定时/计数芯片的使用技术。

9.1　8254 定时/计数器

实现定时的方法主要有 3 种：软件定时、不可编程的硬件定时和可编程的硬件定时。

由于 CPU 执行指令都需要一定的时间，软件定时是通过让 CPU 执行一段程序来实现的，因此，只要选择适当的指令和安排适当的循环次数就可很容易实现软件定时，但软件定时占用 CPU 资源，降低了 CPU 的利用率。

不可编程的硬件定时，如 555 电路，尽管定时电路并不很复杂，但这种定时电路在硬件连接好以后，定时值和定时范围不能由程序来控制和改变，使用不灵活。

可编程定时/计数器的定时值及范围可以很容易地由软件来控制和改变，能够满足各种不同的定时和计数要求，由于使用灵活而得到广泛应用。

Intel 8254 是 Intel 公司生产的可编程定时/计数器接口芯片，采用单 +5V 供电，片内有 3 个独立的 16 位计数器，每个计数器可通过编程设定为 6 种不同的工作方式，可以二进制或十进制形式计数。8254 可作为频率发生器、方波发生器、外部事件计数器、分频器和单脉冲发生器等使用。

8254 产品共有 3 种型号，其功能除最高计数频率不同外，其他完全相同。型号 8254：最高计数频率为 8MHz；型号 8254 - 2：最高计数频率可达 10MHz；型号 8254 - 5：最高计数频率为 5MHz。

8254 是 8253 的改进型芯片，两者引脚兼容、功能相似，但 8253 最高计数频率只能达 2.6MHz。8254 芯片共有 24 个引脚，封装有双列直插式 DIP24 和表面贴片 SOP24 等多种形式。

9.2　8254 的结构

9.2.1　8254 的内部结构

8254 包括与 CPU 相连的数据总线缓冲器、读/写控制逻辑、控制寄存器和 3 个计数器，内部结构如图 9-1 所示。

1. 数据总线缓冲器

数据总线缓冲器是一个三态、双向的 8 位寄存器，8 位数据线 $D_7 \sim D_0$ 与 CPU 的系统数据总线连接，是 CPU 和 8254 之间信息传送的通道，传送的信息包括：

1）初始化编程时，CPU 向 8254 控制口写入控制字。

2）CPU 向某一通道写入计数初始值。

3）CPU 读取某一通道的实时计数值。

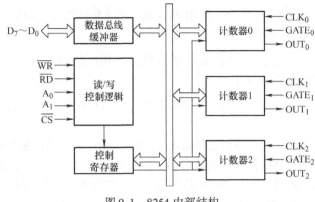

图 9-1　8254 内部结构

2. 读/写控制逻辑

读/写控制逻辑用来接收 CPU 系统总线的读/写控制信号、端口选择信号和片选信号，实现对 8254 内部寄存器的读/写操作。

3. 控制寄存器

在初始化编程时，系统通过指令将控制字写入控制寄存器，设定 8254 的不同工作方式。控制寄存器是一个只能写不能读的 8 位寄存器。

4. 计数器 0、计数器 1、计数器 2

8254 内部有 3 个结构完全相同而又相互独立的 16 位减"1"计数器，每个计数器有 6 种工作方式，各自可按照编程设定的方式工作。

计数器的逻辑结构如图 9-2 所示，包括一个 16 位初始值寄存器 CR、一个 16 位减"1"计数执行部件 CE 和一个 16 位输出锁存器 OL。另外，还配有控制逻辑电路、控制寄存器和状态寄存器。

CPU 设置初始值时，16 位计数器初始值需要分两次写入。初始值一旦写入 CR，则自动送入减"1"计数执行部件 CE。当门控信号 GATE 有效时，CE 按时钟信号 CLK 减"1"计数。减为 0 时，由 OUT 引脚输出特定信号。在计数过程中，输出锁存器 OL 跟随 CE 的变化。当 CPU 向某一计数

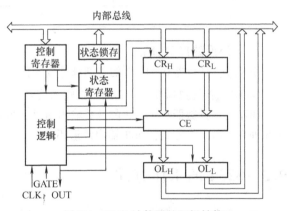

图 9-2　8254 计数器的逻辑结构

器写入锁存命令时，OL 锁存当前计数值，直至 CPU 读取计数值后，OL 再继续跟随 CE 的值。

每个计数器的控制寄存器和状态寄存器共用一个地址，控制寄存器只能写入，状态寄存器只能读出。

9.2.2　8254 引脚信号

8254 采用单 5V 工作电源，引脚信号如图 9-3 所示。

1. 与 CPU 的接口引脚

$D_7 \sim D_0$：8 位双向三态数据线，与 CPU 的系统数据总线连接。

$\overline{WR}$：写信号，低电平有效。当$\overline{WR}$有效时，CPU 对 8254 执行写操作。

$\overline{RD}$：读信号，低电平有效。当$\overline{RD}$有效时，CPU 对 8254 执行读操作。

$\overline{CS}$：片选信号，低电平有效。当$\overline{CS}$有效时，8254 芯片被选中。

A_1、A_0：端口选择地址线，由 8254 片内译码，选择内部 3 个计数器和控制寄存器。8254 的端口地址分配及读/写功能见表 9-1。8254 共占用 4 个端口地址，对应计数器 0、计数器 1、计数器 2 和控制寄存器，通过这些地址实现对 8254 的写入或读出控制。

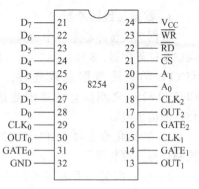

图 9-3　8254 引脚

表 9-1　8254 的端口地址分配及读/写功能

$\overline{CS}$	$\overline{WR}$	$\overline{RD}$	A_1	A_0	操 作 功 能
0	0	1	0	0	计数值写入计数器 0
0	0	1	0	1	计数值写入计数器 1
0	0	1	1	0	计数值写入计数器 2
0	0	1	1	1	控制字写入控制寄存器
0	1	0	0	0	读计数器 0
0	1	0	0	1	读计数器 1
0	1	0	1	0	读计数器 2
0	1	0	1	1	读状态数据

2. 与外设的接口引脚

$CLK_{0\sim2}$：计数器 0、1、2 的外部脉冲输入信号，用来输入定时基准脉冲或计数脉冲。

$GATE_{0\sim2}$：计数器 0、1、2 的门控输入信号，用来控制计数器的启动、停止或重新开始计数。

$OUT_{0\sim2}$：计数器 0、1、2 的计数输出信号，当定时/计数时间到时，该端输出标志信号。对于 6 种不同的工作方式，OUT 输出波形不同。

9.3　8254 的工作方式

8254 的每个计数器有 6 种工作方式，可以通过初始化设定，但是不论哪种工作方式都应遵循以下规则。

1）控制字写入控制寄存器后，控制逻辑电路复位，输出信号 OUT 进入初始状态（高电平或低电平）。

2）计数初始值写入初始值寄存器 CR 后，要经过一个时钟周期，才送入计数执行部件 CE。

3）通常在时钟脉冲 CLK 的上升沿对门控信号 GATE 采样。在不同工作方式下，对门控信号的触发方式要求不同。

4）在时钟脉冲 CLK 的下降沿，计数器减"1"计数。

1. 方式 0：计数结束产生中断

方式 0 的时序如图 9-4 所示。

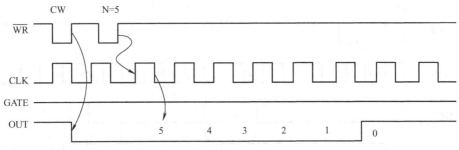

图 9-4 方式 0 的时序图

在写入控制字 CW 后，OUT 引脚输出初始低电平，写入计数初始值 N 之后的第一个 CLK 的下降沿将 N 装入计数执行部件 CE，待下一个 CLK 的下降沿到来且门控信号 GATE 为高电平时，开始启动减 "1" 计数，随后每一个 CLK 的下降沿，计数器减 1。在计数过程中，OUT 引脚一直保持低电平，直到计数为 "0" 时，OUT 引脚输出由低电平变为高电平，并且一直保持高电平，直到重新装入初始值为止。

方式 0 的特点如下：

1）计数器只计一遍，无自动装入功能。若要继续计数，则需要重新写入计数初始值。

2）门控信号 GATE 用来控制 CE，当 GATE 为高电平时，允许计数；当 GATE 为低电平时，禁止计数；当 GATE 重新为高电平时，计数器接着当前的计数值继续计数。其波形如图 9-5 所示。

3）在计数过程中，随时可以写入新的计数初值，计数器使用新的初值重新开始计数（若新初值是 16 位，则在送完第一个字节后中止现行计数，送完第二个字节后才重新开始计数）。

4）由于方式 0 在计数结束后，OUT 引脚输出一个由低电平到高电平的跳变信号，此信号通常接至 8259A 的 IR 端作为中断请求信号，因此可以用它作为计数结束的中断请求信号。

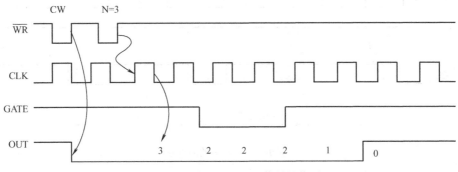

图 9-5 方式 0 时 GATE 信号的作用

2. 方式 1：可重复触发的单稳态触发器

方式 1 的时序如图 9-6 所示。

在写入控制字 CW 后，OUT 引脚初始电平为高，写入计数值 N 后，计数器并不开始计数，直到 GATE 上升沿触发之后的第一个 CLK 的下降沿，将 N 装入 CE 开始减 1 计数，OUT 引脚由高电平变为低电平。在整个计数过程中，OUT 引脚都保持低电平，直到计数为 "0" 时变为高电平。一个计数过程结束后，OUT 引脚输出一个宽度为 N 倍时钟周期的负脉冲，可作为单稳态触发器的输入信号。

方式 1 的特点如下：

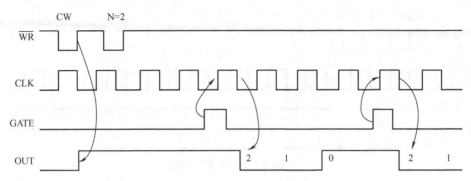

图9-6　方式1的时序图

1）硬件启动计数，即由门控信号 GATE 的上升沿触发计数。

2）当计数到0后，可再次由外部触发启动，于是可再输出一个同样宽度的单拍负脉冲，而不用再次送一个计数值。

3）在计数过程中，CPU 可改变计数值，但是对本次计数过程没有影响，要等到下一个 GATE 正跳变启动信号，计数器才接收新初值重新计数。

4）在计数过程启动之后计数完成之前，若 GATE 又发生正跳变，则计数器又从初值开始重新计数，OUT 端仍为低电平，相当于两次的计数过程合在一起，使 OUT 输出的负脉冲加宽了。

3. 方式2：分频器

方式2的时序如图9-7所示，

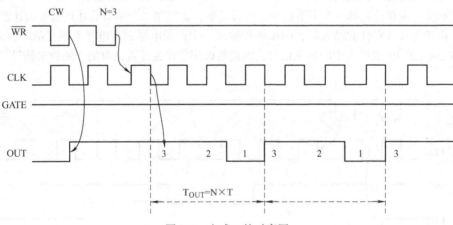

图9-7　方式2的时序图

控制字 CW 写入之后，OUT 引脚初始电平为高，在写入计数值 N 之后第一个 CLK 的下降沿将 N 装入计数执行单元 CE，待下一个 CLK 的下降沿到来且门控信号 GATE 为高电平时，启动计数。在计数过程中，OUT 引脚始终保持高电平，直到 CE 减到"1"时，OUT 引脚变为低电平，维持一个时钟周期后，又恢复为高电平，同时自动将计数值 N 加载到 CE，重新启动计数，形成循环计数过程，OUT 引脚连续输出负脉冲。

方式2的特点如下：

1）计数初始值有自动装入功能，不用重新写入计数值；通道能够连续工作，输出固定频率的脉冲。OUT 输出信号的频率为 CLK 信号频率的1/N，即 N 次分频，故称这种工作方式为分频工作方式。

2）计数过程可由 GATE 信号控制。当 GATE 为低电平时，暂停计数；在 GATE 变为高电平后的下一个 CLK 脉冲，CR 中的计数初值又重新装入 CE 中，使计数器恢复计数初始值，重新开始计数。

3）在计数过程中若写入新的计数初值，并不影响当前的计数过程。在本次计数结束后，才以新的计数初值开始新的分频工作方式。

4. 方式 3：方波发生器

方式 3 的时序如图 9-8 所示，工作原理与方式 2 类似，有自动重复计数功能，但 OUT 引脚输出的波形不同。

在写入方式 3 控制字后，计数器 OUT 端立即变高。若 GATE 信号为高，在写完计数初值 N 后，开始对 CLK 信号进行计数。计数到 N/2 时，OUT 端变低，计完余下的 N/2，OUT 又变回高，如此自动重复，OUT 端产生周期为 N 个时钟周期的方波。

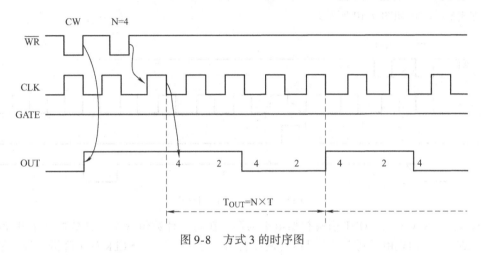

图 9-8　方式 3 的时序图

方式 3 的特点如下：

1）当计数值 N 为偶数时，OUT 输出对称的方波信号，正负脉冲的宽度为 N/2 个时钟周期；当计数值 N 为奇数时，OUT 输出不对称的方波信号，正脉冲宽度为 (N+1)/2 个时钟周期，负脉冲宽度为 (N−1)/2 个时钟周期。

2）GATE 信号能使计数过程重新开始。在计数过程中，应始终使 GATE = 1。若 GATE = 0，不仅中止计数，而且 OUT 端马上变高。待恢复 GATE = 1 时，计数器又从头开始计数。

3）在计数过程中写入新的计数初值时，不影响当前的半个周期的计数，新的计数初值只有在当前的半个周期结束（OUT 电位发生变化）时，才启用开始新的计数过程。

5. 方式 4：软件触发计数

方式 4 的时序如图 9-9 所示，写入控制字 CW 后，OUT 初始电平为高，在写入计数初始值 N 之后的第一个 CLK 的下降沿将 N 装入计数执行单元 CE，待下一个计数脉冲信号 CLK 到来且门控信号 GATE 为高电平时（软件启动），开始计数。当计数为"0"时，OUT 引脚由高电平变为低电平，维持一个时钟周期，OUT 引脚由低电平变为高电平。一次计数过程结束后，OUT 引脚输出宽度为一个时钟周期的负脉冲信号。

方式 4 的特点如下：

1）软件启动计数，无自动重复计数功能，只有在输入新的计数值后，才能开始新的计数。

2）若设置的计数值为 N，则在写入计数值 N 个时钟脉冲之后，才使 OUT 引脚产生一个负脉冲信号。

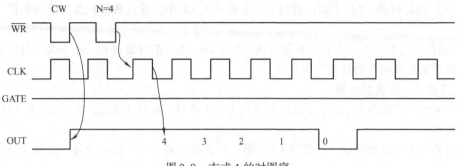

图 9-9　方式 4 的时图序

6. 方式 5：硬件触发计数

方式 5 的时序如图 9-10 所示。

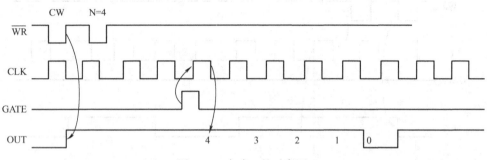

图 9-10　方式 5 的时序图

写入控制字 CW 后，OUT 引脚初始电平为高，在写入计数值 N 后，计数器并不开始计数，只有 GATE 信号出现由低到高的上升沿（硬件启动）之后的第一个 CLK 的下降沿，将 N 装入计数执行单元 CE，待下一个 CLK 的下降沿才开始计数。当计数为"0"后，OUT 引脚由高电平变为低电平，维持一个时钟周期，OUT 引脚由低电平变为高电平。一次计数过程结束后，OUT 引脚输出宽度为一个时钟周期的负脉冲信号。

方式 5 的特点如下：

1）硬件启动计数，即先写入计数初始值，由 GATE 的上升沿触发，启动计数。

2）在 GATE 产生正跳变时新的计数初值才被置入，减 1 计数器 CE 开始计数。

7. 6 种工程方式的特点

在设置 8254 的工作方式时，需要注意上述 6 种工作方式的一些特点：方式 0、1、4、5 的计数初始值无自动加载功能，当一次计数结束后，若要继续计数，需要再次编程写入计数值；方式 2 和方式 3 的计数初始值有自动加载功能，只要写入一次计数值，就可以连续进行重复计数。方式 2、4、5 的输出波形虽然相同，即都是宽度为一个时钟周期的负脉冲，但方式 2 可以连续自动工作，方式 4 由软件触发启动，方式 5 由硬件触发启动。8254 的 6 种工作方式比较见表 9-2。

表 9-2　8254 工作方式比较

工作方式 比较内容	启动计数	中止计数	自动重复	更新初值	OUT 波形
工作方式 0	软件	GATE = 0	无	立即有效	＿N … 1 ＿ 0
工作方式 1	硬件		无	下一轮有效	＿N … 1 ＿ 0

176

（续）

工作方式 ＼ 比较内容	启动计数	中止计数	自动重复	更新初值	OUT 波形
工作方式 2	软/硬件	GATE = 0	有	下一轮有效	⎍ N … 2 1 N …
工作方式 3	软/硬件	GATE = 0	有	下半轮有效	⎍ N/2 N/2
工作方式 4	软件	GATE = 0	无	立即有效	N … 1 0 N …
工作方式 5	硬件	无	↓	下一轮有效	N … 1 0 N …

9.4 8254 的编程

8254 的每个计数器都必须在写入控制字和计数初始值后，才能启动工作，因此，在初始化编程时，必须通过写入控制字来设定计数器的工作方式和写入计数初值。

初始化编程的步骤如下：

1）写入通道控制字，规定通道的工作方式。

2）写入计数值。

① 若规定只写低 8 位，则写入的为计数值的低 8 位，高 8 位自动清 0。

② 若规定只写高 8 位，则写入的为计数值的高 8 位，低 8 位自动清 0。

③ 若是 16 位计数值，则分两次写入，先写入低 8 位，再写入高 8 位。

9.4.1 控制字的格式

8254 控制字的格式如图 9-11 所示。

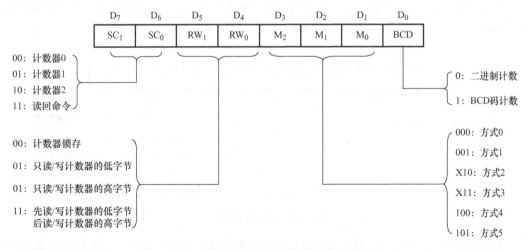

图 9-11　8254 控制字格式

1. D_0：计数方式选择

8254 有 BCD 码和二进制数两种计数方式。若采用二进制数计数（16 位），计数值的范围为 0000 ～ FFFFH，最大值为 2^{16}，即十进制数的 65536，其中 0000H 代表 65536；若采用 BCD 码计数

（4 位十进制数），计数值的范围为 0000 ~ 9999，最大值为 10^4，即十进制数的 10000，其中 0000 代表 10000。

2. D_3、D_2、D_1：工作方式选择位

因为 $M_2M_1M_0$ 的二进制编码有 8 种（000 ~ 111），而 8254 有 6 种工作方式，所以，方式 2 和方式 3 的 M_2 位可设为任意值 0 或者 1。

3. D_5、D_4：读/写计数器控制

计数值的读出或写入可按字节或字两种方式进行操作：若按字节读/写时，可选择低 8 位或高 8 位；若按字读/写时，分为两步完成，即先读/写低 8 位后读/写高 8 位。

4. D_7、D_6：计数器选择

D_7、D_6 决定这个控制字是哪一个通道的控制字，00、01、10 分别对应选择计数器 0、1 和 2，3 个计数器的控制寄存器使用相同的端口地址；11 对应读回命令，具体说明见 9.4.2 小节。

CPU 对 8254 的某个计数器进行读出操作时，有以下两种方法：

一种方法是先由控制字的 RW_1 和 RW_0 设定读出顺序与格式，然后由输入（IN）指令对所选计数器进行读出操作。采用这种方法时，为了确保被读出的当前计数值稳定，可利用门控信号 GATE 或者阻止时钟输入的方法，暂时禁止计数器操作。

另一种方法是先给 8254 发锁存命令（设定 RW_1 和 RW_0 为 00），然后按照先读取低字节、后读取高字节的顺序将当前计数值读出。当 8254 接收到锁存命令后，将当前的计数值锁存到计数锁存寄存器中，供 CPU 读取。

9.4.2　8254 的读回命令

8254 的读回命令可以将 3 个计数器的计数值和状态锁存，并向 CPU 返回一个状态字，如图 9-12 所示。

1）$D_7 = 1$，$D_6 = 1$，$D_0 = 0$ 时，为读回命令标志位、特征位。

2）$D_5 = 0$ 为锁存计数值，以便 CPU 读取当前计数值。

3）$D_4 = 0$ 为锁存状态信息。

4）$D_3 \sim D_1$ 是计数器选择位，一次可以锁存一个计数器、两个计数器或者三个计数器中的计数值或状态信息。当某一计数器的计数值或状态信息被 CPU 读取后，锁存失效。

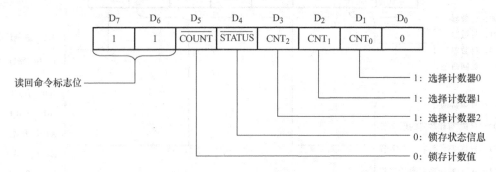

图 9-12　8254 的读回命令

读回命令写入控制端口，状态信息和计数值都通过计数器端口读取。如果使读回命令的 D_5 和 D_4 位都为 0，即计数值和状态信息都要读回，读取的顺序是先读取状态信息，再读取计数值。

9.4.3　计数初始值的设定

计数初始值（或称计数常数）可根据 8254 的实际应用和工作方式来设定，一般有以下几种情况。

1）作为发生器，应选择方式 2 或方式 3。它实际上是一个分频器，因此计数常数就是分频系数，即分频系数 $=f_i/f_o$。（f_i 为输入 CLK 频率，f_o 为 OUT 输出频率）。

2）作为定时器，计数脉冲 CLK 通常来自系统内部时钟，计数常数就是定时系数，即定时系数 $= T/t_{clk} = T \times f_{clk}$（$T$ 为定时时间，t_{clk} 为时钟周期，f_{clk} 为时钟频率）。

3）作为计数器，计数脉冲通常来自外部，因此，计数常数为外部事件的脉冲个数。

9.4.4 8254 的初始化编程

在编写初始化程序时，由于 8254 的 3 个计数器的控制字都是独立的，它们的计数常数都有各自的地址单元，因此初始化编程顺序比较灵活，可以写入一个计数器的控制字和计数常数之后，再写入另一个计数器的控制字和计数常数，也可以把所有计数器的控制字都写入之后，再写入计数常数。

需要注意的是，计数器的控制字必须在其计数常数之前写入，计数常数的低 8 位须在高 8 位之前写入。下面通过示例说明 8254 的初始化编程方法。

【例 9-1】 要求 8254 计数器 2 产生频率为 40kHz 的方波，已知 8254 的端口地址为 40H ~ 43H，时钟端 CLK_2 输入信号的频率为 2MHz。试编写产生方波的程序。

为了使计数器 2 产生方波，应使其工作于方式 3，输入的 2MHz 的 CLK_2 时钟信号进行 50 次分频后，可在 OUT_2 端输出频率为 40kHz 的方波，因此，对应的控制字应为 10010111B，计数初值为十进制数 50。程序如下：

```
MOV AL,10010111B    ;对计数器 2 送控制字
OUT 43,AL           ;写入控制端口
MOV AL,50H          ;送计数初值 50(注:初值必须是 50H)
OUT 42,AL           ;写入计数器 2 端口
```

【例 9-2】 某系统中 8254 端口地址为 F40H ~ F43H，要求计数器 1 工作在方式 2，计数值为 1000。试编写初始化程序。

当采用二进制计数时，其控制字为 01110100B，初始化程序如下：

```
MOV  AL,01110100B   ;对计数器 1 送控制字
MOV  DX,0F43H
OUT  DX,AL          ;写入控制端口
MOV  AX,1000
MOV  DX,0F41H       ;计数器 1 端口地址
OUT  DX,AL          ;写入计数器 1 低字节
MOV  AL,AH
OUT  DX,AL          ;写入计数器 1 高字节
```

【例 9-3】 某系统中 8254 端口地址为 40H ~ 43H，要求采用计数锁存命令来读取计数器通道 1 的当前值，请进行编程处理。

```
MOV  AL, 49H        ;通道 1 的锁存命令字
OUT  43H, AL        ;写入控制端口
IN   AL, 41H        ;读通道 1 的低 8 位计数值送 AL
MOV  AH, AL         ;低 8 位暂存 AH
IN   AL, 41H        ;读通道 1 的高 8 位计数值送 AL
```

【例 9-4】 某系统使用一片 8254，端口地址为 80H ~ 83H，要求完成以下功能：

1）计数器 0 对外部事件计数，记满 1000 次向 CPU 发出中断请求；

2）计数器 1 产生频率为 1kHz 的方波信号，设输入时钟 CLK$_1$ 为 2.5MHz；

3）计数器 2 作为标准时钟，每秒向 CPU 发一次中断请求，输入时钟 CLK$_2$ 由 OUT$_1$ 提供。

根据题意，确定相应通道的工作方式控制字及计数常数：

计数器 0 的控制字为 00010000B，即 10H（方式 0、二进制计数）；计数常数为 1000。

计数器 1 的控制字为 01110110B，即 76H（方式 3、二进制计数）；计数常数为：f_i/f_o = 2.5MHz/1kHz = 2500。

计数器 2 的控制字为 10110001B，即 B1H（方式 0、BCD 计数）；计数常数为：$T \times f_{clk} = 1s \times 1kHz = 1000$。

编制初始化程序如下：

```
MOV   AL, 10H       ;计数器 0 控制字
OUT   83H, AL       ;写入控制端口
MOV   AX, 1000      ;计数常数 1000
OUT   80H, AL       ;写入计数器 0 的低字节
MOV   AL, AH
OUT   80H, AL       ;写入计数器 0 高字节
MOV   AL, 76H       ;计数器 1 控制字
OUT   83H, AL       ;写入控制端口
MOV   AX, 2500      ;计数常数 2500
OUT   81H, AL       ;写入计数器 1 低字节
MOV   AL, AH
OUT   81H, AL       ;写入计数器 1 高字节
MOV   AL, 0B1H      ;计数器 2 控制字
OUT   83H, AL       ;写入控制端口
MOV   AX, 1000H     ;计数常数 1000(BCD 码为 1000H)
OUT   82H, AL       ;写入计数器 2 低字节
MOV   AL, AH
OUT   82H, AL       ;写入计数器 2 高字节
```

9.5 8254 的应用

在微机系统中，经常需要采用定时/计数器进行定时或计数控制。例如，在某 PC/XT 微机系统中，8254 的端口地址为 40H ~ 43H，8255 的端口地址为 60H ~ 63H。8254 的通道 0 用于系统时钟定时，通道 1 用于 DRAM 刷新定时，通道 2 用于驱动扬声器工作。其接口电路如图 9-13 所示。

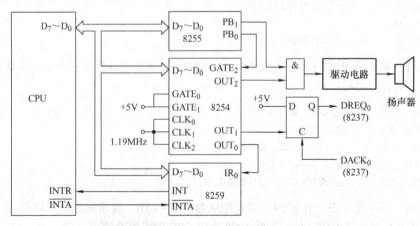

图 9-13   8254 的接口电路

三个通道的时钟信号 $CLK_2 \sim CLK_0$ 为 1.19MHz（由系统时钟经分频后提供）。

1）计数器 0：工作在方式 3，$GATE_0$ 接高电平，OUT_0 接到 8259 的 IR_0（总线的 IRQ_0）引脚，要求每隔 55ms（55.072ms 最大定时时间）产生一次定时中断，用于系统实时时钟和磁盘驱动器的电动机定时。

初始化程序如下：

```
MOV  AL, 36H      ;计数器 0 方式 3，采用二进制计数，先低字节后高字节
OUT  43H, AL      ;写入控制端口
MOV  AL, 0        ;计数初始值 65536
OUT  40H, AL      ;写计数初始值低字节
OUT  40H, AL      ;写计数初始值高字节
```

2）计数器 1：工作在方式 2，$GATE_1$ 接高电平，OUT_1 输出经 D 触发器后作为对 DMA 控制器 8237 通道 0 的 $DREQ_0$ 信号，每隔 15.12μs 定时启动刷新 DRAM。计数初始值 = 1.19MHz × 15.12μs = 17.99 ≈ 18。

计数器 1 初始化程序如下：

```
MOV  AL, 54H      ;计数器 1 方式 2，采用二进制数计数，只写低字节
OUT  43H, AL      ;写入控制端口
MOV  AL, 18       ;计数初始值为 18
OUT  41H, AL      ;写计数初始值
```

3）计数器 2：工作在方式 3，$GATE_2$ 由 8255 芯片的 PB_0 控制，OUT_2 输出的方波和 8255 芯片的 PB_1 信号进行"与"操作，经滤波驱动后，推动扬声器发声。

计数器 2：假设扬声器的发声频率为 1kHz，则计数初始值 = 1.19MHz ÷ 1kHz = 1190。

计数器 2 的发声驱动程序如下：

```
BEEP  PROC  FAR
      MOV  AL, 0B6H    ;计数器 2 方式 3，采用二进制计数，先低字节后高字节
                      ;写入计数初始值
      OUT  43H, AL    ; 写入控制端口
      MOV  AX, 1190   ; 计数初始值为 1190
      OUT  42H, AL    ; 写计数初始值低字节
      MOV  AL, AH
      OUT  42H, AL    ;写计数初始值高字节
      IN   AL, 61H    ;读 8255A 的 B 口
      MOV  AH, AL     ;B 口数据暂存于 AH 中
      OR   AL, 03H    ;使 PB1 和 PB0 均为 1
      OUT  61H, AL    ;打开 GATE2 门，OUT2 输出方波，驱动扬声器
      MOV  CX, 0
Wait0: LOOP  Wait0    ;循环延时
      DEC  BL         ;BL 为子程序入口条件
      JNZ  L0         ; BL = 6, 发长声（约 3s）; BL = 1, 短发声（约 0.5s）
      MOV  AL, AH     ;恢复 8255A 的 B 口值，停止发声
      OUT  61H, AL
      RET             ;子程序返回
BEEP ENDP
```

8254 不仅可以为微机系统提供定时信号，在实际工程中可以应用 8254 对外部事件进行计数，还可以通过 8254 驱动扬声器编写简单的音乐程序等。

相对 8253 而言，8254 性能更优越，应用更广泛。若不考虑 8254 增强的功能，8253 与 8254 硬件、软件可以不做修改，直接互换使用。

小结

1）Intel8254 是可编程定时/计数器接口芯片，片内有 3 个独立的 16 位计数器，6 种不同的工作方式，可以二进制或十进制形式计数。

2）8254 的内部结构包括与 CPU 相连的数据总线缓冲器、读/写控制逻辑、控制寄存器和 3 个计数器。

3）8254 的每个计数器有 6 种工作方式：方式 0（计数结束产生中断）、方式 1（可重复触发的单稳态触发器）、方式 2（分频器）、方式 3（方波发生器）、方式 4（软件触发计数）、方式 5（硬件触发计数）。

4）8254 控制字：计数器选择、计数器控制、工作方式选择位、计数方式选择。

5）8254 的读回命令可以读取各计数器的状态信息和当前计数值。

6）计数初始值的设定和应用。

习题

9-1 8254 有哪几种工作方式？各有何特点？

9-2 解释 8254 控制字各位的作用？

9-3 8254 选用二进制与十进制计数的区别是什么？每种计数方式的最大计数值分别为多少？

9-4 8254 的方式 4 与方式 5 有什么区别？

9-5 简述 8254 工作在方式 3 时是如何产生输出波形的？

9-6 设 8254 的地址为 F0H ~ F3H，CLK_1 为 500kHz，欲让计数器 1 产生 50Hz 的方波输出，试对它进行初始化编程。

9-7 用 8254 的通道 0 对外部事件进行计数，每计满 200 个脉冲产生 1 次中断请求信号，设 8254 的端口地址为 20H ~ 23H，试分析用何种工作方式较好，并写出初始化程序。

9-8 某一应用系统中，8254 的端口地址为 340H ~ 343H，定时器 0 用作分频器（N 分频），定时器 2 用作外部事件计数器，编写初始化程序。

9-9 若采用 8254 产生频率为 1Hz 的方波信号，已知时钟频率为 10MHz，端口地址分别为 350H ~ 353H，试画出通道相应的连接方法，并编写相关的控制程序（提示：需要多个计数器串联实现）。

9-10 在某个 8086 微机系统中使用了一块 8254 芯片，所用时钟频率为 1MHz，其中端口地址为 220H ~ 223H。试编程初始化，完成以下要求：

（1）要求计数器 0 工作于方式 3，输出频率为 2kHz 的方波；

（2）要求计数器 1 产生宽度为 480μs 的单脉冲；

（3）要求计数器 2 用硬件方式触发，输出单脉冲，时间常数为 26。

9-11 某应用系统中，系统提供一个频率为 20kHz 的时钟信号，要求每隔 10ms 完成一次扫描键盘的工作。为了提高工作效率，采用定时中断的方式进行键盘的扫描。在系统中采用了 8254 定时器的计数器 0 来实现这一要求，端口地址为 70H ~ 73H。试完成以下要求：

（1）画出 8254 的接线示意图；

（2）分析应选择哪种方式，并确定计数初值；

（3）写出其初始化程序。

第 10 章

串行通信接口技术

学习目的： 微机与外部设备交换信息时，串行通信比并行通信成本低，所以串行通信适合远距离通信。通过对本章内容的学习，了解串行通信的基本概念、数据格式、典型串行通信接口标准，掌握可编程接口芯片8251的工作原理、内部寄存器和编程方法。

10.1 串行接口技术

微机与外部设备交换信息时，有并行通信和串行通信两种基本方式，两者各有优势及适用不同场合。并行、串行连接方式如图10-1所示。

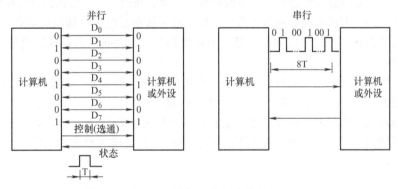

图 10-1 并行、串行连接方式

并行通信是通过多条传输线，一次可以传送一个或 n 个字节的数据。其优点是传输速度快，缺点是每一位对应一根传输线，成本相对较高，因此这种通信方式适合近距离通信。如芯片内部的数据传送，同一块电路板上芯片与芯片之间的数据传送，以及同一系统中的电路板与电路板之间的数据传送，大多是采用并行通信方式。

串行通信是在一条传输线上，数据依次从低位到高位一位一位地传送，完成一字节数据传输，至少要传输 8 次。串行通信比并行通信成本低，但缺点是速度慢，所以串行通信适合远距离通信。

10.1.1 串行通信的传输方式

在串行通信中，同一条通信线上的数据按一位接一位的顺序进行传输，根据通信线路的数据传送方向，可分为单工、半双工和全双工 3 种通信方式。

1. 单工方式

单工通信方式如图 10-2a 所示。其特点是通信双方，一方为发送设备，另一方为接收设备，传输线只有一条，数据只按一个固定的方向传送。

2. 半双工方式

半双工通信方式如图 10-2b 所示。其特点是通信双方既有发送设备，也有接收设备，传输线只有一条，只允许一方发送，另一方接收，通过发送和接收开关，控制通信线路上数据的传送方向。通信系统中，对任何一方而言，发送信息和接收信息不能同时进行，而只能采用分时占用通信线路的方法。

3. 全双工方式

全双工通信方式如图 10-2c 所示。其特点是有两条通信线，通信双方既有发送设备，也有接收设备，并且允许双方同时在两条传输线上进行发送和接收数据。

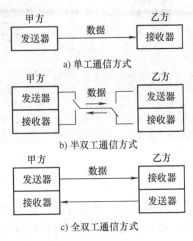

a) 单工通信方式

b) 半双工通信方式

c) 全双工通信方式

图 10-2　串行通信传输方式

10.1.2　调制和解调

数字通信，即传送的数据都是由"0"、"1"序列组成的数字信号。这种数字信号包括了从低到高的极其丰富的谐波信号，对它的传送要求传输线的频宽要很宽。

目前通常采用的传统电话线路的频带却很窄，只有几 kHz。如果在电话线路上直接传输数字信号，由于数字信号的衰减将会产生严重的畸变与失真，所以，为了保证信号传输的质量，一般都要通过转换设备，对传输信号进行转换与处理：在传送前要把信号转换成适合于传送的形式，而传送到目的地后又要再恢复成原始信号。调制解调器（Modem）就是计算机远程通信中常用的这种转换设备。

比如，在甲、乙两方远程通信时，如果利用电话线来传输信息，则在甲、乙两方都要安装 Modem。在发送方，经串行接口把"0"和"1"的数字信号送入 Modem，由它将"0"和"1"数字信号调制在载波信号上，承载了数字信息的载波信号将在普通电话网络系统中传送，在载波信号传输到接收方（乙方）时，再由 Modem 将载波信号解调为原来的"0"和"1"，示意图如图 10-3 所示。

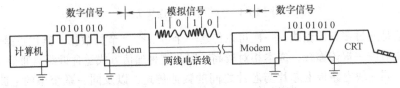

图 10-3　远程通信调制和解调示意图

10.1.3　数据传输率

数据传输率是指单位时间内传输的信息量，可用比特率和波特率来表示。

1）比特率：每秒传输的二进制位数，用 bit/s 表示。

2）波特率：每秒传输的符号数。若每个符号所含的信息量为 1 比特，则波特率等于比特率。

在串行通信中，一个符号的含义为高、低电平，它们分别代表逻辑"1"和逻辑"0"，所以每个符号所含的信息量刚好为 1 比特，因此在串行通信中，常将比特率称为波特率，即 1 波特（Baud）=1 位/秒（1bit/s）。

　　例如，数据传送速率为 120 字符/s，而每一个字符为 10 位，则其传送的波特率（或比特率）为 10 位×120 字符/秒 = 1200bit/s = 1200 波特。

10.1.4　串行通信的数据校验

　　在远程通信中，由于设备质量、线路干扰或信号畸变等原因，可能会使传输出错。数据传送后产生错误的位数和传送总位数之比称为误码率。为了减少误码率，串行通信时需采用自动检验与校正等技术。

　　目前，常用的校验方法有奇偶校验、和校验和循环冗余码校验等。其中，奇偶校验是最简单的一种方法。

　　在采用奇偶校验时，对发送方和接收方都要同时规定好校验的性质，是奇校验还是偶校验。当发送信息时，要在每个字符编码的最高位后边增加一个奇偶校验位，该位可以是"1"，也可以是"0"，它的作用是使整个编码（字符编码加上奇偶校验位）中"1"的个数为奇数或偶数。若编码中"1"的个数为奇数，则为奇检验，否则为偶校验。

　　在接收方接收信息时，要同时检查所接收到的字符的整个编码，判其"1"的个数是否符合校验前对发送方奇偶性的约定。若符合，则无错；否则，置奇偶性出错标志。此时，接收设备或向 CPU 发中断请求，或给状态寄存器的相应位置位，供 CPU 查询，以便 CPU 进行出错处理。

　　在异步通信中，通常采用奇偶校验法。几乎所有的 UART（Universal Asynchronous Receiver/Transmitter，通用异步收发器）电路中都集成有奇偶校验电路，可通过编程来选择奇校验或偶校验，然后由部件内部的硬件自动完成奇偶校验位的产生和校验。

　　根据国际电话电报咨询委员会（CCITT）的建议，在异步通信中采用偶校验，在同步通信中采用奇校验。

10.2　串行通信的数据格式

　　串行通信分为串行异步通信（ASYNC）和串行同步通信（SYNC），通常所说的串行通信指的是串行异步通信（简称异步通信）。

10.2.1　串行异步通信

1. 数据格式

　　串行异步通信的数据格式如图 10-4 所示。一帧数据由起始位、字符数据、奇偶校验位和停止位组成。

　　异步通信是以字符为单位传送的，每传送一个字符，以起始位作为开始标志，以停止位作为结束标志，字符之间的间隔（空闲）传送高电平。

　　1）起始位：一帧数据的开始标志，占 1 位，低电平有效。

　　2）数据位：数据位紧接着起始位。数据可以是 5 位、6 位、7 位或 8 位，由初始化编程设定，数据排列方式是低位在前、高位在后。

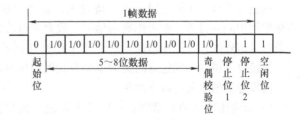

图 10-4　串行异步通信的数据格式

　　3）奇偶校验位：占 1 位（也可以没有），由初始化编程设定。当采用奇校验时，发送设备自动检测发送数据中所包含"1"的个数，如果是奇数，则校验位自动写"0"；如果是偶数，则校验位自动写"1"。当采用偶校验时，若发送数据中所包含"1"的个数是奇数，则校验位自动写"1"；如果是偶数，则校验位自动写"0"。接收设备按照约定的奇偶校验方式，校验接收到的数据是否正确。

4）停止位：根据字符数据的编码位数，可以选择1位、1.5位或2位，由初始化编程设定。

2. 工作原理

传送开始后，接收设备不断检测传输线是否有起始位到来，当接收到一系列的"1"（空闲或停止位）之后，检测到第一个"0"，说明起始位出现，就开始接收所规定的数据位、奇偶校验位及停止位。经过接收器处理，将停止位去掉，把数据位拼装成为一个字节数据，经校验无误，则接收完毕。当一个字符接收完毕后，接收设备又继续测试传输线，监视"0"电平的到来和下一个字符的开始，直到全部数据接收完毕。

10.2.2 串行同步通信

串行异步通信由于要在每个字符前后附加起始位、停止位，有约20%的附加数据，因此传输效率较低。串行同步通信方式所用的数据格式中，没有起始位和停止位，传输效率较高。在传送前，先按照设定的数据格式，将各种信息装配成一个数据包（一帧数据），数据包中包括一个或两个同步字符，其后是需要传送的n个字符（n的大小由用户设定），最后是两个校验字符。串行同步通信的数据格式如图10-5所示。

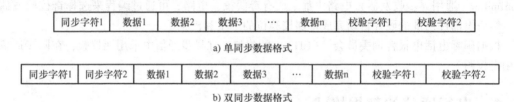

a) 单同步数据格式

b) 双同步数据格式

图10-5 串行同步通信的数据格式

同步字符作为数据块的起始标志，在通信双方起联络作用，当对方接收到同步字符后，就可以开始接收数据了。同步字符通常占用一个字节宽度，可以采用一个同步字符（单同步方式），也可以采用两个同步字符（双同步方式）。在通信协议中，通信双方约定同步字符的编码格式和同步字符的个数。在传送过程中，接收设备首先搜索同步字符，与事先约定的同步字符进行比较，若比较结果相同，则说明同步字符已经到来，接收方就开始接收数据，并按规定的数据长度拼装成一个个数据字节，直至整个数据块接收完毕，经校验无传送错误时，结束一帧信息的传送。

在进行串行同步通信时，为保持发送设备和接收设备的完全同步，要求接收设备和发送设备必须使用同一时钟。在近距离通信时，收发双方可以使用同一时钟发生器，在通信线路中增加一条时钟信号线；在远距离通信时，可采用锁相技术，通过调制解调器从数据流中提取同步信号，使接收方得到和发送方时钟频率完全相同的接收时钟信号。

同步通信的规程有以下两种：

1）面向比特（bit）型规程：以二进制位作为信息单位。现代计算机网络大多采用此类规程，最典型的是HDLC（High-Level Date Link Control，高级数据链路控制）通信规程。

2）面向字符型规程：以字符作为信息单位。字符是EBCD码或ASCII码。最典型的是IBM公司的二进制同步控制规程（BSC规程）。在这种控制规程下，发送端与接收端采用交互应答式进行通信。

10.3 串行通信接口标准

在串行通信中，DTE（Date Terminal Equipment，数据终端设备）和 DCE（Date Communications Equipment，数据通信设备）之间的连接要符合一定的接口标准，才能实现设备间的互换互通。常见的串行接口标准有 RS-232C、RS-422/485、USB 等。

10.3.1 RS-232C 串行接口标准

一般 PC 上都配置有 COM1 和 COM2 两个串行接口，它们都采用了 RS-232C 标准，D 形插座，采用 25 芯引脚或 9 芯引脚的连接器，外形如图 10-6 所示。

RS-232C 是美国电子工业协会 EIA 制定的一种国际通用的串行接口标准，这个标准规定了接口的机械、电气、功能等方面的参数。

1. 机械特性及信号功能

RS-232C 的机械特性及引脚信号决定了微机与外部设备的连接方式，在 PC 中使用两种连接器（插头、插座）。

一种是 DB25 连接器，如图 10-6a 所示。它具有 25 条信号线，分两排

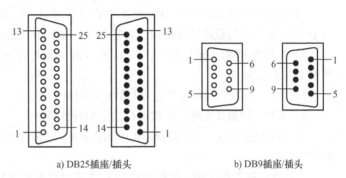

a) DB25插座/插头   b) DB9插座/插头

图 10-6　DB25 和 DB9 插座和插头

排列，1~13 信号线为一排，14~25 信号线为一排。RS-232C 规定了两个信道（通信通道）：主信道和辅助信道，另外有 4 个引脚未定义。辅助信道的传输速率比主信道慢，一般不使用。用于主信道的有 15 个引脚，见表 10-1。

表 10-1　DB25 和 DB9 连接器引脚信号及其功能

引脚		信号名称	方向	功能	传送方向 DTE-DCE	说　明
25 脚	9 脚					
1				保护地		设备屏蔽地，为了安全，一般和地相连
2	3	TxD	输出	发送数据	→	输出数据至 Modem
3	2	RxD	输入	接收数据	←	由 Modem 输入数据
4	7	RTS	输出	请求传送	→	低有效，请求发送数据
5	8	CTS	输入	允许传送	←	低有效，表明 Modem 统一发送
6	6	DSR	输入	数据设备就绪	←	低有效，表明 Modem 已经准备就绪
7	5	GND		信号地		通信双方的信号地，应连接在一起
8	1	DCD	输入	载波检测	←	有效时表明已经接收到来自远程 Modem 的正确载波信号
20	4	DTR	输出	数据终端就绪	→	有效时，通知 Modem 已经准备就绪，Modem 可以接通电话线
22	9	RI	输入	振铃指示	←	有效表明 Modem 已经收到电话交换机的拨号呼叫（使用公用电话线时要用此信号）

　　另外一种是 DB9 连接器，如图 10-6b 所示。它有 9 条信号线，也是分两排排列，1 ~ 5 信号线为一排，6 ~ 9 信号线为一排，其功能见表 10-1。

　　RS - 232C 所能直接连接的最长通信距离不大于 15m。

　　在 RS - 232C 定义的引脚信号中，用于异步串行通信的信号除了发送数据 TxD 和接收数据 RxD 外，还有以下几个联络信号：

　　1）数据终端就绪 DTR：数据终端设备（DTE）已准备好。

　　2）数据设备就绪 DSR：数据通信设备（DCE）已准备好。

　　3）请求发送 RTS：数据终端设备请求发送数据。

　　4）允许发送 CTS：数据通信设备允许发送数据，是对 RTS 信号的应答。

　　5）载波检测 DCD：数据通信设备已检测到数据线路上传送的数据串。

　　当本地 DCE 收到对方的 DCE 送来的载波信号时，使 DCD 有效，通知 DTE 准备接收，并且由 DCE 将接收到的载波信号解调为数字信号，经 RxD 线送给 DTE。

　　6）振铃指示 RI：振铃信号。当 DCE 收到交换机送来的振铃呼叫信号时，使该信号有效，通知 DTE 已被呼叫。

　　7）TxD：控制数据终端发送串行数据的时钟信号。

　　8）RxD：控制数据终端接收串行数据的时钟信号。

　　9）保护地：这是一个起屏蔽作用的接地端，一般连接到设备的外壳和机架上，必要时连接到大地。

　　在计算机通信系统中，数据终端设备通常指计算机或终端，数据通信设备通常指调制解调器。上述信号的作用是在数据终端设备和数据通信设备之间进行联络。

2. 电气特性及连接方式

　　RS - 232C 的电气特性规定了各种信号传输的逻辑电平，即 EIA 电平。

　　对于 TxD 和 RxD 上的数据信号，采用负逻辑：用 - 3 ~ - 25V（通常为 - 3 ~ - 15V）表示逻辑 "1"，用 + 3 ~ + 25V（通常为 + 3 ~ + 15V）表示逻辑 "0"。

　　对于 DTR、DSR、RTS、CTS、CD 等控制信号，规定：- 3 ~ - 25V 表示信号无效，即断开（OFF）；+ 3 ~ + 25V 表示信号有效，即接通（ON）。

3. 电平转换

　　由于 CPU 采用 TTL 电平，TTL 是标准正逻辑，用 + 5V 表示逻辑 "1"，用 0V 表示逻辑 "0"，所以采用 RS - 232C 标准电平与计算机连接时，必须进行电平转换。

　　常见的电平转换芯片有 MC1488/MC1489 和 SN75150/SN75154 等，随着大规模数字集成电路的发展，目前有许多厂家已经将 MC1488 和 MC1489 集成到一块芯片上，如美国美信（MAXIM）公司的产品 MAX220、MAX232 和 MAX232A。

　　MAX232 的引脚信号及内部结构如图 10-7 所示。

　　芯片内集成了两个发送驱动器和两个接收缓冲器，同时还集成了两个电源变换电路，其中一个升压泵将 + 5V 提高到 + 10V，另一个则将 + 10V 转换成 - 10V。芯片为单一 + 5V 电源供电。

4. 连接方式

　　RS - 232C 通信接口的信号线有近距离和远距离两种连接方法。近距离（传输距离小于 15m）线路连接比较简单，只需要三条信号线（TxD、RxD 和 GND），将通信双方的 TxD 与 RxD 对接，地线连接即可。双机近距离通信连接如图 10-8 所示。

　　在进行远距离通信时，通过调制解调器相连，如图 10-9 所示。

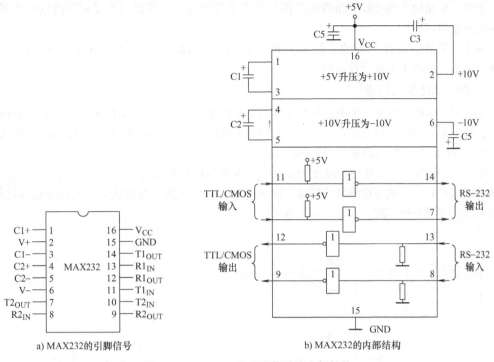

a) MAX232的引脚信号　　　　　　b) MAX232的内部结构

图 10-7　MAX232 的引脚信号及内部结构

$\overline{DTR}$和$\overline{DSR}$是一对握手信号，当甲方计算机准备就绪时，向 Modem 发送$\overline{DTR}$，乙方 Modem 接收到$\overline{DTR}$后，若同意通信，则向甲方计算机回送$\overline{DSR}$，于是"握手"成功。

$\overline{RTS}$和$\overline{CTS}$也是一对握手信号，当甲方计算机准备发送数据时，向 Modem 发送$\overline{RTS}$，乙方 Modem 接收到$\overline{RTS}$后，若同意接收，则向甲方计算机回送$\overline{CTS}$，于是"握手"成功，甲方开始传送数据，乙方接收数据。

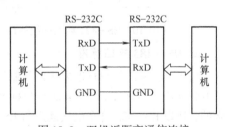

图 10-8　双机近距离通信连接

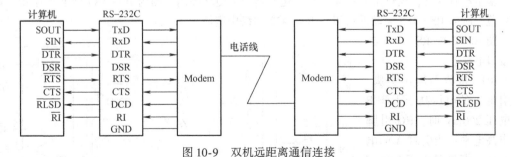

图 10-9　双机远距离通信连接

10.3.2　RS-422 与 RS-485 串行接口标准

RS-232C 只能一对一地通信，不借助于 Modem 时，数据传输距离仅 15m。因为 RS-232C 采用的接口电路是单端驱动、单端接收，当距离增大时，两端的信号地将存在电位差，从而引起共模干扰。单端输入的接收电路没有任何抗共模干扰的能力，所以只有通过抬高信号电平幅度来保证传输的可靠性。

为了克服 RS-232C 的缺点，提出了 RS-422 接口标准，后来又出现了 RS-485 接口标准。这两种总线一般用于工业测控系统中。

1. RS-422 接口标准

RS-422 标准全称是"平衡电压数字接口电路的电气特性"，它采用平衡驱动和差分接收的方法，从根本上消除了信号地线。RS-422 的最大传输距离为 4000 英尺（约 1219m），最大传输速率为 10Mbit/s。典型四线接口电路如图 10-10 所示。

RS-422 的输出信号线间的电压为 ±2V，接收器的识别电压为 ±0.2V，共模范围 ±25V。在高速传送信号时，应该考虑到通信线路的阻抗匹配，一般在接收端加终端电阻以吸收掉反射波。电阻网络也应该是平衡的，如图 10-11 所示。

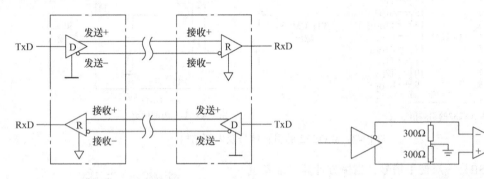

图 10-10　RS-422 典型四线接口　　　　图 10-11　在接收端加终端电阻

2. RS-485 接口标准

由于 RS-422 接口标准采用四线制，为了在距离较远的情况下进一步节省电缆的费用，推出了 RS-485 接口标准。RS-485 接口标准采用两线制。由于 RS-485 是从 RS-422 基础上发展而来的，所以 RS-485 许多电气规定与 RS-422 相似，如都采用平衡传输方式，都需要在传输线上接终端电阻等。

RS-485 与 RS-422 的不同在于其共模输出电压是不同的，RS-485 是 -7 ~ +12V 之间，而 RS-422 在 -7 ~ +7V 之间；RS-485 接收器最小输入阻抗为 12kΩ，而 RS-422 是 4kΩ。它们的接口基本没有区别，仅仅是 RS-485 在发送端增加了使能控制。因为 RS-485 满足所有 RS-422 的规范，所以 RS-485 驱动器可以在 RS-422 网络中应用。

图 10-12 为 RS-485 典型接口电路。

RO：接收器输出引脚。当引脚 A 的电压高于引脚 B 的电压 200mV 时，RO 引脚输出高电平；当引脚 A 的电压低于引脚 B 的电压 200mV 时，RO 引脚输出低电平。

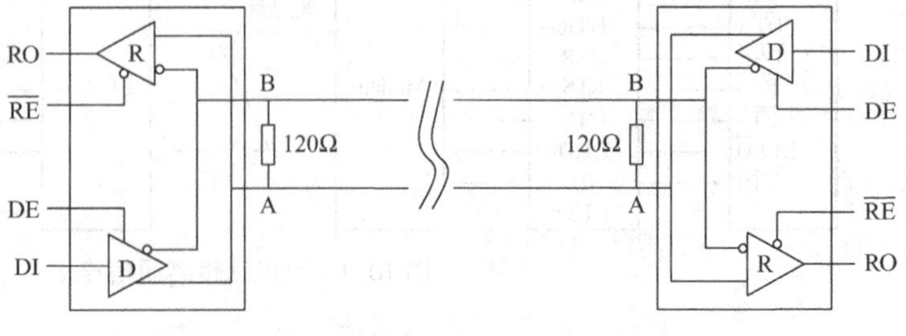

图 10-12　RS-485 典型接口电路

$\overline{RE}$：接收器输出使能引脚。当$\overline{RE}$为低电平时，RO 输出；当$\overline{RE}$为高电平时，RO 处于高阻状态。

DE：发送器输出使能引脚。当 DE 引脚为高电平时，发送器引脚 A 和 B 输出；当 DE 引脚为低电平时，引脚 A 和 B 处于高阻状态。

DI：发送器输入引脚。当 DI 为低电平时，引脚 A 为低电平，引脚 B 为高电平；当 DI 为高电平时，引脚 A 为高电平，引脚 B 为低电平。

A：接收器输入/发送器输出"＋"引脚。

B：接收器输入/发送器输出"－"引脚。

10.3.3 USB 接口标准

USB 是英文 Universal Serial BUS（通用串行总线）的缩写，是一种外部总线标准，常用于规范计算机与外部设备的连接和通信。USB 接口支持设备的即插即用和热插拔功能，其接口可用于连接多达 127 种外设，如鼠标、调制解调器和键盘等，现已成功替代串口和并口，并成为当今个人计算机和大量智能设备必配的接口之一。

USB 从 1994 年 11 月发表了 USB V0.7 版本以后，经历了多年的发展，到现在已经发展为 3.0 版本。常用版本的 USB 接口有：

1）USB 1.0。USB 1.0 是在 1996 年出现的，速度只有 1.5Mbit/s（位每秒）；1998 年升级为 USB 1.1，速度也大大提升到 12Mbit/s。大部分 MP3 为此类接口类型。

2）USB 2.0。USB 2.0 规范是由 USB1.1 演变而来的，它的传输速率达到了 480Mbit/s。USB 2.0 中的"增强主机控制器接口（EHCI）"定义了一个与 USB 1.1 相兼容的架构。它可以用 USB 2.0 的驱动程序驱动 USB 1.1 设备。也就是说，所有支持 USB 1.1 的设备都可以直接在 USB 2.0 的接口上使用，而不必担心兼容性问题。

3）USB 3.0。USB 3.0 于 2008 年 11 月才正式公布标准，其传输速率理论上能达到 4.8Gbit/s，接近于 USB 2.0 的 10 倍，向下兼容 USB 2.0 设备，可广泛用于 PC 外围设备和消费电子产品。

下面以目前最广泛使用的 USB 2.0 为代表，具体介绍其相关特性。

1. 机械特性

目前 USB 接口有 A 型、B 型、Mini 型和 Micro 型 4 种接口类型，每种接口都分插头和插座两个部分，Micro 还有比较特殊的 AB 兼容型。

USB 接口有 4 根线，其中黑线为 GND，红线为 V_{cc}，绿线为 Data＋，白线为 Data－，如图 10-13 所示。

2. 电气特性

USB 接口的输出电压和电流是＋5V/500mA，可为外设提供最大 500mA 的 5V 电源。

Data＋和 Data－采用差分传输，发送端差分信号电压差在 1.3～2.0V 之间，接收端电压差在 0.8～2.5V 之间。数据线采用的是 3.3V 电压，USB 接口传输距离达 5m。

红 白 绿 黑
V_{CC} －D ＋D GND
1 2 3 4

图 10-13 USB 接口

10.4 可编程串行通信接口芯片 8251A

10.4.1 8251A 的主要功能

Intel 8251A 是可编程的串行通信接口芯片，它的主要功能如下：

1）能以异步方式或同步方式工作，能自动完成相应的帧格式控制。

2）对于异步方式，每个字符可定义在 5～8 位之间，可设定停止位为 1 位、1.5 位或 2 位。

3）对于同步方式，每个字符可定义在 5 ~ 8 位之间，可设为单同步、双同步或者外同步，同步字符由用户设定。

4）异步方式的时钟频率可设为通信波特率的 1 倍、16 倍或 64 倍。

5）可以设定奇校验、偶校验或不校验，校验位的插入、提取及检错都由芯片本身完成。

6）异步方式时，波特率的范围为 0 ~ 110.2kbit/s；同步方式时，波特率的范围为 0 ~ 64kbit/s。

7）能进行出错检测，具有奇偶错误、溢出错误和帧错误等检测电路；用户可通过读入状态寄存器内容进行查询。

8）提供与外设特别是调制解调器的联络信号，便于直接和通信线路相连接。

9）接收、发送数据分别由各自的缓冲器完成，能以全双工方式进行通信。

10.4.2　8251A 的内部结构

8251A 的内部结构如图 10-14 所示，包括 5 个部分：数据总线缓冲器、发送器、接收器、调制解调和读/写控制电路，相互间通过内部总线实现通信。

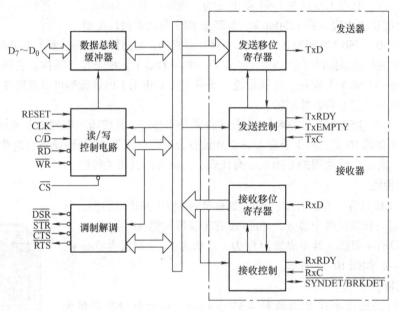

图 10-14　8251A 的内部结构

1. 数据总线缓冲器

数据总线缓冲器是三态双向 8 位缓冲器，由 8251A 引脚 D_0 ~ D_7 和 CPU 数据总线相连。它含有命令缓冲器、数据缓冲器和状态缓冲器，可以写入 CPU 的控制命令字和数据，执行命令产生的各种状态信息也是从此缓冲器中读出。

2. 发送器

发送器包含发送移位寄存器、缓冲器及相关控制逻辑，其主要功能是将来自 CPU 的并行数据，通过移位寄存器，从 TxD 输出串行数据。串行发送的工作原理如下：

在异步方式，发送器为每一字符自动加上 1 位低电平（起始位），按方式命令字规定要求，加上相应的校验位以及停止位，构成一帧数据，帧数据在发送时钟$\overline{\text{TxC}}$的下降沿，从 TxD 引脚输出。数据传输的波特率可为发送时钟频率的 1 倍、1/16 或 1/64。

在同步方式，发送器在发送数据前面插入由初始化程序设定的一个或两个同步字符，在数据中自动插入校验位，在发送时钟的作用下，一位一位地由 TxD 引脚输出数据。

不管是同步方式还是异步方式，只有设置 TxEN 允许发送，且 $\overline{CTS}$ 对调制器发出请求发送，才能够发送。

3. 接收器

接收器包含接收移位寄存器、缓冲器及相关控制逻辑，其主要功能是接收 RxD 引脚上的串行数据，按规定格式变成并行数据后，以供 CPU 读取。其工作原理如下：

在异步方式，且允许接收和准备好接收数据后，8251A 不断监视 RxD 线。无数据传送时，RxD 线为高电平（或称空闲），当发现 RxD 线上出现低电平时，则认为它是一帧信息的起始位，同时启动一个内部计数器，当计数到数据位宽度一半时，又重新采样 RxD 线，若仍为低电平，则确认它是起始位，否则认为是干扰信号。收到起始位后，每隔一个数据位宽度时间采样一次 RxD 线，数据移入到移位寄存器。经过若干次移位接收，最后去掉停止位和校验位后，变成并行数据，存入接收缓冲器，同时发出 RxRDY 信号，通知 CPU 可以读取数据了。

在同步方式，首先要搜索同步字符，即 8251A 不断监视 RxD 线，每出现一个数据位就送入移位寄存器，当接收一个完整字符后，与同步字符寄存器中的内容比较，若不等，则放弃该数据，继续接收新数据和同步字符的判断；若相等，8251A 的 SYNDET 引脚变为高电平，表示已经同步。8251A 实现同步后，利用时钟采样和移位，从 RxD 线接收数据位，且按规定位数，将其送入接收缓冲器，并发出 RxRDY 信号。

对于双同步字符方式，要连续接收、比较两个同步字符，都相等才认为已同步，否则从第一个同步字符开始，重新开始搜索、比较。对于外同步，引脚 $\overline{SYNDET}$ 只要维持一个接收时钟周期高电平，则表示已同步。

4. 调制解调

调制解调提供和调制解调器的握手信号，实现对 Modem 的控制。

5. 读/写控制电路

读/写控制电路的功能是接收 CPU 的控制信号，完成对数据、状态信息和控制信息的传输。

10.4.3　8251A 的引脚功能

8251A 是一个采用 NMOS 工艺制造的 28 引脚、双列直插式封装的芯片，其外部引脚如图 10-15 所示。

1. 与 CPU 接口的引脚

$D_7 \sim D_0$：三态、双向数据线，与系统数据总线相连。8251A 通过它与 CPU 传输数据，写入自 CPU 的编程命令和读出状态信息送往 CPU。

CLK：时钟信号输入线，用于产生 8251A 内部时序。CLK 的周期为 $0.42 \sim 1.35\mu s$。CLK 频率至少应是接收、发送时钟的 30 倍（对同步方式）或 4.5 倍（对异步方式）。

RESET：复位信号输入线，高电平有效。复位后 8251A 处于空闲状态，直至被初始化编程。

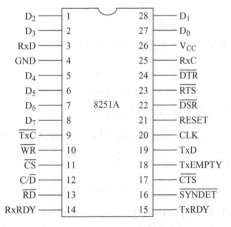

图 10-15　8251A 引脚

$\overline{\text{CS}}$：片选信号输入线，低电平有效。仅当$\overline{\text{CS}}$为低电平时，CPU 才能对 8251A 进行读/写操作；当$\overline{\text{CS}}$为高电平时，8251A 未被选中，数据线处于高阻状态。

C/$\overline{\text{D}}$：控制/数据信号输入线。C/$\overline{\text{D}}$为 "0" 时传输的是数据信息，C/$\overline{\text{D}}$为 "1" 时传输的是控制字或状态信息。其一般与 CPU 地址总线低位相连。

$\overline{\text{RD}}$：读选通信号输入线，低电平有效。$\overline{\text{RD}}$有效，CPU 可以从 8251A 读取数据或状态信息。

$\overline{\text{WR}}$：写选通信号输入线，低电平有效。$\overline{\text{WR}}$有效，CPU 可以从 8251A 写入控制字或数据。

$\overline{\text{CS}}$、$\overline{\text{RD}}$、$\overline{\text{WR}}$和 C/$\overline{\text{D}}$ 4 个信号决定 CPU 对 8251A 的具体操作，见表 10-2。

表 10-2　8251A 的控制信号和对应操作

$\overline{\text{CS}}$	$\overline{\text{RD}}$	$\overline{\text{WR}}$	C/$\overline{\text{D}}$	具 体 操 作
0	0	1	0	CPU 读取 8251A 的数据
0	1	0	0	CPU 向 8251A 写入数据
0	0	1	1	CPU 读取 8251A 的状态
0	1	0	1	CPU 向 8251A 写入控制命令
1	×	×	×	高阻状态

RxRDY（Receiver Ready）：接收准备好状态输入线，高电平有效。当接收器接到一个字符并准备送给 CPU 时，RxRDY 为 "1"，当字符被 CPU 读取后，RxRDY 恢复为 "0"。RxRDY 可作为 8251A 向 CPU 申请接收的请求源。

$\overline{\text{SYNDET}}$（Synchronous Detect）：同步检测信号，既可作为同步状态输出线，也可作为同步信号输入线，这取决于 8251A 是工作于外同步还是内同步。此线仅对同步方式有意义。

TxRDY（Transmitter Ready）：发送准备好状态输出线，高电平有效。当发送寄存器空闲且允许发送 CTS 字符后，TxRDY 恢复为低电平。TxRDY 可作为 8251A 向 CPU 申请发送中断的请求源。

TxEMPTY（Transmitter Empty）也可表示为 TxE：发送缓冲器空闲状态输出线，高电平有效。TxE = 1，表示发送缓冲器中没有要发送的字符，当 CPU 将要发送的数据写入 8251A 后，TxE 自动复位。

2. 与外设或调制解调器接口的引脚

RxD（Receiver Data）：串行数据输入信号线，高电平表示数字 1，低电平表示数字 0。

$\overline{\text{RxC}}$（Receive Clock）：接收器时钟信号线。它控制接收器接收字符的速率，在$\overline{\text{RxC}}$的上升沿采集串行数据输入线。$\overline{\text{RxC}}$的频率应等于波特率的 1、16 或 64 倍（异步方式）。在同步方式下，$\overline{\text{RxC}}$的频率与数据速率相同。

TxD（Transmitter Data）：发送数据信号线。CPU 给 8251A 的并行数据，在内部转变成串行数据，从这个 TxD 引脚发送出去。

$\overline{\text{TxC}}$（Transmitter Clock）：发送器时钟输入线。在$\overline{\text{TxC}}$的下降沿数据由 8251A 移位输出。对$\overline{\text{TxC}}$频率的要求同$\overline{\text{RxC}}$。

$\overline{\text{DTR}}$（Data Terminal Ready）：数据终端准备好输出线，低电平有效。当 8251A 工作命令字位 D_1 为 1 时，$\overline{\text{DTR}}$有效，用于向调制解调器表示数据终端已准备好。

$\overline{\text{DSR}}$（Data Set Ready）：数据设备准备好状态输入线，低电平有效。当调制解调器准备好时，$\overline{\text{DSR}}$有效，用于向 8251A 表示 Modem（或 DCE）已准备就绪。CPU 可通过读取状态寄存器的 D_7

位检测该信号。一般情况下$\overline{DTR}$和$\overline{DSR}$是一组信号，用于接收器。

$\overline{RTS}$（Request To Send）：请求发送信号输出线，低电平有效。当8251A命令字位D_5为1时，$\overline{RTS}$有效，请求调制解调器做好发送准备。

$\overline{CTS}$（Clear To Send）：清除发送（允许发送）信号输入线，低电平有效。当调制解调器做好发送准备时$\overline{CTS}$有效，作为对8251A的$\overline{RTS}$信号的响应；只有$\overline{CTS}$有效时，8251A才允许执行发送操作。

注意：如果8251A不使用调制解调器而直接和外界通信，一般应将$\overline{DSR}$、$\overline{CTS}$脚接地。当$\overline{CTS}$有效时，才能使TxRDY为高电平；只有TxRDY为高电平时，CPU才能往8251A发送数据。

10.4.4　8251A 的编程命令

8251A除能进行可读/可写的数据寄存器外，还有只写的控制字寄存器和只读的状态寄存器的编程命令。

1. 控制字寄存器

控制字寄存器包括方式控制字和工作命令控制字。方式控制字和工作命令字本身无特征位，也无独立的端口地址。8251A是根据写入的先后次序来区分两者的：先写入方式控制字，后写入工作命令字。

（1）方式控制字

方式控制字确定8251A的通信工作方式，包括停止位或同步字符（异步/同步）、校验方式（奇校验/偶校验/不校验）、数据长度（5/6/7/8位）及通信方式和波特率参数等，格式如图10-16所示。它应在复位后写入，且只需写入一次。

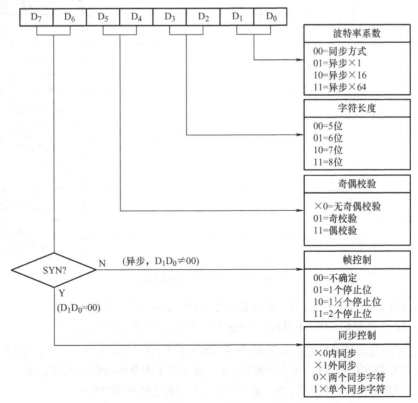

图 10-16　方式控制字格式

1）D_7D_6：停止位或同步字符选择。异步方式时，00—无效，01—1 位停止位，10—1.5 位停止位，11—2 位停止位。同步方式时，D_6：0—内同步，1—外同步；D_7：0—2 个同步字符，1—1 个同步字符。

2）D_5D_4：校验方式选择，×0—无校验，01—奇校验，11—偶校验。

3）D_3D_2：字符长度选择，00—5 位，01—6 位，10—7 位，11—8 位。

4）D_1D_0：通信方式及波特率系数选择，00—同步方式，01—异步方式、波特率系数 1，10—异步方式、波特率系数 16，11—异步方式、波特率系数 64。

例如，若 8251A 进行异步通信时，要求波特率系数为 16、字符长度为 7 位、奇校验、2 个停止位，则方式控制字为 11　01　10　10B = DAH。

（2）工作命令控制字

工作命令控制字使 8251A 处于规定的状态，以准备发送或接收数据。工作命令控制字的格式如图 10-17 所示。它应在方式控制字写入后写入，用于控制 8251A 的工作，可以多次写入。

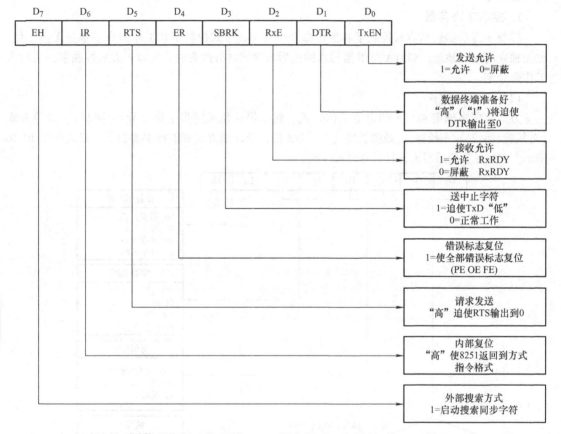

图 10-17　工作命令控制字格式

1）D_7：EH 外部搜索方式，0—不搜索同步字符，1—启动搜索同步字符。

2）D_6：IR 内部复位，0—不复位，1—复位、回到方式字命令状态。

3）D_5：RTS 发送请求发送信号$\overline{RTS}$，0—不影响$\overline{RTS}$，1—强制$\overline{RTS}$有效（低电平）。

4）D_4：ER 错误标志复位，0—不复位，1—使状态字中全部错误标志位复位。

5）D_3：SBRK 发送中止字符，0—正常工作，1—强迫 TxD 变低电平。

6）D_2：RxE 接收允许，0—屏蔽 RxRDY，1—允许 RxRDY。

7）D_1：DTR 数据终端准备好$\overline{\text{DTR}}$，0—不影响$\overline{\text{DTR}}$，1—强制$\overline{\text{DTR}}$输出低电平，表示数据终端准备好。

8）D_0：TxEN 允许发送，0—禁止发送，1—允许发送。

例如，若允许 8251A 接收和发送，则工作字为 0 0 0 0 0 1 0 1B＝05H。

2. 状态寄存器（状态字）

状态寄存器存放 8251A 的状态信息，供 CPU 查询，状态字各位意义如图 10-18 所示。

1）状态位 RxRDY、TxE、SYNDET、$\overline{\text{DSR}}$的定义与 8251A 对应的引脚定义含义相同。

2）TxRDY：发送准备好标志，只要发送缓冲器空就置位。（注：引脚 TxRDY 除发送缓冲器空外，还要满足 TxE＝1、$\overline{\text{CTS}}$＝0 才置位。）

3）FE：异步通信帧错误标志。FE 为 1 表示未检测到字符末尾的有效停止位，但 FE 错并不禁止 8251A 工作，FE 标志位由工作命令控制字中的 ER 位清除。

4）OE：溢出错误标志。接收器内的字符尚未被 CPU 读走时又有新的字符装入，则 OE 置"1"，此时原来的字符丢失，其并不禁止 8251A 工作，OE 标志由命令控制字的 ER 位清除。

5）PE：奇偶校验错误标志。奇偶错时 PE 置"1"，但此时并不禁止 8251A 工作，PE 标志由命令控制字中的 ER 位清除。

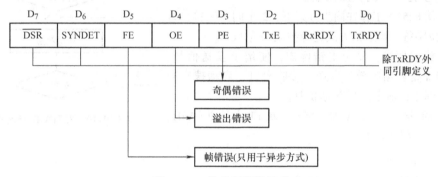

图 10-18 状态寄存器格式

10.4.5 8251A 的编程

8251A 和 CPU 相连时，它至少要占用两个端口地址，即控制端口（C/D＝1）（奇地址）和数据端口（C/D＝0）（偶地址）。8251A 在使用前要进行初始化，初始化要在 8251A 处于复位状态时开始。初始化过程的信息全部写入控制端口。具体控制过程如下：

首先，用输出指令写入奇地址端口的是方式选择控制字，约定通信方式、数据位数、校验方式等。

其次，若为同步方式，则向奇地址端口写入一个或两个同步字符；若是异步方式，则这一步可省略。

最后，向奇地址端口写入工作命令控制字，控制允许发送/接收或复位，这样就可以开始发送或接收数据了。

初始化结束后，CPU 可通过查询 8251A 状态字内容或中断方式，进行正常的串行通信发送/接收工作。

注意：8251A 初始化必须按一定的顺序流程，否则 8251A 不能识别。当写入 8251A 方式控制字后，应立即写入工作命令控制字。但若要改变方式控制字，应使 8251A 复位（内部复位命令字为40H）。8251A复位后，又可重新向8251A输出方式控制字。8251A的控制流程图如图10-19所示。

1. 异步方式下的初始化编程

假设使8251A工作在异步方式下，2个停止位、偶校验、8位数据位、波特率系数为16，则通信方式控制字为FEH。

工作状态要求：复位出错标志，使请求发送信号有效，使数据终端准备就绪有效，发送允许有效，接收允许有效，则工作命令控制字为37H。

假设8251A的两个端口地址分别为F0H、F1H，初始化程序如下：

```
MOV    AL, 0FEH
OUT    0F1H, AL      ;设置通信方式
MOV    AL, 37H
OUT    0F1H, AL      ;设置工作状态
```

2. 同步方式下的初始化编程

假设使8251A工作在同步方式下，2个同步字符、奇校验、8位字符，则通信方式选择控制字为1CH。

工作状态要求：复位出错标志，使请求发送信号、数据终端准备就绪有效，发送、接收允许，启动搜索同步字符，则工作命令控制字为B7H。

假设同步字符为 AAH、55H，端口地址为 A0H、A1H，初始化程序如下：

```
MOV    AL , 40H
OUT    0A1H, AL      ;复位8251A
MOV    AL, 1CH
OUT    0A1H, AL      ;设置通信方式
MOV AL, 0AAH
OUT    0A1H, AL      ;设置第1个同步字符
MOV    AL, 55H
OUT    0A1H, AL      ;设置第2个同步字符
MOV    AL, 0B7H
OUT    0A1H, AL      ;设置工作状态
```

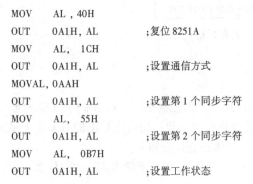

图 10-19　8251A 控制流程图

10.4.6　8251A 的应用

应用1：假设8251A控制口地址为301H，数据口地址为300H，按下述要求对8251A进行初始化。

要求：

1）异步工作方式，波特率系数为64，采用偶校验，总字符长度为10位（1位起始位，8位数据位，1位停止位）。

2）允许接收和发送，错误位全部复位。

3）查询8251A状态字，当接收准备就绪时，则从8251A输入数据，否则等待。

解：方式控制字 01 11 11 11B = 7FH

　　　工作命令字 0 0 0 1 0 1 0 1B　 = 15H

控制程序如下：

```
        MOV     DX,301H          ;8251A 控制口地址
        MOV     AL,7FH           ;方式控制字
        OUT     DX,AL            ;送方式控制字
        MOV     AL,15H           ;操作命令字
        OUT     DX,AL            ;送操作控制字
        NOP
WAIT：IN       AL ,DX           ;读/写状态字
        AND     AL,02H           ;检查 RxRDY = 1?
        JZ      WAIT             ;RxRDY = 0;接收未准备就绪,等待
        MOV     DX,300H          ;8251A 数据口地址
        IN      AL,DX            ;读入数据
        HALT
```

应用2：试用 8251A 为 8086 CPU 与 CRT 终端设计一串行通信接口,接口连接如图 10-20 所示。

假设：8251A 控制端口地址为 301H,数据端口地址为 300H。

1）异步方式传送,波特率系数为 16,数据格式为 1 位停止位、8 位数据位、奇校验。

2）CPU 用查询方式将显示缓冲区的字符 "OK" 送 CRT 显示。

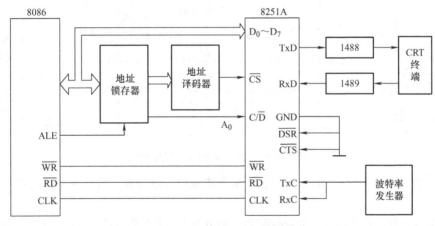

图 10-20 8251A 与 CRT 终端接口

控制程序如下：

```
DATA   SEGMENT
    DISPBUF     DB      "OK"                ;字符
    COUNT       DB      $ - DISPBUF
DATA        ENDS
CODE        SEGMENT
  ASSUME   CS:CODE,DS:DATA
  MAIN：MOV    AX,DATA
        MOV    DS,AX
        MOV    DX,301H                     ;8251A 控制口地址
        MOV    AL,01011110B                ;工作方式选择字
```

```
          OUT     DX,AL
          MOV     AL,00110011B          ;操作命令字
          OUT     DX,AL
          MOV     BX,OFFSET  DISPBUF    ;显示缓冲取首址
          MOV     CX,COUNT
WAIT:     MOV     DX,301H               ;8251A 状态口地址
          IN      AL,DX
          TEST    AL,80H                ;检测DSR是否准备就绪
          JZ      WAIT
          MOV     DX,300H               ;8251A 数据口地址
          MOV     AL,[BX];              ;读取显示字符
          OUT     DX,AL
          INC     BX
          LOOP    WAIT                  ;未发送完毕,则继续发送
          HLT
CODE  ENDS
```

应用3：某微机系统中，8251A 占用的端口地址为 F000H ~ F001H，8253 占用的端口地址为 BF00H ~ BF003H。其中 8253 的 OUT₀ 连接 8251A 的 TxC 和 RxC，提供 8251A 的收发时钟。系统原理图如图 10-21 所示。

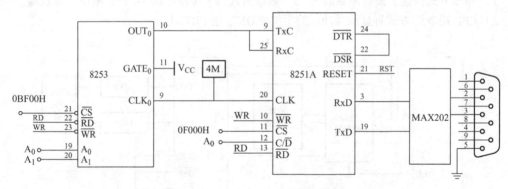

图 10-21　8253、8251A 接线原理图

要求：利用 8251A 与 PC 的串行通信，从微机接收一批数据，接收完毕，再将它们回送给微机。

解：假设系统工作在波特率为 4800bit/s，系数为 16，8 个数据位，1 个停止位，偶校验。

8253 的 CLK_0 为 4MHz，则计数器 0 分频值：$4MHz/(16 \times 4800) = 52$。

8253 的计数器 0：利用方式 3，经 52 分频后，送给 8251A，产生 4800bit/s，控制字设为 37H。

8251A 方式控制字：7EH（系数为 16，8 个数据位，1 个停止位，偶校验）；工作命令字：15H（允许接收和发送，清错误标志）。

控制程序如下：

```
DATA        SEGMENT
CTL_ADDR    EQU    0FF01H    ;控制字或状态字
DATA_ADDR   EQU    0FF00H    ;读/写数据
W_8253_T0   EQU    0BF00H    ;计数器 0 地址
W_8253_C    EQU    0BF03H    ;控制字
```

```
Receive_Buffer    DB              10 DUP(0)            ;接收缓冲器
Send_Buffer       EQU             Receive_Buffer      ;发送缓冲器
DATA        ENDS

CODE              SEGMENT
                  ASSUME  CS:CODE,DS:DATA,ES:DATA
START：           MOV             AX,DATA
                  MOV             DS,AX
                  MOV             ES,AX
                  NOP
                  CALL            INIT_8253           ;8253 初始化
                  CALL            INIT_8251           ;8251 初始化
START1：          MOV             CX,10
                  CALL            Receive_Group       ;接收 10 字符
                  MOV             CX,10
                  CALL            Send_Group          ;向 PC 发送字符串
                  JMP             START1
;8253 初始化：方式 3,BCD 码计数,52 分频
INIT_8253         PROC            NEAR
                  MOV             DX,W_8253_C
                  MOV             AL,37H              ;定时器 0,方式 3 BCD 码
                  OUT             DX,AL
                  MOV             DX,W_8253_T0
                  MOV             AL,52H             ;BCD 码 52(2000000/52)=16×4800
                  OUT             DX,AL
                  MOV             AL,0
                  OUT             DX,AL
                  RET
INIT_8253         ENDP
;8251 初始化：波特率系数为 16,8 个数据位,1 个停止位,偶校验
;           允许接收和发送,清错误标志
INIT_8251P        ROC             NEAR
                  MOV             DX,CTL_ADDR
                  MOV             AL,40H             ;向控制口写入复位字 40H
                  OUT             DX,AL
                  CALL            DLTIME             ;延时
                  MOV             DX,CTL_ADDR
                  MOV             AL,7EH             ;方式控制字
                  OUT             DX,AL
                  CALL            DLTIME             ;延时
                  MOV             AL,15H             ;工作命令字
                  OUT             DX,AL
                  CALL            DLTIME             ;延时
                  RET
INIT_8251         ENDP
;接收一组数据,CX--接收数目
Receive_Group     PROC            NEAR
                  LEA             DI,Receive_Buffer
Receive_Group1：  CALL            Receive_Byte
```

```
                    STOSB
                    LOOP        Receive_Group1
                    RET
Receive_Group       ENDP
;接收一个字节
Receive_Byte        PROC        NEAR
                    MOV         DX,CTL_ADDR
Receive_Byte1:      IN          AL,DX               ;读入状态
                    TEST        AL,2
                    JZ          Receive_Byte1       ;有数据吗？
                    MOV         DX,DATA_ADDR        ;有
                    IN          AL,DX
                    RET
Receive_Byte        ENDP
;发送一组数据,CX--发送数目
Send_Group          PROC        NEAR
                    LEA         SI,Send_Buffer
Send_Group1:        LODSB
                    CALL        SendByte
                    LOOP        Send_Group1
                    RET
Send_Group          ENDP
;发送一个字节
Sendbyte            PROC        NEAR
                    PUSH        AX
                    MOV         DX,CTL_ADDR         ;读入状态
Sendbyte1:          IN          AL,DX
                    TEST        AL,1
                    JZ          Sendbyte1           ;允许数据发送吗？
                    POP         AX                  ;发送
                    MOV         DX,DATA_ADDR
                    OUT         DX,AL
                    RET
Sendbyte            ENDP
;延时
DLTIME              PROC        NEAR
                    MOV         CX,10
                    LOOP        $
                    RET
DLTIME              ENDP
CODE                ENDS
                    END         START
```

10.5 PC 串行口 I/O

微机系统中有两个串行口，即主串口 COM1 和辅助串口 COM2，它们的结构相同。串口适配器组装在一块功能卡上面，多功能卡插在主板插槽中，通过总线与系统连接，对外用 25 芯或 9 芯连接器与另一台微机进行串行连接，串行接口的标准是 RS-232C 接口。

　　系统中可插入两块异步通信适配板，一块叫主板或 0 号板，基地址为 3F8H（端口地址范围为 3F8H ~ 3FFH），使用 IRQ$_4$ 中断请求信号；另一块叫辅板或 1 号板，基地址为 2F8H（端口地址范围为 2F8H ~ 2FFH），使用 IRQ$_3$ 中断请求信号。

　　对 PC 的异步通信编程，用户可不必了解系统的硬件结构。因为系统 DOS 和 BIOS 中已提供了用户异步通信的 I/O 功能程序，只需赋值给 AH 等寄存器，然后用 INT n 软中断指令，即可实现通信功能。

10.5.1　DOS 异步通信 I/O 功能及其调用

　　在 PC 系统中，串口被初始化为波特率为 2400Baud、无奇偶校验、1 个停止符和 8 位数据。

　　INT 21H 的功能 03H 是从串口读取一个字符到寄存器 AL 中；功能 04H 将 DL 寄存器中的字符传送到串口设备，如果串口设备"忙"，则该功能调用等待，直到设备准备好接收字符。参数功能见表 10-3。

表 10-3　DOS 串行通信功能

AH	调 用 参 数	返 回 参 数
3		AL：输入的字符
4	DL：输出的字符	

【例 10-1】　从串行口输入一字符。

```
MOV   AH,3
INT   2H
```

【例 10-2】　将字符串"Hello"输出到串行口。

```
Buffer      DB      'Hello'
N           =       $ – Buffer
            MOV     BX,SEG Buffer
            MOV     DS,BX
            MOV     BX,OFFSET Buffer
            MOV     CX,N
Next：      MOV     DL,[BX]
            MOV     AH,4
            INT     21H
            INC     BX
            LOOP    Next
            HLT
```

10.5.2　BIOS 异步通信 I/O 功能及其调用

　　BIOS 通过 INT 14H 向用户提供了 4 个中断子程序，分别完成串行口初始化编程、发送一帧数据、接收一帧数据及测试通信线路状态的功能。

1. 串行口初始化（AH = 0）

　　入口参数：AH = 0，串行口初始化；AL = 初始化参数，具体定义见表 10-4。

　　出口参数：AH = 通信线路状态寄存器内容，AL = MODEM 状态寄存器内容，具体定义见表 10-5。

表 10-4　INT 14H0 号功能调用时 AL 寄存器中入口参数的定义

D_7	D_6	D_5	D_4	D_3	D_2	D_1	D_0
波特率选择 000：110bit/s 001：150bit/s 010：300bit/s 011：600bit/s 100：1200bit/s 101：2400bit/s 110：4800bit/s 111：9600bit/s			校验选择 x0：无校验 01：奇校验 11：偶校验		停止位选择 0：1 位 1：2 位	数据位选择 10：7 位 11：8 位	

表 10-5　INT 14H 功能调用时 AX 寄存器返回值的定义

AH								AL							
D_7	D_6	D_5	D_4	D_3	D_2	D_1	D_0	D_7	D_6	D_5	D_4	D_3	D_2	D_1	D_0
超时	发送移位寄存器空	发送保持寄存器空	终止传送	帧格式错	奇偶错	重叠接收错	接收数据就绪	线路自检测错	振铃指示	数据终端就绪	清除发送	非线路自检测	非振铃指示	非数据终端就绪	非清除发送

【例 10-3】 要求 0 号通信口，波特率 2400bit/s，字长 8 位，1 位停止位，无校验。

```
MOV      AH,0        ;串行口初始化
MOV      AL,0A3H     ;初始化参数
MOV      DX,0        ;COM1
INT      14H
```

2. 发送一帧数据（AH = 1）

入口参数：AH = 1，发送数据；AL = 待发送的数据。DX = 0，使用主串行口；DX = 1，使用辅助串行口。

出口参数：AH 的 D_7 = 1，表示发送失败；D_7 = 0，表示发送成功。

3. 接收一帧数据（AH = 2）

入口参数：AH = 2，接收数据。DX = 0，使用主串行口；DX = 1，使用辅助串行口。

出口参数：AH 的 D_7 = 1，表示接收失败；D_7 = 0，表示接收成功。

4. 测试通信线路状态（AH = 3）

入口参数：AH = 3，测试通信线路状态。DX = 0，使用主串行口；DX = 1，使用辅助串行口。

出口参数：AH = 通信线路状态寄存器内容；AL = MODEM 状态寄存器内容。AX 寄存器返回值的定义见表 10-5。

【例 10-4】 从通信口读入字符，并把它显示出来，如果字符没有准备好，则等待；如果有错，则显示出错信息"?"。

```
Check:   MOV      AH,3        ;读通信口状态
         MOV      DX,0        ;串行口 COM1
         INT      14H
```

```
        AND         AH,1        ;测试"数据准备好"
        JZ          Check
        MOV         AH,2        ;从串行口读数据
        MOV         DX,0
        INT         14H
        TEST        AH,08H      ;D₇=1:失败,D₇=0:成功
        JNZ         Error
        AND         AL,7FH
        MOV         BX,0
        MOV         AH,0EH      ;显示字符功能
        INT         10H
        JMP         Check
Error：  MOV         AL,'?'
        MOV         BX,0
        MOV         AH,0EH
        INT         10H
        JMP         Check
```

早期的 IBM PC/XT 中 UART 芯片是 8251、8250 等芯片，后续 PC 则采用兼容的 NS16450 和 NS16550。现在 32 位 PC 芯片组中使用的是与 NS16550 兼容的逻辑电路。NS16550 有 16 个字节的 FIFO 发送和接收数据缓冲器，它可以连续发送或接收 16 个字节的数据，NS16550 的数据传输速率可在 50 ~ 115200bit/s 范围内选择。有兴趣的读者可参阅有关资料。

小结

1）串行通信的传输方式有单工、半双工和全双工 3 种。

2）串行通信分为串行异步通信（ASYNC）和串行同步通信（SYNC）。串行异步通信的数据格式由起始位、字符数据、奇偶校验位和停止位组成。串行同步通信的数据格式由同步字符 + 若干数据包组成。

3）典型串行通信接口标准：RS－232C、RS－422、RS－485 等，本章介绍了其各自的特点和应用场合。

4）8251A 内部结构、引脚功能。

5）8251A 通信方式控制字：工作方式、校验方式、数据长度、波特率系数；工作命令控制字：搜索方式、复位、请求发送、错误标志复位、发送中止、接收允许、终端准备好、允许发送。

6）8251A 状态寄存器。

7）DOS 串行通信功能 INT 21H　AH = 3 或 4。

8）BIOS INT 14H 软中断指令：串行口初始化编程、发送一帧数据、接收一帧数据及测试通信线路状态的功能。

习题

10-1　简答题

（1）简述并行通信和串行通信的特点及适用场合？

（2）什么是串行通信？

（3）什么是半双工、全双工？两者区别何在？

（4）串行通信分为哪两类？什么是异步通信？

（5）异步通信和同步通信的区别是什么？

（6）什么是波特率？当波特率为 9600Baud 时，异步通信的数据位为 7 位、2 位停止位时，每秒能传送多少字符？

（7）RS - 232C 是什么含义？它有哪些主要参数？

（8）调制解调器在通信中起什么作用？

（9）为何在 TTL 与 RS - 232C 之间加转换器？

（10）串行异步通信规定传送数据的格式为 1 位起始位、8 位数据位、无校验位、2 位停止位，试画出传送数据 25H 的波形。

（11）一个异步串行发送器，发送 8 位数据位的字符，使用一个奇偶校验位和两个停止位，若每秒发送 100 个字符，则其波特率为多少？

（12）在串行通信中，设异步传送的波特率为 4800Baud，每个数据帧占 10 位，问传输 1MB 的数据需要多少时间？

（13）简述 RS - 485 的特点。

（14）简述 8251A 的主要功能。

（15）简述 8251A 内部包括哪些寄存器，及各位寄存器的功能是什么？

（16）8251A 芯片在通信过程中能自动检测的通信出错有哪几种？

（17）简述 8251A 初始化步骤。

（18）8251A 的方式控制字为 FFH 时表示什么功能？

（19）PC/XT 的 ROM BIOS 中提供了哪些可供用户调用的异步通信 I/O 功能模块？它们的入口条件是什么？

（20）PC 中串行口 COM1 和 COM2 的端口地址分别是多少？

10-2　编程题

（1）8251A 的端口地址分别为 3FBH 和 3FCH，数据格式是 8 位数据位、1 位半停止位、偶校验，编写出设置串行通信数据格式，以及循环自测试的控制程序段。

（2）编制一个发送与接收程序，它能把键入的每一个 ASCII 字符发送出去，并显示在 CRT 上，同时能把接收到的每一个字符也以 ASCII 码形式显示在 CRT 屏幕上。

第 11 章

D/A、A/D转换器的接口设计

学习目的: 由于计算机只能处理数字信号,而在实际测控领域,如温度、压力、湿度等物理量都是随着时间连续变化的模拟信号,计算机无法直接处理。A/D 转换器和 D/A 转换器是测控系统的关键部件,选择符合系统要求的器件并掌握其原理、学会应用是本章的主要目的。通过本章内容的学习,重点掌握典型 D/A 转换芯片 DAC0832、A/D 转换芯片 ADC0809 的工作原理、引脚功能,以及学会利用此类芯片设计相应的硬件,并编写相应的控制程序。

11.1 概述

微型计算机只能识别与加工处理数字量,而在实际的计算机应用系统中,除了数字量以外,还涉及模拟量,如温度、压力、流量、转速等。若要把模拟量的参数输入计算机,则必须先通过各种传感器将非电量变换为电量(电压或电流),并加以放大使之达到某一标准电压值,然后经过 A/D 转换,变为数字量输入计算机,进行存储、运算等操作;反之,若执行机构对象是模拟信号,则必须先把计算机输出的数字量经过 D/A 转换,变成电压或电流模拟信号,才能控制模拟机构。图 11-1 为微机测控系统结构图。

由图 11-1 可以看出系统由两部分组成,一部分是将现场模拟信号变为数字信号送入计算机进行处理的测量系统,另一部分是由 D/A、驱动、执行机构等构成的控制系统。

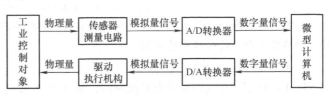

图 11-1 微机测控系统结构图

模拟接口的作用是在计算机与外设之间建立一条信号交换渠道,完成计算机的数字量与外设的模拟量之间的信息交换。它除了 A/D 和 D/A 外,还包括多路开关、采样保持器及其他接口电路。

由于集成电路技术的飞速发展,目前 A/D、D/A 转换器已采用中、大规模集成电路,其性能在不断地改进,正在向标准化、系列化方向发展,且种类繁多。

11.2 D/A 转换器及其接口技术

D/A 转换器(DAC)的作用是将经过 CPU 处理的数字信号转换成执行机构所需的模拟信号。目前 DAC 的种类很多且制造工艺不同,按输入数据字长可分为 8 位、10 位、16 位等;按输出形式可分为电压型和电流型等;按转换速度可分为低速、中速、高速等。不同 DAC 性能差异很大,适用场合也不同。因此在选用 DAC 器件时,必须综合考虑其技术参数。

11.2.1　D/A 转换器的主要性能指标

D/A 转换器的主要性能指标有分辨率、转换精度、建立时间、温度系数、非线性误差等。

1. 分辨率

分辨率是指 D/A 转换器对数字输入量变化，输出模拟电压的敏感程度。分辨率通常用数字量的位数来表示，如 8 位、10 位等，位数越多，分辨率越高。

假设信号的满量程电压为 V_{FS}，那么分辨率为 n 位的转换器，它可以分辨输出最小电压变化单位是 $V_{FS}/(2^n)$。

例如，对于 8 位的转换器，其分辨率为 $1/(2^8) = 1/256$。若其满量程电压 V_{FS} 为 +5V，则 8 位的转换器可分辨的最小电压为 $5V/(2^8) = 19.5mV$，这个值又称为最低有效位 LSB。

2. 转换精度

D/A 的转换精度是指实际输出电压与理想输出电压的偏差，表明 D/A 转换的精确程度，它与 DAC 芯片结构、外部电路配置、电源等因素有关，可用绝对精度和相对精度来表示。

（1）绝对精度

D/A 的绝对精度（绝对误差）指的是在数字输入端加有给定的数值时，在输出端实际测得的模拟输出值（电压或电流）与相应的理想输出值之差。它是由 D/A 的增益误差、零点误差、线性误差和噪声等综合因素引起的，一般采用数字量的最低有效位 $\pm 1/2$LSB 作为衡量单位。

n 位 D/A 的精度为 $\pm 1/2$LSB 指的是最大可能误差为

$$V_E = \pm \frac{1}{2} \times \frac{1}{2^n} V_{FS} = \pm \frac{1}{2^{n+1}} V_{FS} \tag{11-1}$$

（2）相对精度

D/A 的相对精度指的是满量程值校准以后，任何一个数字输入的模拟输出与它的理论输出值之差。对于 D/A 来说，相对精度就是非线性度。一般是以满量程电压（满度值）V_{FS} 的百分数表示。

精度 $\pm 0.1\%$ 指的是最大误差为 V_{FS} 的 $\pm 0.1\%$。例如，满度值为 10V 时，则最大误差为

$$V_E = 10V \times (\pm 0.1\%) = \pm 10mV$$

注意：精度和分辨率是两个截然不同的参数。分辨率取决于转换器的位数，而精度则取决于构成转换器各部件的精度和稳定性。

3. 建立时间

D/A 转换器的建立时间也称转换时间，是对 D/A 转换器转换速度快慢的敏感性能描述指标，即当输入数据发生变化后，输出模拟量达到稳定数值，也即进入规定的精度范围内所需要的时间。规定精度范围一般是指终值的 $\pm 1/2$LSB。

4. 转换速率

转换速率是指完成一次 D/A 转换所需时间的倒数。转换时间越长，转换速率越低。

5. 温度系数

温度系数定义为在满刻度输出的条件下，温度每升高 1℃，输出变化的百分数。通常情况下，D/A 转换器的各项性能指标一般在环境温度为 25℃下测定，当环境温度发生变化时，会对 D/A 转换精度产生影响。

6. 非线性误差

理想情况下 DAC 的转换特性应该是线性的，但实际上是输出特性是非线性的。非线性误差是指实际转换特性曲线与理想转换特性曲线之间的最大偏差。非线性误差越小，说明线性度越好，D/A 转换器输出的模拟量与理想值的偏差就越小。

7. 电源敏感度

电源敏感度反映转换器对电源电压变化的敏感程度。

11.2.2 D/A 转换器的结构及工作原理

1. 结构框图

典型的 D/A 转换器框图如图 11-2 所示，芯片通常由多路模拟开关、电阻网络和运算放大器等组成，其中电阻网络是 D/A 转换器的核心部件。电阻网络通常有加权电阻网络、"T"形电阻网络和开关树电阻解码网络等。

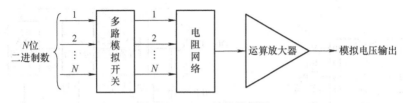

图 11-2　D/A 转换器框图

2. D/A 转换的工作原理

D/A 转换的基本原理是利用电阻网络，将 N 位二进制数逐位转换成模拟量并求和，从而实现将数字量转化为模拟量。"T"形电阻网络 D/A 转换器由于集成工艺生产较容易，精度也容易保证，因此应用非常广泛。图 11-3 为"T"形电阻网络转换原理图。

T形电阻网络中电阻只有两种：R 和 $2R$。各节点电阻都接成 T 形，故称 T 形电阻解码网络。电子开关受输入数字量的数字代码所控制。对于理想运算放大器，代码为 0 时，开关接地；代码为 1 时，开关接运算放大器虚地点。

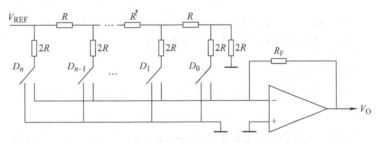

图 11-3　"T"形电阻网络转换原理图

不论开关接哪边，流过开关的各支路的电流是相同的。

假设 $R_F = R$，则输出电压为

$$V_o = -V_{REF} \times D/2^n \tag{11-2}$$

式中，D 为待转换的二进制数字量，V_{REF} 为基准电压。

11.2.3 DAC0832 D/A 转换器

DAC0832 是 CMOS 型 8 位电流输出型 D/A 转换器，采用"T"形电阻网络，具有两个输入数据寄存器，它可以与各种 CPU 相接口。

1. 主要特性

1）分辨率为 8 位 D/A 转换器。

2）电流输出型。

3）数字量输入有双缓冲、单缓冲或直通 3 种方式。

4）转换时间（建立时间）为 1μs。

5）满量程误差为 ±1 LSB。

6）增益温度系数为 $20 \times 10^{-6}/℃$。

7）基准电压 ±10V。

8）单电源 +5 ~ +15V。

9）功耗 20mW。

2. 内部结构及引脚信号

DAC0832 是 20 引脚双列直插式芯片，引脚信号如图 11-4 所示。

DAC0832 内部由两级缓冲寄存器（一个输入寄存器和一个 DAC 寄存器）、一个 D/A 转换器及转换控制电路组成，如图 11-5 所示。

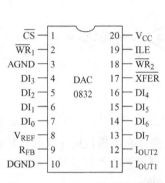

图 11-4　DAC0832 的引脚信号　　　　图 11-5　DAC0832 的内部结构

$DI_7 \sim DI_0$：8 位数字量输入引脚，与 CPU 数据总线相连。

ILE：输入锁存允许信号，高电平有效。

$\overline{CS}$：片选信号，低电平有效。

$\overline{WR_1}$：写信号 1，它作为输入寄存器的写选通信号（锁存信号）将输入数据锁入 8 位输入锁存器。

对于输入寄存器，$\overline{WR_1}$ 必须与 $\overline{CS}$、ILE 同时有效（ILE 为高电平，$\overline{CS}$ 和 $\overline{WR_1}$ 同为低电平时），LE_1 变为高电平，这时输入寄存器的输出随输入而变化（输入不锁存、直通状态）；当 $\overline{WR_1}$ 变为高电平时，LE_1 变为低电平，输入数据被锁存在输入寄存器中，输入寄存器的输入不再随外部数据的变化而变化。

$\overline{XFER}$：数据传送控制信号，低电平有效。

$\overline{WR_2}$：写信号 2，即 DAC 寄存器的写选通信号。

对于 DAC 寄存器，其锁存信号 LE_2 由 $\overline{WR_2}$ 和 $\overline{XFER}$ 的组合产生。当 $\overline{WR_2}$ 和 $\overline{XFER}$ 同为低电平时，LE_2 为高电平，DAC 寄存器的输出随它的输入（输入寄存器输出）而变化；当 $\overline{WR_2}$ 或 $\overline{XFER}$ 由低变高时，LE_2 变为低电平，将输入寄存器的数据锁存在 DAC 寄存器中。

I_{OUT1}：模拟电流输出 1，它是逻辑电平为 "1" 的各位输出电流之和。当 $DI_7 \sim DI_0$ 各位均为 "1" 时，I_{OUT1} 最大；当 $DI_7 \sim DI_0$ 各位均为 "0" 时，I_{OUT1} 为最小值。

I_{OUT2}：模拟电流输出 2，它是逻辑电平为 "0" 的各位输出电流之和。$I_{OUT1} + I_{OUT2} =$ 常量。

R_{FB}：反馈电阻引脚。反馈电阻在芯片内部，另一端在片内与 I_{OUT1} 相接，内部反馈电阻约 15kΩ。

V_{REF}：参考电压输入引脚，输入电压范围为 -10 ~ +10V。

V_{CC}：芯片的供电电压，范围为 +5～+15V。

AGND：模拟地，芯片模拟电路接地点。

DGND：数字地，芯片数字电路接地点。

3. DAC0832 的工作方式

DAC0832 内部有两个寄存器，即输入寄存器和 DAC 寄存器，在不同信号组合控制下，能实现 3 种工作方式：直通方式、单缓冲方式和双缓冲方式。

1）直通方式：将 ILE 接高电平，$\overline{CS}$、$\overline{XFER}$、$\overline{WR_1}$ 和 $\overline{WR_2}$ 全部接低电平，使内部的两个寄存器都处于直通状态，CPU 送来的数据直接送 DAC 转换器，模拟输出始终跟随输入变化而变化。

2）单缓冲方式：使输入寄存器或 DAC 寄存器二者之一处于直通，这时，CPU 只需一次写入 DAC0832 即开始转换。

例如，将 $\overline{WR_2}$ 和 $\overline{XFER}$ 接地，使 DAC 寄存器处于直通方式；另外把 ILE 接高电平，$\overline{CS}$ 接端口地址译码信号，$\overline{WR_1}$ 接系统总线的 $\overline{IOW}$ 信号，这样，当 CPU 执行一条 OUT 指令时，选中该端口，使 $\overline{CS}$ 和 $\overline{WR_1}$ 有效，便可以启动 D/A 转换。

3）双缓冲方式：数据经过双重缓冲后再送入 DAC 转换电路，执行两次写操作才能完成一次 D/A 转换。

转换要有两个步骤：当 $\overline{CS}=0$、$\overline{WR_1}=0$、$ILE=1$ 时，输入寄存器输出随输入而变，$\overline{WR_1}$ 由低电平变高电平时，将数据锁入输入寄存器；当 $\overline{XFER}=0$、$\overline{WR_2}=0$ 时，DAC 寄存器输出随输入而变，而在 $\overline{WR_2}$ 由低电平变高电平时，将输入寄存器的内容锁入 DAC 寄存器，并实现 D/A 转换。

双缓冲方式的优点是数据接收和 D/A 启动转换可以异步进行，即在 D/A 转换的同时，可以接收下一个数据，提高了转换的速率。此外，它特别适用于要求同时输出多个模拟量的场合——分时写入、同步启动转换。

4. DAC0832 的输出

DAC0832 是电流输出型 DAC，需要外接运算放大器将输出电流转换成输出电压。其输出可分为单极性输出和双极性输出两种。

1）单极性输出：图 11-6 为 DAC0832 实现单极性电压输出的连接示意图。

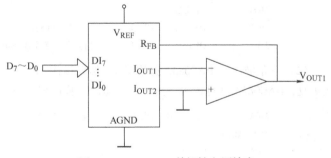

图 11-6　DAC0832 单极性电压输出

输出电压为

$$V_{OUT} = -I_{OUT}R_{FB} = -\left(\frac{V_{REF}}{R_{FB}}\right)\left(\frac{D}{2^8}\right)R_{FB} = -\frac{D}{2^8}V_{REF} \tag{11-3}$$

假设 $V_{REF} = -5V$，要求输出电压为 2.5V，代入式（11-3），则所得 $D = 2.5 \times 2^8/5 = 128$，即输出数字量 80H 时，图 11-6 的 V_{OUT1} 即能得到 2.5V 的模拟电压信号。

2）双极性输出：图 11-7 为 DAC0832 实现双极性电压输出的连接示意图。

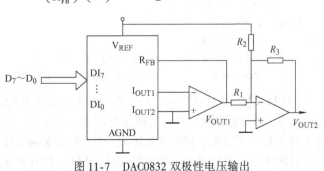

图 11-7　DAC0832 双极性电压输出

选择 $R_2 = R_3 = 2R_1$，则输出电压为

$$V_{OUT2} = -(2V_{OUT1} + V_{REF}) = \left[2\left(-\frac{D}{256}\right)V_{REF} + V_{REF}\right] = \left(\frac{D-128}{128}\right)V_{REF} \qquad (11\text{-}4)$$

5. DAC0832 与 CPU 的连接及其应用举例

由于 DAC0832 内部有数据锁存器，无需外加锁存缓冲器，可以直接与 CPU 数据总线相连。只需外加地址译码器给出片选信号，$\overline{IOW}$ 直接控制 $\overline{WR_1}$ 和 $\overline{WR_2}$ 等即可。CPU 只要执行输出指令 OUT，即可把累加器中的数据送入 DAC0832 完成 D/A 转换。DAC0832 与 CPU 的连接如图 11-8 所示。

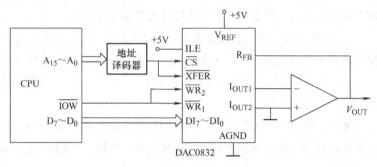

图 11-8　DAC0832 与 CPU 的接口电路

【例 11-1】　如图 11-8 所示电路，利用 D/A 转换器来构造波形发生器，设定地址译码输出端口为 220H。

（1）矩形波。分别向 DAC0832 写入 0 和 255，依次重复处理，DAC0832 就可输出矩形波。矩形波的程序段如下：

```
        MOV      DX,220H     ;设定地址译码输出端口
OUT0:   MOV      AL,00
        OUT      DX,AL       ;向 D/A 转换器送数据 0
        MOV      AL,255
        OUT      DX,AL       ;向 D/A 转换器送数据 FFH
        JMP      OUT0        ;重复上述的过程,形成多个矩形波
```

（2）三角波。给 DAC0832 送数据 0，然后逐次加 1 直到 255，接着将 255 逐次减 1 到 0，依次重复，DAC0832 就可输出三角波。三角波的程序段如下：

```
        MOV      DX,220H      ;设定地址译码输出端口
OUT0:   MOV AL,00
        MOV      CX,255
OUT1:   OUT DX,AL            ;向 D/A 转换器送数据 0
        INC AL
        LOOP OUT1            ;循环形成上升斜坡
        MOV  CX,255
OUT2:   DEC  AL
        OUT  DX,AL
        LOOP  OUT2           ;循环形成下降斜坡
        JMP  OUT0            ;重复上述过程,形成多个三角波
```

【例 11-2】　图 11-9 所示电路，两个 DAC0832 芯片的输入寄存器分别占用一个端口地址，便于分别写入各自的数据。两片芯片的 DAC 寄存器共用一个地址，以确保可同时打开。数据同时送入两个 D/A 转换器，同时开始转换，两个模拟量同步转换、输出。

设两片 DAC0832 的输入寄存器地址分别为 3F0H 和 3F1H，两片 DAC0832 的 DAC 寄存器地

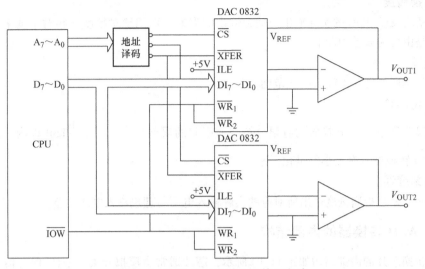

图 11-9　两片 DAC0832CPU 接口电路

址均为 3F2H，要求将内存 X 和 Y 两个单元的数据同时转换成模拟量，分别通过 V_{OUT1} 和 V_{OUT2} 输出。控制程序如下：

```
MOV    DX,3F0H    ;第一片 0832 输入寄存器地址
MOV    AL,X       ;X 单元数据送入 AL
OUT    DX,AL      ;数据输出到第一片 0832 输入寄存器
MOV    DX,3F1H    ;第二片 0832 输入寄存器地址
MOV    AL,Y       ;取 Y 单元数据到 AL
OUT    DX,AL      ;将第二个数据输出到第二片 0832 输入寄存器
MOV    DX,3F2H    ;DX 为两片 0832 的 DAC 寄存器地址
OUT    DX,AL      ;同时打开两片 0832 的 DAC 寄存器,数据同时开始转换
```

11.3　A/D 转换器及其接口技术

A/D 转换器（ADC）的任务是将连续变化的模拟信号转换为离散的数字信号，以便于数字系统进行处理、存储、控制和显示。模拟信号一般来源于各类传感器，通过将传感器输出的信号经放大电路、滤波电路等处理，使之符合 A/D 转换器的输入电压要求。

11.3.1　A/D 转换器的主要性能指标

A/D 转换器的主要性能指标有分辨率、转换时间、转换精度、量程、量化误差、满刻度误差等。

1. 分辨率

分辨率指 A/D 转换器能分辨的最小模拟输入量，通常用转换后的数字量的位数来表示。对于一个实现 n 位二进制转换的 ADC 来说，它的分辨率为 $1/2^n$。

例如，假设输入电压为 10V，则 ADC 能分辨出的模拟电压最小变化值是 $10V/2^{10} = 9.8mV$。

2. 转换时间

转换时间是用来完成一次 A/D 转换所需要的时间。转换时间的倒数称为转换速率。转换时间越短，则转换速率就越快。不同 ADC 的转换时间差别较大，从 μs 级到 ms 级不等。

3. 转换精度

转换精度反映 ADC 的实际输出与理想输出的误差，可用绝对精度和相对精度来表示。转换精度实际是由各种误差引起的。

4. 量程

量程是指所能转换的输入电压范围。

5. 量化误差

量化误差是由 A/D 转换器的有限分辨率而引起的误差，一般在 $\pm \frac{1}{2}$LSB 以内。因此，分辨率高的 A/D 转换器具有较小的量化误差。

6. 满刻度误差

满刻度误差是指满刻度输出所对应的实际输入电压与理想输入电压之差。

11.3.2 A/D 转换器的内部结构

A/D 转换芯片的内部结构如图 11-10 所示，芯片通常由模拟开关、采样/保持器、A/D 转换电路、控制逻辑电路及数字输出接口等构成。

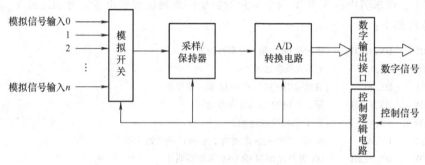

图 11-10 A/D 转换器的内部结构

模拟量转换成数字量，通常要经历采样、量化和编码 3 个步骤。

1. 采样

采样过程是通过模拟开关，将时间连续的信号变成时间不连续的模拟信号的过程。模拟开关每隔一定的时间采样一次，形成一系列的脉冲信号，即为采样信号。

根据香农采样定理，如果采样频率 f 不小于模拟信号 $f(t)$ 的最高频率 f_{max} 的 2 倍（$f \geq 2f_{max}$），则采样信号 $f(KT)$ 包含了 $f(t)$ 的全部信息，通过 $f(KT)$ 可以不失真地恢复 $f(t)$。在实际应用中常取 $f = (5 \sim 10)f_{max}$。

2. 量化

量化过程即进行 A/D 转换的过程，即将采样后的模拟信号转换成数字量的过程。

3. 编码

将量化后的值进行二进制编码。对相同范围的模拟量，编码位数越多，则量化误差越小。

11.3.3 A/D 转换器的工作原理

A/D 转换器种类繁多，分类方法不一。A/D 转换器常用方式有计数式、并行式、双积分式、逐次逼近式等。其中，逐次逼近式精度和速度均较高，价格适中；并行式速度最高，但价格也较高；双积分式精度高，抗干扰能力强，价格低，但速度较慢；计数式精度高，但速度最慢。下面以种类最多、应用最广泛的逐次逼近式 A/D 转换器为例，说明 A/D 转换的工作过程。

图 11-11 给出了 4 位的逐次逼近式 A/D 转换器的逻辑框图。工作时，启动信号 START 使数据发生器开始工作，数据发生器在时钟脉冲的作用下，首先将数据寄存器的最高位置"1"（$D_3 = 1$，$D_2 = 0$，$D_1 = 0$，$D_0 = 0$），数据寄存器的输出经过电阻开关网络，转换成相应大小的电压 V_R。V_R 与模拟量输入电压 V_{IN} 经过比较器比较，若 $V_{IN} > V_R$，说明数据还不够大，该位的"1"应该保留（$D_3 = 1$）；反之，若 $V_{IN} < V_R$，说明数据

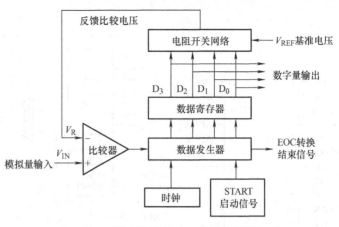

图 11-11　逐次逼近式 A/D 转换器逻辑框图

过大，该位的"1"应该去掉（$D_3 = 0$）。最高位 D_3 转换完毕，接着再使数据寄存器的次高位置"1"（$D_2 = 1$），并经电阻开关网络转换成相应大小的 V_R，再次与 V_{IN} 经过比较器比较。同样，若 $V_{IN} > V_R$，该位的"1"应该保留（$D_2 = 1$）；反之，若 $V_{IN} < V_R$，该位的"1"应该去掉（$D_2 = 0$）。如此这样，一直到最低位为止。数据寄存器中最终保留的数据就是转换结果。转换结束时，A/D 转换器给出转换结束信号 EOC。

对于 n 位逐次逼近式 A/D 转换器，要比较 n 次才能完成一次转换。因此，逐次逼近式 A/D 转换器转换时间取决于位数和时钟周期。

11.3.4　ADC0809 A/D 转换器

ADC0809 是 CMOS 型的 8 位逐次逼近 A/D 转换器，片内有 8 路模拟开关，可控制选择 8 个模拟量中的一个，输出的数字信号由 TTL 三态缓冲器控制，可直接挂到数据总线上。

1. 主要特性

1）分辨率为 8 位。

2）转换时间为 $100\mu s$。

3）单一 +5V 供电。

4）有 8 路模拟输入通道。

5）数据有三态输出能力。

6）功耗为 15mW。

7）转换时钟 $\leqslant 640kHz$。

8）工作温度范围为 $-40 \sim +85℃$。

2. 内部结构及引脚信号

ADC0809 是 28 引脚双列直插式芯片，引脚信号如图 11-12 所示。

ADC0809 内部由 8 路通道选择开关、地址锁存与译码、定时与控制单元、逐次逼近寄存器、树状开关和输出锁存缓冲器等组成，如图 11-13 所示

$D_7 \sim D_0$：8 位数字量输出引脚。

$IN_7 \sim IN_0$：8 路模拟电压输入引脚。

ADDC、ADDB、ADDA：地址输入引脚。地址与输入通道的选择关系见表 11-1。

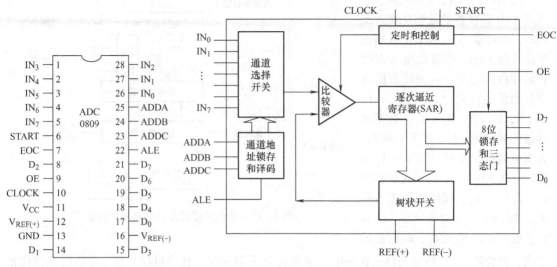

图 11-12　ADC0809 引脚信号　　　　　图 11-13　ADC0809 内部结构

表 11-1　ADC0809 地址与输入通道关系

地址选择信号状态			所选择的通道	地址选择信号状态			所选择的通道
ADDC	ADDB	ADDA		ADDC	ADDB	ADDA	
0	0	0	IN_0	1	0	0	IN_4
0	0	1	IN_1	1	0	1	IN_5
0	1	0	IN_2	1	1	0	IN_6
0	1	1	IN_3	1	1	1	IN_7

START：启动 ADC 的控制信号，其上升沿时清除 A/D 内部寄存器，其下降沿启动内部控制逻辑，开始 A/D 转换。

ALE：地址锁存允许控制信号，高电平有效。ALE 有效时，ADDC、ADDB、ADDA 才能控制选择 8 路模拟输入中的某一通道。通常将 START 和 ALE 两个引脚连在一起。

EOC：转换结束状态信号，高电平有效。

OE：数据输出允许信号，高电平有效。只有 OE 信号有效时，才能打开输出三态缓冲器，将转换结果送到数据总线，供 CPU 读取。

CLOCK：时钟信号，典型值为 640 kHz。

V_{CC}：+5V 电源。

GND：接地端。

$V_{REF(+)}$：参考电压 + 输入引脚。

$V_{REF(-)}$：参考电压 – 输入引脚。

3. ADC0809 时序

ADC0809 的工作时序如图 11-14 所示。

由时序图可以看出 ADC 0809 的控制过程如下：

1）由 CPU 首先把 3 位通道地址信号送到 ADDC、ADDB、ADDA 上，选择模拟输入通道；在通道地址信号有效期间，由 ALE 引脚上的一个脉冲上升沿信号将输入的 3 位通道地址锁存到内部地址锁存器。

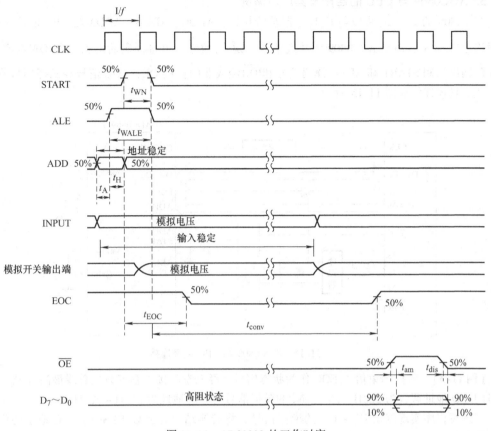

图 11-14　ADC0809 的工作时序

2）START 引脚上的上升沿脉冲清除 ADC 寄存器的内容，被选通的输入信号在 START 的下降沿到来时就开始 A/D 转换。

3）转换期间，EOC 引脚输出低电平；一旦 A/D 转换结束，EOC 又重新变为高电平，表示转换结束。

4）当 CPU 检测到 EOC 变为高电平后，则执行 IN 指令输出一个正脉冲到 OE 端，由它打开三态门，将转换的结果读入到 CPU。

4. 转换结束信号 EOC 和数据的读取

当 ADC0809 在转换过程中，EOC 一直维持在低电平状态；当 A/D 转换结束后，EOC 变成高电平。CPU 可以根据 EOC 信号电平，查询判断 A/D 是否转换完毕，读取转换结果。

1）延时方式：CPU 启动 A/D 转换后，延时一段时间（时间要大于 A/D 转换时间，保证读取时转换已经结束），直接读取转换结果。这种方式优点是不使用转换结束信号 EOC，无须硬件连线；缺点是延时程序占用大量机时，实时性不高。

2）查询方式：把转换结束信号 EOC 作为状态信号，CPU 启动 ADC0809 开始转换后，就不断地查询这个状态位，当 EOC 有效时，便读取转换结果。这种方式程序设计比较简单，缺点是CPU 不断查询状态，效率不高。

3）中断方式：将转换结束信号 EOC 作为中断请求信号接到 CPU 的中断请求线上，ADC0809 转换结束，EOC 向 CPU 申请中断，CPU 响应中断请求后，在中断服务程序中读取转换结果。这种方式 ADC0809 与 CPU 并行工作，实时性较强，缺点是需占用中断系统。

5. ADC0809 与 CPU 的连接及其应用举例

ADC0809 的 $D_7 \sim D_0$ 可以与 CPU 数据总线相连；ADDC、ADDB、ADDA 与 CPU 地址线相连，一般连至 $A_2 \sim A_0$；由于 ADC0809 无片选信号、读/写信号，可将译码后的信号和 $\overline{IOW}$ 送或非门，或非门输出控制 START 和 ALE；译码信号和 $\overline{IOR}$ 经或非门控制 OE；EOC 信号经三态门接到某一数据线。具体连线如图 11-15 所示。

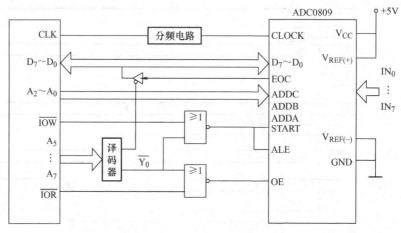

图 11-15　ADC0809 与 CPU 直接连接

【例 11-3】　转换结束信号 EOC 作为状态信号，经三态门接入系统数据总线最高位 D_0，状态端口的 I/O 地址假设为 228H，$IN_0 \sim IN_7$ 的模拟信号对应的地址为 220H ~ 227H。

试编写程序实现测量 $IN_0 \sim IN_7$ 的模拟信号，将转换结果存入以 RESULT 为首地址的内存单元。程序如下：

```
R0809:  MOV   BX,OFFSET RESULT  ; BX 地址指针，指向 RESULT 存储单元
        MOV   DX, 220H          ; 通道 IN0 地址
Read：  OUT   DX, AL            ; 启动 A/D 转换
        PUSH  DX                ; 保存通道地址
        NOP
        MOV   DX, 228H          ; 状态端口地址
WAIT：  IN    AL, DX            ; 读取状态数据
        TEST  AL, 01H           ; 测试转换结束信号 EOC
        JZ    WAIT              ; 转换未结束，返回等待
        POP   DX                ; 恢复保存的通道地址
        IN    AL,DX             ; 读取转换结果
        MOV   [BX], AL          ; 存入 BUFER 内存单元
        INC   BX                ; 修改存储单元指针
        INC   DX                ; 修改通道地址
        CMP DX, 228H            ; 判断 8 个通道是否均采样完毕
        JNZ Read               ; 未完，继续启动下一个通道
        HLT                     ; 暂停
```

目前生产 A/D、D/A 转换器的公司有很多，如 MAXIM、ANALOG 等，每个公司都有自己众多的产品系列，精度有 8 位、10 位、12 位、16 位，甚至 24 位，速度有低速、中等、高速等，产品各具特色，可以满足用户的不同需要。随着技术的发展，现在许多微处理器内部都集成了 A/D 和 D/A 部件，用户不再需要外扩即可进行 A/D 和 D/A 转换，使用更加方便。

11.4　多路模拟开关及采样/保持器

11.4.1　多路模拟开关

在模拟信号采集系统中，被采集的信号不止一路，而 CPU 在任意时刻只能读取一路信号。利用多路模拟开关，将各路模拟量轮流与 A/D 转换器接通。这样使用一片 A/D 转换器就可完成多个模拟输入信号的依次转换，从而节省了硬件电路。

多路模拟开关一般具有以下要求：

1）导通静态电阻不宜太大。

2）开路静态电阻无穷大。

3）切换速度越快越好。

常用的多路模拟开关有 CD4051、CD4052、CD4053 等。

11.4.2　采样/保持器

由于 A/D 转换器进行 A/D 转换需要一定时间，而模拟信号是动态变化的，如果在转换期间，被测量电压信号变化很大，就可能引起转换结果产生误差。为了保证 A/D 转换的精度，则希望在转换时间内，模拟电压信号保持不变。

采样/保持器包括采样和保持两种状态：当采样时，能够跟踪输入的模拟信号；转入保持时，电路输出保持采样结束瞬间的模拟信号电平，直到下次采样状态。采样/保持电路的基本组成如图 11-16 所示。采样/保持电路一般由保持电容 C、运算放大器 A1、A2 以及控制开关 S 等组成。

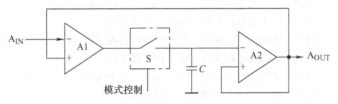

图 11-16　采样/保持电路的基本组成

采样/保持电路分两个阶段，一是采样阶段，一是保持阶段。在采样阶段，开关 S 闭合，输入运算器 A1 通过闭合的开关 S 给保持电容 C 快速充电，使采样/保持电路的输出跟随模拟量输入电压变化。在保持阶段，控制信号使开关 S 断开，输出运算器 A2 的输入阻抗高，电容将保持充电时的最高值，即保持命令发出时刻的模拟量输入值。

采样/保持电路的主要参数：

1）孔径时间（T_{AP}）：从发出保持命令到开关完全打开所需要的时间。

2）捕捉时间（T_{AC}）：从开始采样到采样/保持电路的输出达到当前输入模拟信号的值所需要的时间。

3）保持电压下降：在保持状态下，由于运算放大器、电容自身的漏电等而引起的保持电压的下降。

常用的采样/保持电路有 LF198、LF398、AD582K、AD583K 等。

小结

1）介绍 A/D、D/A 电路在整个测量系统的作用。

2）D/A 转换器的主要性能指标：分辨率、转换精度、建立时间、温度系数、非线性误差。

3）电阻网络是 D/A 转换器的核心部件。电阻网络通常有加权电阻网络和"T"形电阻网络等。

4）DAC0832 是 CMOS 型 8 位电流输出型 D/A 转换器，具有两个输入数据寄存器，可以与各种 CPU 相接口。

5）DAC0832 能实现 3 种工作方式：单缓冲方式、双缓冲方式和直通方式。

6）通过举例说明 DAC0832 与 CPU 的连接方法和编程控制方法。

7）A/D 转换器的主要性能指标有分辨率、转换时间、转换精度、量化误差、满刻度误差等。

8）A/D 转换器常用方式有计数式、并行式、双积分式、逐次逼近式等，逐次逼近式 A/D 转换器应用最广泛。

9）ADC0809 是 CMOS 型的 8 位逐次逼近式 A/D 转换器，片内有 8 路模拟开关，可控制选择 8 个模拟量中的一个，输出的数字信号由 TTL 三态缓冲器控制。

10）转换结束信号 EOC 和数据的读取：延时方式、查询方式、中断方式。

11）举例说明了 ADC0809 与 CPU 的连接及其应用方法。

12）多路模拟开关及采样/保持器。

习题

11-1 什么是 D/A 转换器？什么是 A/D 转换器？

11-2 D/A 转换器的性能指标主要有哪些？

11-3 DAC0832 转换器有哪些特点？其内部结构由哪几部分组成？

11-4 DAC0832 转换器有哪 3 种工作方式？

11-5 试利用 DAC0832 设计一电路，实现输出三角波信号。

11-6 简述 A/D 转换器的主要性能指标。

11-7 一个满刻度电压为 5V 的 10 位 A/D 转换器，能够分辨出的输入电压变化的最小值是多少？

11-8 ADC0809 转换器有哪些特点？其内部结构由哪几部分组成？

11-9 ADC0809 中的转换结束信号（EOC）起什么作用？

11-10 如果 ADC 0809 与微机接口采用中断方式，试问 EOC 应如何与微处理器连接？

11-11 采样/保持电路能实现哪些功能？

第 **12** 章

直接存储器存取

学习目的：直接存储器存取（DMA）是微机系统中一种重要的数据传送方式。本章主要讲述其工作原理及过程，并例举了典型 DMA 控制器芯片 8327A，详细阐述了 DMA 控制器的特征及其应用。通过本章学习让读者系统地掌握 DMA 这种技术，更全面地理解微机系统的工作过程。

12.1 DMA 的工作原理及过程

直接存储器存取（Direct Memory Access，DMA）又称直接数据通道传送，是一种具有良好效率的数据传送方式。这种方式下，是主机的存储器与外设之间直接地进行数据传送，不用通过 CPU 来控制，传送过程是由一个专门的电路——DMA 控制器（DMAC）来控制完成的。例如，Intel 公司的 8257、8237，Zilog 公司的 28410，Motorola 公司的 MC6844 等。DMA 传送与其他传送方式有很大的不同，这种传送方式是由专门的硬件电路代替软件来更好地实现数据传送的，适用于大批量数据传送。微机中的硬盘、软盘与内存之间的数据传送都采用的是 DMA 传送。

12.1.1 DMA 的工作原理

DMA 的传送主要有 3 种：RAM→I/O 端口的 DMA 读传送；I/O 端口→RAM 的 DMA 写传送；RAM→RAM 的存储单元传送。

DMA 传送不经过 CPU，不破坏 CPU 内各寄存器的内容，直接实现存储器与 I/O 设备之间的数据传送。在 IBM PC 系统中，DMA 方式传送一个字节的时间通常是一个总线周期，即 5 个时钟周期。CPU 内部的指令操作只是暂停这个总线周期，然后继续操作，指令的操作次序不会被破坏。所以 DMA 传送方式特别适合用于外部设备与存储器之间高速成批的数据传送。图 12-1 为实现 DMA 传送的基本原理图。图中以系统总线为界，左侧位于主机板内，其中有 DMA 控制器；右侧有存储器（部分存储器在主机板内）、外设和外设接口，它们通过 I/O 插槽与系统总线相接。

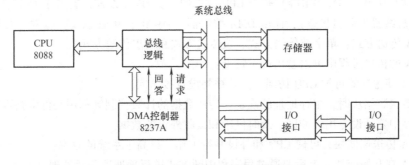

图 12-1 DMA 传送的基本原理图

12.1.2　DMA 的工作过程

DMA 传送过程如图 12-2 所示。图中，CPU 和 DMAC 这两个器件都可以控制系统总线，即 CPU 和 DMAC 均可以向地址总线、数据总线和控制总线发送信息，但是，同一时间，系统总线只能受一个器件控制。当 CPU 控制总线时，DMAC 必须与总线脱离；而当 DMAC 控制总线时，CPU 必须与总线脱离。因此 CPU 与 DMAC 之间必须有联络信号。

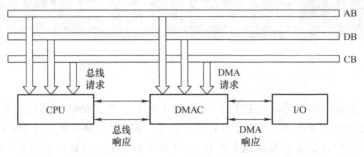

图 12-2　DMA 的传送过程

DMA 传送的工作过程如下：

1）I/O 端口向 DMA 控制器发出 DMA 请求，请求数据传送。

2）DMA 控制器在接到 I/O 的 DMA 请求后，向 CPU 发出请求 CPU 脱离系统总线的请求信号。

3）CPU 在执行完当前指令的当前总线周期后，向 DMA 控制器发出总线响应信号。

4）随后 CPU 和系统的 3 个总线脱离关系，处于等待状态，由 DMA 控制器接管这 3 个总线的控制权。

5）DMA 控制器向 I/O 端口发出 DMA 应答信号。

6）DMA 控制器把进行 DMA 传送涉及的 RAM 地址送到地址总线上。如果进行 I/O 端口→RAM 传送，DMAC 向 I/O 端口发出 I/O 读命令，向 RAM 发出存储器写命令；如果进行 RAM→I/O 端口传送，DMAC 向 RAM 发出存储器读命令，向 I/O 端口发出 I/O 写命令，从而完成一个字节的传送。

7）当设定的字节数传送完毕后，DMA 传输过程结束，也可以由来自外部的终止信号迫使传输过程结束。当 DMA 传送结束后，DMA 控制器就将总线请求信号变成无效，并放弃对总线的控制，CPU 检测到总线请求信号无效后，也将总线响应信号变成无效，于是，CPU 重新控制三总线，继续执行被中断的当前指令的其他总线周期。

DMA 用硬件在外设与内存之间直接进行数据交换。通常系统的数据和地址总线以及一些控制信号线（如 IO/$\overline{M}$、$\overline{RD}$、$\overline{WR}$ 等）是由 CPU 管理的，在 DMA 方式，就要求 CPU 让出总线（也就是将这些总线置为高阻状态），而由 DMA 控制器（DMAC）接管总线。通常，大部分 DMA 都有 3 种 DMA 传送方式：单字节传送方式、块传送方式和请求传送方式。

从 DMA 的传送过程中可以看出以下特点：

1）DMA 使主存既可被 CPU 访问，又可被外设直接访问。

2）当传送数据块时，主存地址的确定、传送数据的计数控制等都用硬件电路直接实现。

3）主存中要开设专用缓冲区，及时供给和接收外设的数据。

4）DMA 传送速度快，可使 CPU 和外设并行工作，提高了系统的效率。

5）DMA 在开始前和结束后要通过程序和中断方式进行预处理和后处理。

12.2　DMA 控制器

12.2.1　8237A 的基本结构

8237A 是微型机中实现 DMA 功能的集成电路控制器，即为前面所提到的 DMAC，是具有 4 个可独立编程的 DMA 通道（0 通道、1 通道、2 通道和 3 通道）、使用 +5V 电源、单相时钟的 40 脚双列直插式的大规模集成芯片。经编程初始化后，可控制 1 个通道与 1 个外设以高达 1.6MB/s 的速度直接与存储器传送多达 64KB 的数据块。

1. 8237A 的主要功能

1）有 4 个独立的 DMA 通道，可以连接 4 种不同的外设。

2）每一通道的 DMA 请求都可以分别允许和禁止。

3）每一通道的 DMA 请求有不同的优先权。优先权可以由编程决定是固定的，还是旋转的（或循环的）。

4）每一通道一次传送可达 64KB 的最大长度。不仅可以在存储器与外设之间进行数据传送，也可在存储器的两个区域之间进行传送。

5）8237A 的 DMA 传送一般有 4 种方式：单字节传送方式、数据块传送方式、请求传送方式、级联方式。

每一种方式下，都能接收外设的请求信号 DRQ，向外设发出响应信号 DACK 和向 CPU 发出 DMA 请求信号 HRQ；当接收到 CPU 的响应信号 HLDA 后就可以接管总线，进行 DMA 传送了。每传送一个数据，修改一次地址指针（可由编程规定为增量修改或减量修改），字节数减 1；当规定的传送长度（字节数）减到 0 时，发出 TC 信号，结束 DMA 传送或重新初始化。

6）有一条结束处理的输入信号线 $\overline{EOP}$，低电平有效，允许外界用此输入端来结束 DMA 传送或重新初始化。

7）8237A 可以用级联的方式扩展通道数。

2. 8237A 的内部结构

8237A 的内部编程结构如图 12-3 所示。它主要由以下 3 个部分组成。

（1）DMA 通道

由图 12-3 可看出，8237A 内部包括 4 个独立通道，每个通道包括 4 个 16 位的寄存器，它们是基地址寄存器、现行地址寄存器、基本字节数寄存器和现行字节数计数器，还包括一个 8 位模式寄存器，以及 4 个通道公用的 8 位控制寄存器和状态寄存器。

基地址寄存器用来存放本通道 DMA 传输时的地址初值。在 CPU 编程时，它与当前地址寄存器被同时写入某一地址作为起始地址，或作为末地址。在 8237A 进行 DMA 数据传送的工作过程中，其内容保持不变。现行地址寄存器的值在每次 DMA 传输后自动加 1 或减 1。CPU 可以用输入指令分两次读出现行地址寄存器中的值，每次读 8 位。但基地址寄存器中的值不能读出。当一个通道被置成自动预置模式，一旦现行字节数计数器内容减至 0 时基地址寄存器内容会自动复制到现行地址寄存器中。

基本字节数寄存器用来存放 DMA 传输字节数的初值。它是芯片初始化时由 CPU 写入的，此值也同时被写入现行字节数计数器。在 DMA 传送时，每传送一个字节，现行字节数计数器内容减 1，当减至 0 时，产生 DMA 传输结束信号，在 $\overline{EOP}$ 引脚上输出一个有效脉冲。若通道被置成自动预置模式，基本字节数寄存器内容会自动复制到现行字节数计数器中。现行字节数计数器内容可由 CPU 通过两条输入指令读出。

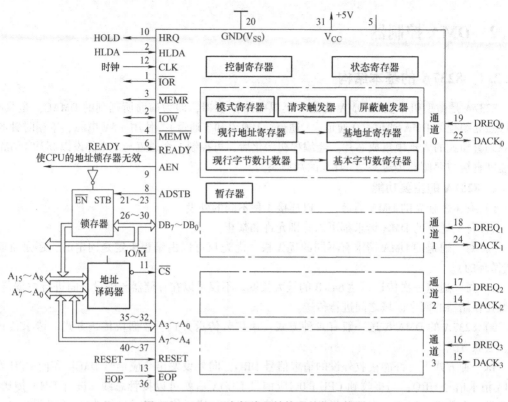

图 12-3   8237A 内部编程结构和外部连接图

（2）读/写逻辑

当 CPU 对 8237A 初始化或对 8237A 寄存器进行读操作时，8237A 就像 I/O 端口一样被操作，读/写逻辑接收 $\overline{IOR}$ 或 $\overline{IOW}$ 信号。当 $\overline{IOR}$ 为低电平时，CPU 可以读取 8237A 的内部寄存器值；当 $\overline{IOW}$ 为低电平时，CPU 可以将数据写入 8237A 的内部寄存器中。

在 DMA 传送期间，系统由 8237A 控制总线。此时，8237A 分两次向地址总线上送出要访问的内存单元 20 位物理地址中的低 16 位，8237A 输出必要的读/写信号，这些信号分别为 I/O 读信号 $\overline{IOR}$、I/O 写信号 $\overline{IOW}$、存储器读信号 $\overline{MEMR}$ 和存储器写信号 $\overline{MEMW}$。

（3）控制逻辑

在 DMA 周期内，控制逻辑通过产生相应的控制信号和 16 位要存取的内存单元地址来控制 DMA 的操作步骤。初始化时，通过对方式寄存器进行编程，使控制逻辑可以对各个通道的操作进行控制。

3. 引脚功能

8237A 是 40 个引脚的双列直插式器件。其引脚功能如下：

CLK：时钟输入端，主要用来控制 8237A 内部操作定时和 DMA 传送速率。8237A 的时钟频率为 4MHz，8237A-5 为 5MHz。

$\overline{CS}$：片选输入端，低电平有效。其有效时，8237A 处于可编程状态。

RESET：复位输入端，高电平有效。芯片复位时，屏蔽寄存器被置 1，其他寄存器均清 0。复位后 8237A 工作在空闲周期，所有控制线为高阻状态，并禁止 4 个通道的 DMA 操作。复位后必须重新初始化，否则无法进入 DMA 操作。

READY：准备就绪信号输入端。当所用的存储器或 I/O 设备的速度比较慢时，设计一个等待电路使 READY 端在 S_3 状态后处于低电平，则 8237A 插入 S_w 状态，直至 READY 线有效（高电平）才进入 S_4 状态完成数据传送。

ADSTB：地址选通输出信号，高电平有效。当此信号有效时，表示 DMA 控制器把当前地址寄存器的高 8 位经数据总线（通过 $DB_0 \sim DB_7$）锁存到外部地址锁存器中。

AEN：地址允许输出信号，高电平有效。AEN 使外部地址锁存器中锁存的高 8 位地址输出到地址总线上，与芯片直接输出的低 8 位地址共同构成内存单元地址的偏移量（低 16 位地址）。

$\overline{MEMR}$：存储器读信号，低电平有效，输出，只用于 DMA 传送。此信号有效时，将所选中的存储器单元的内容读出并送到数据总线上。

$\overline{MEMW}$：存储器写信号，低电平有效，输出，只用于 DMA 传送。此信号有效时，数据总线上的内容被写入选中地址的存储单元。

$\overline{IOR}$：输入/输出设备读信号，低电平有效，双向，三态。当 CPU 控制总线而 DMA 控制器作为从设备时，$\overline{IOR}$ 作为输入控制信号送入 DMA 控制器，此信号有效时，CPU 读取 DMA 控制器中寄存器的值；当 8237DMA 控制器控制总线即 DMA 控制器作为主设备时，$\overline{IOR}$ 作为输出控制信号由 DMA 控制器送出，此信号有效时，I/O 接口部件中的数据被读出送往数据总线。

$\overline{IOW}$：输入/输出设备写信号，低电平有效，双向，三态。和 $\overline{IOR}$ 类似，当 CPU 控制总线而 DMA 控制器作为从设备时，$\overline{IOW}$ 的方向是送入 DMA 控制器，此信号有效时，CPU 往 DMA 控制器的内部寄存器中写入信息，即进行编程；当 8237DMA 控制器控制总线即 DMA 控制器作为主设备时，$\overline{IOW}$ 的方向是由 DMA 控制器送出的，此信号有效时，存储器中读出的数据被写入 I/O 接口中。

$\overline{EOP}$：DMA 传送过程结束信号，双向的，低电平有效。当由外部往 DMA 控制器送一个 $\overline{EOP}$ 信号时，DMA 传送过程被外部强迫性地结束；另一方面，当 DMA 控制器的任一通道中计数结束时，会从 $\overline{EOP}$ 引脚输出一个有效电平，表示 DMA 传送结束信号。不论是内部计数结束引起终止 DMA 过程，还是从外部终止 DMA 过程，都会使 DMA 控制器内部的请求寄存器复位。

DREQ：通道 DMA 请求输入信号，每个通道对应一个 DREQ 信号端，共有 4 个 DREQ 信号即 $DREQ_0 \sim DREQ_3$。DREQ 的极性可通过编程来选择。当外设的 I/O 接口要求 DMA 传输时，便使 DREQ 处于有效电平，直到 DMA 控制器送来 DMA 响应信号 DACK 以后，I/O 接口才能撤除 DREQ 的有效电平。

DACK：DMA 控制器送给 I/O 接口的回答信号，每个通道对应一个 DACK 信号端，共有 4 个 DACK 信号即 $DACK_0 \sim DACK_3$。DMA 控制器获得 CPU 送来的总线允许信号 HLDA 以后，便产生 DACK 信号到达相应的外设接口。DACK 信号的极性也是可以通过编程选择的。

HRQ：8237A 输出给 CPU 的总线请求信号，高电平有效。当外设的 I/O 接口要求 DMA 传输时，往 DMA 控制器发送 DREQ 信号，如果相应通道的屏蔽位为 0，则 DMA 控制器的 HRQ 端输出为有效电平，从而向 CPU 发总线请求。

HLDA：总线响应信号，高电平有效。DMA 控制器向 CPU 发总线请求信号 HRQ 以后，至少再过一个时钟周期，CPU 才能发出总线响应信号 HLDA，这样，DMA 控制器便可获得总线控制权。HLDA 在许多时候也称为总线保持回答信号。

$A_3 \sim A_0$：地址总线低 4 位，它们是双向三态信号端。当 CPU 控制总线而 DMA 控制器作为从设备时，它们作为输入端对 DMA 控制器内部寄存器进行寻址，这样，CPU 可以对 8237A 编程。在 8237A 作为主设备控制总线时，这 4 条线输出要访问的存储单元的最低 4 位地址。

$A_7 \sim A_4$：三态地址单向输出线。在 DMA 传送时输出要访问的存储单元的低 8 地址中的高 4 位。在 8237A 作为从设备时处于高阻状态。

$DB_7 \sim DB_0$：8 位双向三态数据线，与系统总线相连。在 CPU 控制总线而 8237A 作为从设备时，CPU 可通过使$\overline{IOR}$有效，从数据总线上读取 8237A 内部寄存器内容，也可以通过使$\overline{IOW}$有效而从数据总线输出控制字，对 8237A 编程。在 8237A 控制总线即为主设备控制 DMA 传送时，$DB_7 \sim DB_0$输出当前地址寄存器中的高 8 位地址，并通过信号 ADSTB 存入外部锁存器中，这样，和 $A_7 \sim A_0$输出的低 8 位地址构成 16 位地址。

12.2.2　8237A 的工作模式

8237A 在系统中起两种作用：其一是系统总线的主控者，这是它工作的主方式。在它取代 CPU，控制 DMA 传送时，它应提供存储器的地址和必要的读/写控制信号，数据是在 I/O 设备与存储器之间通过数据总线直接通信。另一作用是在成为主控者之前，必须由 CPU 对它编程以确定通道的选择、数据传送的模式、存储器区域首地址、传送的总字节数等。在 DMA 传送之后，也有可能由 CPU 读取 DMA 控制器的状态。这时候 8237A DMA 控制器如同一般 I/O 端口设备一样，是系统总线的从设备。这是 8237A 的从方式。

通常所说的工作模式是指经 CPU 编程后，作为系统总线的主控者所具有的工作模式。8237A 在传送时有 4 种工作模式。

1.　单字节传送方式

单字节传送模式编程是申请一次只传送一个字节。数据传送后字节数计数器自动减 1，地址要相应修改（增量或减量取决于编程）。HRQ 变为无效，释放系统总线。若传送使字节数减为 0，则终结 DMA 传送，或重新初始化。

在这种方式，DREQ 信号必须保持有效，直至 DACK 信号变为有效，但是若 DREQ 有效的时间覆盖了单字节传送所需要的时间，则 8237A 在传送完一个字节后，先释放总线，然后再产生下一个 DREQ，完成下一个字节的传送。

2.　块传送方式

在块传送方式下，8237A 由 DREQ 启动后就连续地传送数据，直至字节数计数器减到 0，产生 TC，或者由外部输入有效的$\overline{EOP}$信号来终止 DMA 传送。

块传送方式中，DREQ 信号只需要维持到 DACK 有效。在数据块传送完后，或是终止操作，或是重新初始化。

3.　请求传送方式

在请求传送方式下，8237A 可以进行连续的数据传送。当出现以下三种情况之一时停止传送：

1）字节数计数器减到 0，产生 TC。

2）由外界送来一个有效的$\overline{EOP}$信号。

3）外界的 DREQ 信号变为无效（外设来的数据已传送完）。

当由于第 3）种情况使传送停下来时，8237A 释放总线，CPU 可以继续操作，而 8237A 的地址和字节数的中间值可以保持在相应通道的现行地址和字节数寄存器中。只要外设准备好了要传送的新的数据，则 DREQ 再次有效就可以使传送继续下去。

4.　级联方式

级联就是将两块或两块以上 8237A 连在一起以扩展通道。第二级的 HRQ 和 HLDA 信号连到第一级的 DREQ 和 DACK 上，如图 12-4 所示。

第二级各个片子的优先权等级与所连的通道相对应。在这种工作情况下，第一级只起优先权的作用，除了由某一个二级的请求向 CPU 输出 HRQ 信号外，并不输出任何其他信号，实际的操作是由第二级的片子来完成的。若有需要还可由第二级扩展到第三级等。

在前三种工作方式下，DMA 传送有三种类型：DMA 读、写和校验。DMA 读传送是把数据由存储器传送至外设，操作时由 $\overline{\text{MEMR}}$ 有效从存储器读出数据，由 $\overline{\text{IOW}}$ 有效把数据传送给外设。

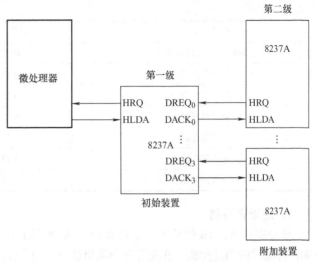

图 12-4　8237A 的级联

DMA 写传送是把由外设输入的数据写至存储器中，操作时由 $\overline{\text{IOR}}$ 信号有效从外设输入数据，由 $\overline{\text{MEMW}}$ 有效把数据写入内存。

校验操作是一种空操作，8237A 本身并不进行任何校验，而只是和 DMA 读或 DMA 写传送一样产生时序、地址信号，但是存储器和 I/O 控制线保持无效，所以并不进行传送，而外设可以利用这样的时序进行校验。

8237A 可以编程工作于存储器到存储器传送这种方式，这时就要用到两个通道。通道 0 的地址寄存器编程为源区地址；通道 1 的地址寄存器编程为目的区地址；字节数寄存器编程为传送的字节数。传送由设置一个通道 0 的软件启动，8237A 正常方式向 CPU 发出 DMA 请求信号 HRQ，待 CPU 用 HLDA 信号响应后传送就可以开始了。每传送一个字节要用 8 个时钟周期：4 个时钟周期以通道 0 为地址从源区读数据送入 8237A 的暂存寄存器，另 4 个时钟周期以通道 1 为地址把暂存寄存器中的数据写入目的区。每传送一个字节，源地址和目的地址都要修改（可增量也可以减量修改），字节数减量。传送一直进行到通道 1 的字节数计数器减到 0，产生 TC 引起在 $\overline{\text{EOP}}$ 端输出一个脉冲，结束 DMA 传送。在存储器到存储器的传送中，也允许外部送来一个 $\overline{\text{EOP}}$ 信号停止 DMA 传送。这种方式用于数据块搜索。

12.2.3　8237A 的内部寄存器

8237A 的内部寄存器分为两类，一类是 4 个通道共用的寄存器，另一类是各个通道专用的寄存器，其类型和数量见表 12-1。

表 12-1　8237A 的内部寄存器

寄 存 器 名	容　　量	数　　量
基地址寄存器	16 位	4
基本字节数寄存器	16 位	4
现行地址寄存器	16 位	4
现行字节数计数器	16 位	4
临时地址寄存器	16 位	1

（续）

寄 存 器 名	容 量	数 量
临时字节数计数器	16 位	1
状态寄存器	8 位	1
控制寄存器	8 位	1
临时寄存器	8 位	1
方式寄存器	6 位	4
屏蔽寄存器	4 位	1
请求寄存器	4 位	1

1. 地址寄存器

地址寄存器由 16 位基地址寄存器和 16 位现行地址寄存器组成。基地址寄存器存放本通道 DMA 传输时的地址初值，在编程时由输出指令 OUT 设置，但不能被 CPU 读取。现行地址寄存器的初值在基地址寄存器初值被写入时一同写入，但每进行一次 DMA 传输后自动进行 +1 或 −1 修正（+1 或 −1 取决于对 DMA 控制器的初始化）。CPU 可以用输入指令 IN 分两次读出现行地址寄存器中的值，每次读 8 位。

2. 字节数计数器

字节数计数器由 16 位基本字节数寄存器和 16 位现行字节数计数器组成，一次 DMA 传送的字节数为 64KB。基本字节数寄存器存放 DMA 传送的字节数初值，编程时由输出指令 OUT 写入。现行字节数计数器的初值在基本字节数寄存器初值被写入时一同写入，每进行一次 DMA 传送后，自动减 1，当其值由 0 减到 FFFFH（−1）时，产生计数结束信号 $\overline{EOP}$。因此，初值应比实际传送的字节数少 1。现行字节数计数器的值可由 CPU 通过两条输入指令 IN 读取，每次读 8 位。

3. 方式寄存器

8237A 的每个通道都有一个方式寄存器来控制其工作方式的选择。4 个通道的方式寄存器共用 1 个 I/O 端口地址。方式寄存器的格式如图 12-5 所示。

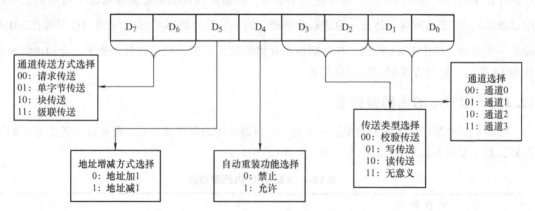

图 12-5　8237A 方式寄存器的格式

1）D_7、D_6 位用于设置工作方式。这两位可用来将每个通道设置为 4 种工作方式中的任一种，D_7、D_6 为 00 时是请求传送，为 01 时是单字节传送，为 10 时是块传送，为 11 时是级联传送。

2）D_5 位地址修正方式。8237A 每传输 1 个字节，都要修正现行地址寄存器的值，D_5 指出传送后现行地址寄存器的内容是 +1 还是 −1。

3）D_4 位自动重装功能选择。D_4 为 1 时，DMA 控制器进行自动预置，即当计数值从 0 减为 FFFFH 时，将基本地址寄存器和基本字节数计数器中的初值重新置入现行地址寄存器和现行字节数计数器中，为下一次 DMA 传送做好准备。如在 IBM PC/XT 中，不断进行动态存储器刷新的 DMA 通道 0 就工作在这种方式下。

4）D_3、D_2 位传送类型的选择。D_3、D_2 位用来设置数据传送类型：写传送、读传送和校验传送。写传送是由 I/O 接口往内存写入数据；读传送是将数据从存储器读出送至 I/O 接口；校验传送用来对读传送或写传送进行检验，并不传送数据，是一种虚拟传送，一般用于器件的测试。

5）D_1、D_0 位通道选择。每个通道都包含一个方式寄存器，但 4 个方式寄存器共占同一个端口地址，D_1、D_0 指明对哪一个通道写方式控制字。

4. 控制寄存器

8237A 控制寄存器又称命令寄存器，其格式如图 12-6 所示。4 个通道共用一个控制寄存器，通过写入的初始化命令字决定 8237A 的整体特性。复位信号有效时可将其清 0。

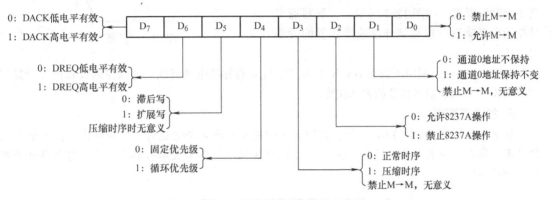

图 12-6　8237A 控制字的格式

1）D_0 位用于控制存储器到存储器的数据传输。D_0 置为 1 时，8237A 执行的是存储器到存储器的数据传输，这样可把一个数据块从内存的一个区域传输到另一个区域中。此时，要占用 DMA 通道 0 和通道 1，其中固定用通道 0 的地址寄存器存放传送数据的源地址，通道 1 的地址寄存器和字节数计数器存放传送数据的目的地址和字节数。

2）D_1 位只在存储器到存储器传输时起控制作用。当 $D_1 = 0$ 时，通道 0 的地址不保持，8237A 完成一个字节的传送，将通道的现行字节数计数器减 1，通道 0 和通道 1 现行地址寄存器的值同时进行修正，进行下一个字节的传送，直到结束传送。当 $D_1 = 1$ 时，通道 0 的地址保持不变，8237A 完成一个字节的传送，传送数据的源地址不进行修正，仅修正目的地址。这样可以将源地址一个单元的内容传送到整个目的存储区。$D_1 = 1$ 这种方式用于将一个目的内存区设置同一个值，如将一块存储区的内容清 0。

3）D_2 位用于启动和停止 8237A 的工作。在 DMA 初始化编程时，应向 DMA 发送命令字 00000100B 禁止 DMA 操作，初始化编程结束后再启动。

4）D_3 位用于选择 DMA 的操作时序。8237A 有正常时序和压缩时序两种工作时序。在正常时序下，每个 DMA 周期包含 5 个时钟周期和可能存在的等待周期。压缩时序就是减少占用的时钟周期数。如果待传送数据的内存地址高 8 位 $A_{15} \sim A_8$ 不变，仅低 8 位地址改变，则传送一个字节的数据占用 2 个时钟周期和可能存在的等待周期；若传送数据内存的地址 $A_{15} \sim A_0$ 都改变，需用 3 个时钟周期和可能存在的等待周期。在系统允许的范围内，为获得较高的传输率，可设置压缩时序传送，这样可形成 2MB/s 的高速传送，从而提高 DMA 传输的数据吞吐量。

压缩时序的工作方式与系统的时钟和 8237A 的时间特征参数有关。如果系统时钟频率很高，选择 DMA 压缩时序传送数据，2 个时钟周期不能满足 8237A 时间特征参数要求，就必须采用正常时序系统中的方式。IBM PC/XT 系统中的 8237A 就是按照正常的方式工作的。

5）D_4 位用于 8237A 各通道 DMA 请求的优先级选择。8237A 有两种优先级管理方式：一种 D_4 位为 0 时是固定优先级，即通道 0 的优先级最高，通道 3 的优先级最低；另一种 D_4 位为 1 时是循环优先级，在这种方式下，刚服务过的通道优先级变为最低，其后的通道优先级变为最高，可保证每个通道有同样的机会得到服务。初始队列仍然是通道 0 的优先级最高，通道 3 的优先级最低。

6）D_5 位滞后写或扩展写信号用于正常时序。滞后写表示读出信号有效之后，产生 1 个时钟周期的 I/O 写 IOW 或存储器写 $\overline{\text{MEMW}}$ 信号。扩展写是在 1 个时钟周期的读出信号有效时就产生 $\overline{\text{IOW}}$ 或 $\overline{\text{MEMW}}$ 信号，即 $\overline{\text{IOW}}$ 或 $\overline{\text{MEMW}}$ 信号提前 1 个时钟周期发出，由原来的 1 个时钟周期扩展到 2 个时钟周期，如图 12-7 所示。扩展写通常是在读出存储器数据写到外设速度较慢的设备时使用。

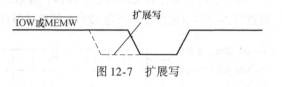

图 12-7　扩展写

7）D_7、D_6 位分别用于确定 DACK 及 DREQ 信号的有效电平极性。这两位的设置由外设接口对 DACK 及 DREQ 信号极性的要求决定。

5. 状态寄存器

状态寄存器格式如图 12-8 所示。它的低 4 位用来指出 4 个通道计数结束状态，为 1 表示计数结束；高 4 位用来表示当前 4 个通道是否有 DMA 请求，为 1 表示有请求。状态寄存器在系统中只能被读取。

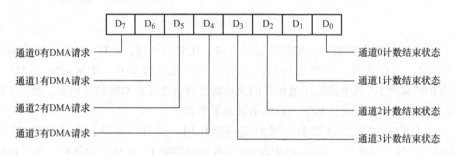

图 12-8　8237A 状态字格式

6. 请求寄存器和屏蔽寄存器

从 8237A 内部结构可知，8237A 每个通道都配备有 1 位的 DMA 请求触发器和 1 位的屏蔽触发器，它们分别用来设置 DMA 请求标志和屏蔽标志。物理上，4 个请求触发器对应 1 个请求寄存器，4 个屏蔽触发器对应 1 个屏蔽寄存器。

每个 DMA 通道都有一个 DREQ 信号端。当外设的 I/O 接口要求进行传输时，使 DREQ 有效，向 DMA 发请求信号。但当 DMA 进行存储器与存储器之间的数据传送时，就需要通过 OUT 指令发请求信号，使通道 0 或通道 1 的请求触发器置 1，开始存储器之间的数据传送。请求触发器得到响应后被清 0。请求寄存器格式如图 12-9a 所示。

DMA 屏蔽标志是通过往屏蔽寄存器中写入屏蔽字来设置的。屏蔽寄存器的格式如图 12-9b 所示。当通过 OUT 指令设置某通道的屏蔽字为 1 时，该通道的 DREQ 请求不会被响应，也不能参加优先权排队。

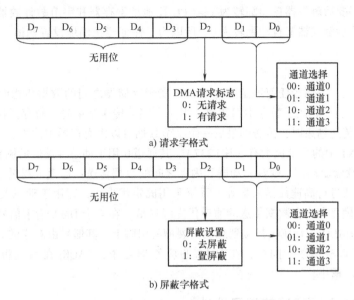

a) 请求字格式

b) 屏蔽字格式

图 12-9　8237A 的请求、屏蔽字格式

7. 综合屏蔽标志寄存器

与屏蔽寄存器不同，综合屏蔽标志寄存器可同时提供对 4 个通道的屏蔽操作。综合屏蔽命令的格式如图 12-10 所示。其中 $D_0 \sim D_3$ 分别对应通道 0 ~ 通道 3 的屏蔽标志。某一位置 1，就设置了该通道的屏蔽位。这样，用综合屏蔽命令可以一次完成对 4 个通道的屏蔽设置。若仅对某一通道置屏蔽字，则应对该通道的屏蔽寄存器写屏蔽字，不应对综合屏蔽寄存器写屏蔽字，否则会影响其他通道的屏蔽状态。

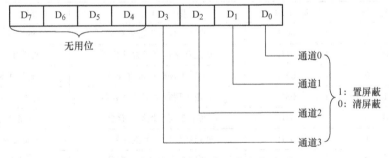

图 12-10　8237A 综合屏蔽字格式

8. 软命令

所谓软命令是指只要对特定地址进行一次写操作，命令就生效，而与送出的具体数据无关。8237A 的软命令共有 3 条。

1）发复位命令：OUT　0DH，AL；0DH 为复位命令的端口地址；

2）清先/后触发器命令：OUT　0CH，AL；0CH 为先/后触发器的端口地址；

3）清屏蔽寄存器命令：OUT　0EH，AL；0EH 为清除屏蔽寄存器的地址。

复位命令也叫综合清除命令，其功能和 RESET 信号相同。先/后触发器用来控制 DMA 通道中地址寄存器和字节数计数器的初值设置。地址寄存器和字节数计数器是 16 位的，而 8237A 的数据总线只有 8 位，所以这些寄存器要通过两次传送才能完成初值设置。先/后触发器就是用来控制两次传送顺序的。对先/后触发器清 0 后，往地址寄存器和字节数计数器输出的数据写入到低 8 位，然后，先/后触发器自动翻转为 1，CPU 往地址寄存器和字节数计数器输出的数据自动写入高 8 位，先/后触发器又自动翻转为 0。所以为了保证能正确地设置初值，应先清除先/后触发器。

9. 暂存器

暂存器为 8 位，不属于任何通道。在 8237A 实现存储器之间的数据传送时（IBM PC/XT 不能工作于这种方式），它用于暂存中间数据。当一个字节传送结束时，暂存器保存的是刚传输的字节。所以，当传送结束时，传送的最后一个字节数据可以由暂存器中读出。

在 IBM PC/XT 中的系统板上有一片 8237A。其通道 0 用于动态存储器的刷新，通道 2 和通道 3 分别用来进行软盘驱动器、硬盘驱动器和内存之间的数据传送；通道 1 提供给用户使用，如用来进行网络通信或进行高速数据采集等。系统采用固定优先级，即用于动态 RAM 刷新的通道 0 的优先级最高，硬盘和内存数据传送的通道优先级最低。在 4 个 DMA 请求信号中，只有 $DREQ_0$ 和系统板相连，$DREQ_1 \sim DREQ_3$ 都接到总线扩展槽的引脚上，其信号由对应的软盘接口板、硬盘接口板和网络接口板提供。同样，在 DMA 的应答信号中，$DACK_0$ 在系统板上，而 $DACK_1 \sim DACK_3$ 在板上扩展槽中。

12.2.4 8237A 各寄存器的端口地址

8237A 有关信号和各种操作命令的对应关系见表 12-2。其中 $A_3 \sim A_0$ 给出了各寄存器对应的端口地址的低 4 位。8237A 规定 CPU 在访问它们时，基本地址寄存器和现行地址寄存器合用一个地址，基本字节数寄存器和现行字节数计数器合用一个地址。也就是说，CPU 对基本地址寄存器进行写操作时，现行地址寄存器也写入了同样数据；同样，CPU 对基本字节数寄存器进行写操作时，现行字节数计数器也写入了相同的数据。

表 12-2　8237A 操作命令及内部寄存器的端口地址

A_3 A_2 A_1 A_0	端口地址	读操作（$\overline{IOR}=0$）	写操作（$\overline{IOW}=0$）
0　0　0　0	00H	通道 0 现行地址寄存器	通道 0 地址寄存器
0　0　0　1	01H	通道 0 现行字节数计数器	通道 0 字节数计数器
0　0　1　0	02H	通道 1 现行地址寄存器	通道 1 地址寄存器
0　0　1　1	03H	通道 1 现行字节数计数器	通道 1 字节数计数器
0　1　0　0	04H	通道 2 现行地址寄存器	通道 2 地址寄存器
0　1　0　1	05H	通道 2 现行字节数计数器	通道 2 字节数计数器
0　1　1　0	06H	通道 3 现行地址寄存器	通道 3 地址寄存器
0　1　1　1	07H	通道 3 现行字节数计数器	通道 3 字节数计数器
1　0　0　0	08H	读状态寄存器	写控制寄存器
1　0　0　1	09H		写 DMA 请求标志寄存器
1　0　1　0	0AH		写 DMA 屏蔽标志寄存器
1　0　1　1	0BH		写方式寄存器
1　1　0　0	0CH		清除先/后触发器
1　1　0　1	0DH	读暂存器	发复位命令
1　1　1　0	0EH		清除屏蔽标志
1　1　1　1	0FH		写综合屏蔽命令

12.3 8237A 的初始化编程

8237A 的编程包括初始化编程和数据传送编程两部分。当进行初始化编程时，应对 8237A 各个通道的操作类型、传送方式、传送数据的地址和传送字节数等参数进行设置。

【例 12-1】 对 PC 的 8237A 进行初始化编程时，首先进行测试。设符号地址 DMA 为端口地址的首址（00H）。测试程序对 4 个通道的 8 个 16 位寄存器先写入全 1，读出比较，若不一致，则出错，停机；再写入全 0，读出比较，若不一致，则出错，停机。

解： 检测前，应禁止工作，测试程序段如下。

```
                              ;检测前,禁止8237A工作
        MOV     AL,04         ;命令字0000 0100B,D₂=1禁止8237A工作
        OUT     DMA+08H,AL    ;命令字送控制寄存器
        OUT     DMA+0DH,AL    ;发复位命令,内部寄存器清0,屏蔽寄存器置1
                              ;做全1检测
        MOV     AL,0FFH       ;全1送AL
LOOP1:  MOV     CX,8          ;循环测试8个寄存器(4个通道的地址寄存器和字节数计数器)
        MOV     DX,DMA        ;DX保存8237A端口的首址
LOOP2:  OUT     DX,AL         ;(复位时先/后触发器为0)FFH写入通道0地址
                              ;寄存器的低8位
        OUT     DX,AL         ;(先/后触发器自动翻转为1)FFH写入通道0地址寄
                              ;存器的高8位
        MOV     AL,01H        ;读出比较前,破坏原AL的内容
        IN      AL,DX         ;(先/后触发器自动翻转为0)读出刚写入的通道0
                              ;地址寄存器的低8位
        MOV     AH,AL         ;保存到AH
        IN      AL,DX         ;(先/后触发器自动翻转为1)读出刚写入的通道0
                              ;地址寄存器的高8位
        CMP     AX,0FFFFH     ;读出的16位地址与0FFFFH比较
        JE      LOOP3         ;相等,转入下一寄存器
        HLT                   ;否则,认为出错,停机
LOOP3:  INC     DX            ;指向下一个寄存器的端口地址
        LOOP    LOOP2         ;使(CX)减1。当(CX)≠0时,转移到目标地址
                              ;LOOP2;否则,退出循环
                              ;做全0检测
;·······················································································
        INC     AL            ;当AL中的值为FFH时,AL加1使AL=0(FFH+1=00)
                              ;当AL中的值为0时,AL加1使AL=1
        JE      LOOP1         ;AL=0循环,再做全0检测,全0检测完,AL=1
                              ;检测通过,开始设置命令字
;·······················································································
        MOV     AL,0
        OUT     DMA+08H,AL    ;命令字为00H,即设DACK为低电平有效,DREQ为
                              ;高电平有效,滞后写,固定优先级,正常时序,
                              ;允许工作,通道0地址不保持,禁止M→M传送
;各通道工作方式寄存器的设置
;·······················································································
        MOV     AL,40H        ;设通道0为单字节传送方式,DMA校验
```

```
        OUT        DMA + 0BH,AL
        MOV        AL,41H        ;设通道 1 为单字节传送方式,DMA 校验
        OUT        DMA + 0BH,AL
        MOV        AL,42H        ;设通道 2 为单字节传送方式,DMA 校验
        OUT        DMA + 0BH,AL
        MOV        AL,43H        ;设通道 3 为单字节传送方式,DMA 校验
        OUT        DMA + 0BH,AL
        .
        .
        .
```

此程序段对通道 0~通道 3 各通道方式寄存器的设置,是把它们当成目前没有使用的方式。若某通道有确定的使用方式,则应按使用要求来设置,并设计进行操作的程序。

12.4 DMA 的应用举例

【例 12-2】 根据设计需要,对 8237A 的初始化设置如下。

(1) 设定命令寄存器的命令字为 00H。其意义为禁止 M→M 传送、通道的地址不保持、允许 8237A 操作、正常时序、固定优先级、滞后写、DREQ 高电平有效、DACK 低电平有效。

(2) 存储器的起始地址为 ES:BX。

(3) 基本字节数计数器初值为 FFFFH,即 64KB。

(4) 通道 0 工作方式:读操作、自动重装、地址加 1、单字节传送。

(5) 通道 1 工作方式:校验传送、禁止自动重装、地址加 1、单字节传送。

(6) 通道 2、通道 3 工作方式与通道 1 相同。

设 8237A 对应的端口地址为 0000H~000FH,用符号地址 DMA 代表其首地址 0000H。通道 0~通道 3 页面地址寄存器的端口地址分别为 80H~83H。

程序如下:

```
                      ;初始化和测试程序段
        MOV    AL,04          ;命令字 0000 0100B, D₂ = 1 禁止 8237A 工作
        MOV    DX,DMA + 8     ;DMA + 8 为控制寄存器端口地址
        OUT    DX,AL          ;输出控制命令,关闭 8237A,使它不工作
;·············································
        MOV    AL,00
        MOV    DX,DMA + 0DH   ;DMA + 0DH 是复位命令端口号
        OUT    DX,AL          ;发复位命令
;·············································
        MOV    AX,ES          ;存储器的段基址送 AX
        MOV    CL,4           ;AX 不含进位左循环移 4 次,最高 4 位移到了最低 4 位
        MOV    CH,AL          ;保存 AL 的内容到 CH 中
        AND    AL,0F0H        ;AL 中的最低 4 位是循环左移 4 次的最高 4 位,已保存
                              ;到 CH 中,AL 中的最低 4 位清 0
        ADD    AX,BX          ;加段内偏移地址 BX,形成物理地址的低 16 位存到 AX
        MOV    DX,DMA         ;DMA 为通道 0 的地址寄存器对应端口号
        OUT    DX,AL          ;写入地址低 8 位,先/后触发器在复位时已清除
        MOV    AL,AH
        OUT    DX,AL          ;写入地址高 8 位,先/后触发器已自动翻转
```

```
        MOV  AL,0FFH
        OUT  DMA+1,AL      ;写入通道 0 字节数计数器的低 8 位,
                           ;先/后触发器已自动翻转
        OUT  DMA+1,AL      ;写入通道 0 字节数计数器的高 8 位,
                           ;先/后触发器已自动翻转
        MOV  AL,CH         ;恢复 AL 保存在 CH 中的内容
        AND  AL,0FH        ;保留 AL 中的最低 4 位(循环左移 4 次的最高 4 位)
        OUT  80H,AL        ;送通道 0 的页面寄存器
        MOV  DX,DMA+0BH    ;DMA+0BH 为方式寄存器的端口
        MOV  AL,48H        ;对通道 0 进行方式选择,单字节读传输方式,地址
                           ;加 1 变化,无自动重装功能
        OUT  DX,AL
        MOV  AL,41H        ;对通道 1 设置方式,单字节校验传输,地址加 1 变
                           ;化,无自动重装功能
        OUT  DX,AL
        MOV  AL,42H        ;对通道 2 设置方式,单字节校验传输,地址加 1 变
                           ;化,无自动重装功能
        OUT  DX,AL
        MOV  AL,43H        ;对通道 3 设置方式,单字节校验传输,地址加 1 变
                           ;化,无自动重装功能
        OUT  DX,AL
        MOV  AL,0          ;命令字为 00H,即设 DACK 为低电平有效,DREQ 为高
                           ;电平有效,滞后写,固定优先级,正常时序,允许工
                           ;作,通道 0 地址不保持,禁止 M→M 传送
        OUT  DMA+08H,AL
        MOV  DX,DMA+0AH    ;DMA+0AH 是单通道屏蔽寄存器的端口地址
        OUT  DX,AL         ;AL 的内容为 0,使通道 0 去屏蔽
        MOV  AL,01
        OUT  DX,AL         ;使通道 1 去屏蔽
        MOV  AL,02
        OUT  DX,AL         ;使通道 2 去屏蔽
        MOV  AL,03
        OUT  DX,AL         ;使通道 3 去屏蔽
```

此时,4 个通道开始工作,通道 1~3 为校验传输,而校验传输是一种虚拟传输,不修改地址,也并不真正传输数据,所以地址寄存器的值不变,只有通道 0 进行读传输,即将数据从存储器读出送至 I/O 接口。

进行初始化编程前,首先应执行例 12-1 的测试程序。

小结

本章简述了 DMA 的工作原理及过程,详细介绍了 8237A 的结构、工作方式、初始化编程方法及其应用。

1) 直接存储器存取(DMA)是主机的存储器与外设之间直接地进行数据传送。DAM 的传送主要有 3 种:①RAM→I/O 端口的 DMA 读传送;②I/O 端口→RAM 的 DMA 写传送;③RAM→RAM 的存储单元传送。

2) DMA 传送的工作过程:I/O 向 DMAC 发请求→DMA 控制器向 CPU 申请总线→CPU 响应

DMAC 脱离总线→DMAC 接管总线→DMA 数据传输→DMA 传过程结束后 DMAC 放弃总线由 CPU 接管。

3）8237A 在传送时有 4 种工作方式：单字节传送方式、块传送方式、请求传送方式、级联方式。

4）8237A 的内部寄存器分为两类，一类是 4 个通道共用的寄存器，分别是临时地址寄存器、临时字节数计数器、状态寄存器、控制寄存器、临时寄存器、屏蔽寄存器、请求寄存器；另一类是各个通道专用的寄存器，分别是基地址寄存器、基本字节数寄存器、现行地址寄存器、现行字节数计数器、方式寄存器。

5）8237A 的编程包括初始化编程和数据传送编程两部分。当进行初始化编程时，应对 8237A 各个通道的操作类型、传送方式、传送数据的地址和传送字节数等参数进行设置。

习题

12-1 说明 8237A 单字节 DMA 传送数据的全过程，8237A 单字节 DMA 传送与数据块 DMA 传送有什么不同？

12-2 利用 IBM PC/XT 系统板上的 8237A 的通道 1 实现 DMA 方式传送数据。要求将存储在存储器缓冲区的数据传送到 I/O 设备中。其电路如图 12-11 所示。电路工作原理提示：锁存器 74LS374 的输入接到系统板 I/O 通道的数据线上，它的触发脉冲 CLK 由 $\overline{DACK_1}$ 和 $\overline{IOR}$ 通过或门 74LS32 综合产生。因此，当 $\overline{CLK}$ 负跳变时，将数据总线 $D_7 \sim D_0$ 上的数据锁存入 74LS374，74LS374 的输出通过反相器 74LS04 驱动后，接到 LED 显示器上。当 $\overline{DREQ_1} = 1$ 时，请求 DMA 服务。8237A 进入 DMA 服务时，发出 $\overline{DACK_1} = 0$ 的信号，在 DMA 读周期，8237A 发出 16 位地址信息，页面寄存器送出高 4 位地址。选通存储器单元，8237A 又发出 $\overline{MEMR} = 0$ 的信号，将被访问的存储器单元的内容送上数据总线并锁存于 74LS374 中。当 $\overline{OE} = 0$ 时，将锁存于 74LS374 的数据送到 LED 上显示。

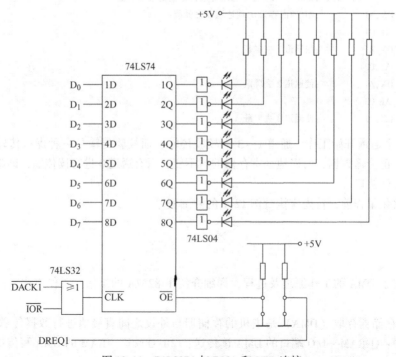

图 12-11 74LS374 与 DMA 和 LED 连接

第 13 章

人 机 接 口

学习目的：人机接口是使用者和微机系统之间打交道的桥梁，是计算机的重要组成部分。本章对人机接口做了概念性的描述，并针对常用的人机交互设备，如键盘、显示器、打印机等做了较为详细的阐述，有助于读者更好地掌握微机系统的外围接口技术。

13.1　人机接口概述

人机接口是人与计算机及各种计算设备进行信息交流的一种关键技术，是计算机同人机交互设备之间实现信息传输的控制电路。它与人机交互设备一起完成两个任务：信息形式的转换、信息传输的控制。

13.1.1　人机交互设备

人机交互设备是人机接口的一种硬件设备，是指人和计算机之间建立联系、交换信息的外部设备。人机交互设备方便而及时地将计算机处理和控制的情况显示出来，同时操作人员也可对计算机输入各种数据和命令并进行操作控制。常见的人机交互设备可分为输入设备和输出设备两类。

1. 输入设备

输入设备是人向计算机输入信息的设备。

1）键盘。键盘是人向计算机输入信息的最基本的设备。它主要由按键、键盘架、编码器、接口电路等部分组成。每个按键相当于一个开关。按键可分为触点式和无触点式两类。常用的按键有机械触点式、薄膜式、电容式等。后面对该输入设备将予以详述。

2）鼠标器。鼠标器是一种相对坐标输入设备，用于输入位移量。鼠标器主要有机械式和光电式两种。它将移位信息传送给主机。鼠标器在桌上的移动使屏幕上的鼠标器光标做相应的移动。在笔记本电脑中采用一种更简便的定位输入设备，它的功能和鼠标器相同，分为触摸式、摇杆式和滚球式。

3）触摸屏。触摸屏是一种具有触摸输入功能的显示屏或者附加在显示屏上的输入设备。它用于输入屏幕位置信息，通常与屏幕菜单配合使用，分为嵌入式和外挂式两种。在嵌入结构中，触摸屏安放在显示器的内部，其控制电路也安装在显示器中，通过显示器接口与主机连接。外挂式触摸屏是一种附加在显示器上的触摸式输入设备。按照触摸屏检测触摸点的方法，可分为红外式、电阻式、电容式和声表面波式触摸屏。

2. 输出设备

输出设备是直接向人提供计算机执行结果的设备。

1）显示器。显示器是计算机的主要输出设备，它以文字、图形、图像等方式显示计算机处理信息的结果。它有许多种不同的类型，按显示器件分类，有阴极射线管（Cathode Ray Tube，CRT）显示器、液晶显示器（Liquid Crystal Display，LCD）、等离子显示器（Plasma Display Panel，PDP）、（Light Emitting Diode，LED）显示器和投影仪等。

2）打印机。打印机作为各种计算机的最主要输出设备之一，为用户提供计算机信息的硬拷贝。打印机最常用的输出形式是字符，也可以是图形或图像的直接输出。其随着计算机技术的发展和日趋完美的用户需求而得到较大的发展。尤其是近年来，打印机技术取得了较大的进展，各种新型实用的打印机应运而生，一改以往针式打印机一统天下的局面。目前常用的打印机有针式打印机（点阵式和字模式）、喷墨打印机和激光打印机等，此外还有用于特殊用途的静电打印机、热敏打印机等。

除上述常用的人机交互设备外，在高档微机系统中还有语音输入/输出设备、手写输入设备等新型人机交互设备，可改善人机交互界面，促进计算机在各领域中的普及与应用。

13.1.2 人机接口电路

人机接口电路是计算机同人机交互设备之间实现信息传输的控制电路。人机接口电路与人机交互设备一起完成两个任务：一个是信息形式的转换，把外界信息转换成计算机能接受、处理的信息，或把计算机处理后的信息转换成外部设备能显现的形式；另一个是计算机与外部设备的速率匹配，也就是完成信息速率与传输速率的匹配，即信息传输的控制问题。

有的人机交互设备与接口的任务分工明确，如键盘和打印机，这两种外设都能独立完成信息形式的转换，而第二个任务——速率匹配，则由相应的接口来完成。另有一些人机接口，不仅要完成速率匹配任务，还要完成信息的转换任务，如 CRT 显示接口，不仅要从主机中准确地取得显示的信息，而且要将它们转换成打点的控制电压，产生各种同步信号等，这就要求这种接口完成两个任务。因此，CRT 显示接口就比较复杂。

在人机交互设备与人机接口之间的信息传输中，目前大多采用并行通信方式，因为在计算机系统内的数据传送也是采用并行通信方式，这为接口设计带来方便。另外在联络方式上大部分采用中断控制方式以实现异步数据传输。至于在一些要求传输速率高、传输数据量大的情况，可以采用 DMA（直接存储器存取）控制方式。

13.2 键盘接口

PC 系列计算机使用的键盘按照键数的不同有多种，目前常用的有 83 键、84 键、101 键、102 键和 104 键等。PC/XT 和 PC/AT 机的标准键盘分别为 83 键和 84 键，而 386、486 机使用 101 键、102 键，现代微机多使用 104 键。84 键扩展键盘比 83 键的键盘多了一个系统请求键（Sys-Rq）；101/102 键扩展键盘增加了功能键和控制键的个数，并设置了专门的光标控制键；104 键又增加了 Windows 95 Start 菜单控制键。

PC 系列键盘具有两个基本特点：

1）按键开关均为无触点的电容开关，通过按键的上下动作，使电容量发生变化来检测按键的断开或接通。这种方式使按键的使用寿命得以延长。

2）PC 系列键盘属于非编码键盘，这种键盘只提供键的行列位置（或称扫描码），而按键的识别和键值的确定等工作全靠软件完成。

13.2.1 PC 键盘接口原理

PC 系列键盘与主机的连接如图 13-1 所示，左半部分是键盘部分，内部主要由 Intel 8048 单片机、译码器和键盘矩阵三大部分组成。其中 Intel 8048 单片机主要承担键盘扫描、消除抖动及生成扫描码等功能，可缓冲存放 20 个键扫描码。扫描方式采用行列扫描法。由于键盘排列成 16×8 矩阵格式，因此来自 8048 的内部计数器以约 10kHz 的频率不断循环计数，并将计数的结果送到键盘矩阵的行列译码器。只要没有键按下，计数器就一直计数，单片机不断地对键盘进行周期性的行、列扫描。同时，读回扫描信号线结果，判断是否有键按下，当有一个键被按下时，计数器停止计数，并生成键盘扫描码，通过串行的键盘接口输出到主机，然后还要继续对键盘扫描检测，以发现该键是否释放。当检测到释放时，生成"释放扫描码"，以便和"按下扫描码"相区别。送出"释放扫描码"的目的是为识别组合键和上、下档键提供条件。

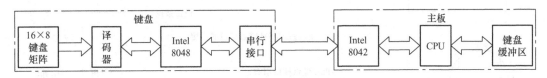

图 13-1　键盘接口示意图

PC 主板上的键盘接口采用 Intel 8042 芯片作为控制器，其任务是负责接收来自键盘的按键扫描码，对接收到的数据进行奇偶校验并进行串 – 并转换，控制和检测传送数据的时间，将按键的行列位置扫描码转换为系统扫描码，以及向系统发出键盘中断请求，请求主机进行代码处理和向键盘发送命令。因此，当 Intel 8042 收到键盘扫描码后，将其转换成系统扫描码，放到 Intel 8042 内部的并行输出缓冲器中，同时产生一个硬件可屏蔽中断请求，系统调用 INT　09H 中断程序进行键盘代码处理。该中断服务程序完成两种转换：

1）通过 I/O 口读取来自键盘的扫描码，并转换成 2 字节的 ASCII 码存到主机的内存 BIOS 数据区中的一个 32 字节键盘缓冲区。这里，高字节是系统扫描码，低字节为 ASCII 码。

2）把键盘扫描码转换为扩展码，低字节为 0，高字节对应值为 0～255（通常功能键和某些组合键对应的是扩展码）。

键盘缓冲区中的数据由执行软中断程序 INT　16H 取出，16H 软中断共有 3 个子功能，见表 13-1。

表 13-1　INT 16H 功能表

功　能　号	入口参数	出口参数	说　　明
0	AH = 0	AX 存放 ASCII 键或扩展码键符	从键盘读一个字符
1	AH = 1	ZF = 1 无键符	检测输入字符是否准备好
2	AH = 2	ZF = 0 有键符，存放在 AX 中 AL = KB – FLAG（键标志）	取当前特殊键的状态

13.2.2　键盘与主机之间的通信方式

主机与键盘的通信是通过键盘接口与键盘联络的，所以实际上是键盘接口与键盘的通信。键盘接口通过 5 针或 6 针（PS/2）插头与键盘连接。5/6 条线中有用的 4 条信号线分别是电源线、地线、双向时钟线和双向数据线。时钟线的主要作用是传送同步脉冲，数据线则传送二进制数据。时钟线和数据线与主机的键盘控制器 8042 的键盘时钟线及键盘数据线相连，在 8042 的控制下，键盘与主机之间以串行方式进行通信，主机通过设置数据线和时钟线的状态，控制键盘收发数据。图 13-2a 是 5 针连接方式示意图，图 13-2b 是目前常用的 PS/2 键盘接口以及 5 针键盘接口和 PS/2 键盘接口的引脚定义。

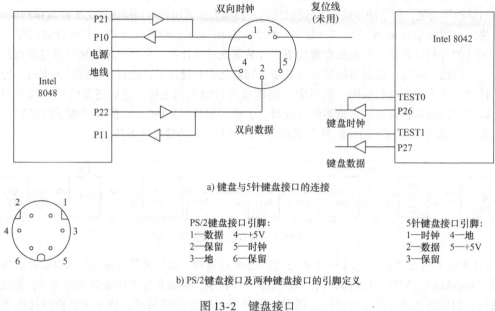

a) 键盘与5针键盘接口的连接

PS/2键盘接口引脚：　　　　　　5针键盘接口引脚：
1—数据　4—+5V　　　　　　1—时钟　4—地
2—保留　5—时钟　　　　　　2—数据　5—+5V
3—地　　6—保留　　　　　　3—保留

b) PS/2键盘接口及两种键盘接口的引脚定义

图 13-2　键盘接口

1. 键盘向主机发送数据

当有键按下或键盘需要向系统回送命令时，键盘进入发送状态。键盘发送数据时，数据线和时钟线都由键盘控制。发送前，首先要检查数据线和时钟线的状态，若 8042 的时钟线为低电平，则表明禁止键盘输出数据，此时键盘要发送的数据压入键盘内部的数据缓冲区中；若时钟线为高电平而数据线为低电平，则表示系统请求发送，键盘准备接收来自主机的信息；只有当时钟线和数据线均为高电平时，才允许键盘传送数据。

在 8042 的控制下，键盘与主机之间数据传送的方式是标准异步串行方式，通信格式符合异步串行规则，每一帧数据含 11 位，依次是 1 位起始位、8 位数据位（$D_0 \sim D_7$）、1 位校验位和 1位停止位。键盘首先检测时钟线和数据线的状态，当两者均为高电平时，开始传送数据，依次传送起始位、8 位数据位、校验位和停止位。每传送一位，时钟线同步地产生一个脉冲，若一帧数据发送完毕，主机就将时钟线置成低电平并保持一段时间，禁止键盘继续发送数据，以便于检验该数据的正确性，并产生中断，进行代码转换和执行相应的操作。如果检验出错，就向键盘传送命令，要求重送。键盘向主机发送数据采用偶校验方式。

2. 主机向键盘发送数据

开机时以及某些特殊情况下，主机会发送一些键盘命令和参数，一条命令或参数占用一个字节。主机通过键盘接口向键盘发送数据时，首先检查键盘是否正在发送数据，如果是，就要判断是否已送到第 10 个二进制位（对应奇偶校验位），如果主机已经接收到第 10 位，则系统必须接收完本次数据串的传送；如果接收的位少于 10 位，则系统可强迫时钟线为低电平，从而使键盘停止输出，主机准备发送。系统强制时钟线为低电平的时间至少要持续 60ms，随后时钟线被置为高电平。8048 检测到这一状态后，开始接收键盘命令。需要注意的是，在接收键盘命令或参数时，虽然数据是由主机发向键盘的，但是时钟脉冲是由 8048 产生的。主机在时钟线上每接收一个负脉冲的下降沿，就在数据线上输出一位数据，8048 可在该负脉冲的上升沿采样数据线，依次接收到 8 位数据位、1 位校验位和 1 位停止位后，回送一个负脉冲，表示接收完毕。如果接收正确，在时钟线和数据线都成为高电平后，8048 向主机发一个 ACK 信号（FAH），否则向主机发送一个 FEH 信号，要求重发。主机收到 FEH 信号以后，把刚才输出过的数据更新发送一次，如果这一过程持续两次后，键盘仍然不能正确接收，主机就放弃传送这个数据，转去执行后面的程序或显示错误信息。键盘命令和参数也采用偶校验方式。

13.3 显示器接口

显示器是 PC 最常用的输出设备，可用来显示字符、图形和图像。显示器是由显示器件和显示卡（有时简称显卡）两部分组成的。显示器件是独立于 PC 主机的一种外部设备，它通过信号线与 PC 主机中的显示卡相连。根据显示器件的不同可以将显示器分为阴极射线管显示器（CRT）和平板显示器两类。阴极射线管显示器（CRT）技术成熟、成本较低、寿命较长，是计算机中最常用的显示设备。平板显示器是近年来发展起来的新型显示设备，其特点是体积小、重量轻、耗电省，但成本较高。平板显示器可分为液晶显示器（LCD）、场致发光显示器（EL）、等离子体显示器（PDP）及真空荧光显示器（VFD）等。目前便携式微机多使用 LCD 显示器，高档的台式微机也采用 LCD 显示器。

显示器必须通过显示卡来与主机打交道。显示卡是一块插在 PC 主机的扩展卡，它通过信号线的输出，控制显示器件显示各种字符和图形。PC 对屏幕的任何操作都要通过显示卡来实现。本节将主要讨论 CRT 显示器和 LCD 显示器的原理、性能参数以及显示卡的基本知识。

13.3.1 CRT 显示器

CRT 显示器可分为单色和彩色两大类。图 13-3 为彩色显示器的基本结构框图，由图可见，彩色显示器主要由视频放大驱动电路、行扫描电路、场扫描电路、高压电路、CRT 显像管和机内直流电源组成。视频放大驱动电路将主机显示卡送来的视频信号放大后，送显像管的阴极，使其产生电子束，电子束在偏转磁场的作用下对屏幕进行扫描，分别轰击荧光屏上的三色（红、绿、蓝）荧光粉，从而实现电-光转换，在屏幕上得到所需要的图像。由于被电子束轰击后的荧光粉只能在短时间内发光，所以电子束必须不间断地一次又一次地扫描屏幕，才能形成稳定的图像。扫描一般从屏幕左上角开始向右扫描，到了右边后，关闭电子束，然后向左回扫至第二行的最左端，这一过程称为水平回扫。这样一行一行地扫描，直到最后一根扫描线扫完后，又关闭电子束，并从屏幕的右下角（最后一根扫描线的最右端）回扫到屏幕的左上角（第一扫描线的最左端），这一过程称为垂直回扫（见图 13-4）。为保证屏幕无闪烁感，现在的场扫描频率一般为 85Hz。

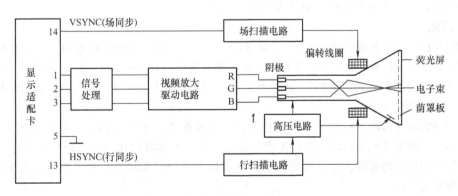

图 13-3 彩色显示器的基本结构框图

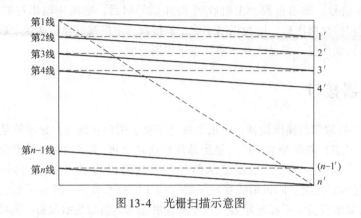

图 13-4　光栅扫描示意图

13.3.2　CRT 显示器的主要性能参数

通常描述一台显示器的性能有以下一些参数：

1. 荫罩

荫罩是显像管的造色机构，它是安装在显示屏内侧的上面刻蚀有 40 多万个小圆孔（荫罩孔）的薄钢板。大多数彩色显示器是使用一组三个电子枪来显示彩色的。荫罩孔的作用在于保证三个电子束共向穿过同一个荫罩孔，准确地激发彩色荧光粉使之发出红、绿、蓝三色光。

2. 点距

点距是指荧光屏上两个同样颜色荧光点之间的距离，常以 mm 来表示。点距越小，分辨率也就越高。高分辨率的显示器具有固定的清晰的文字和图像。现在的 15/17 英寸显示器的点距必须低于 0.28mm，工艺精良一点的显示器的点距能达到 0.24mm，高档显示器甚至能达到 0.22mm。

3. 像素

像素是使用 CRT 技术的显示器可显示图像的最小单位。一台显示器可显示的像素点总数同点距一样决定了该显示器的分辨率。现在的显示器一般分辨率高达 1024×768、1280×1024，甚至 1600×1280，这类新型的显示器像素点数分别达到 786432、1310720 和 2048000。

4. 场频

场频又称"垂直扫描频率"，也就是屏幕的刷新频率，指单位时间内刷新一帧的次数，通常以 Hz 表示。以 85Hz 刷新频率为例，它表示显示器的内容每秒刷新 85 次。垂直扫描频率越高，画面越稳定。VESA（视频电子标准学会，一个由众多显示卡生产商所组成的联盟）规定：SVGA 的垂直扫描频率不得小于 70Hz，VGA 不得小于 72Hz。

5. 行频

行频又称"水平扫描频率"，指电子束每秒在屏幕上扫描过的水平线数量。行频和场频的关系：行频 = 场频 × 行数。可见，行频越大，显示器可提供的分辨率越高，稳定性越好。如果一台显示器的最高分辨率为 1024×768，场频为 85Hz，则其行频至少应为 $768 \times 85Hz = 65280Hz$。

6. 视频带宽

视频带宽指每秒电子枪扫描过的总像素数。视频带宽 = 水平分辨率 × 垂直分辨率 × 场频，单位为 MHz。带宽高的显示器，它的图像清晰度也高。在实际应用中，为避免图像边缘的信号衰减，保持图像四周清晰，电子枪的扫描能力需要大于分辨率尺寸，水平方向通常要大 25%，垂直方向要大 8%。

7. 分辨率

分辨率通常是指屏幕上每行每列的像素点数。例如，800×600 表示每帧图像由水平 800 个像素，垂直600条扫描线组成。分辨率越高，显示的字符或图像也就越清晰。分辨率不仅与显示尺寸有关，还要受显像管点距和视屏带宽等因素影响。

13.3.3 显示卡

显示卡又叫图形适配器，通常安装在PC主板的扩展槽中，也有的集成在主板上。其主要作用是对图形函数进行加速。显示卡有多种，一般可按所符合的视频显示标准来分类。不同的视频标准主要规定了显示卡软件操作的规范和要求，也规定了硬件上的特点和形式。实际上显示卡和显示标准是相互统一的，一定的显示标准最终都体现在显示卡上，显示标准是由显示卡实现的。在计算机显示系统的发展过程中，制定了多个显示标准，从最初的MDA，经过CGA、EGA、VGA及SVGA一直到现在的XGA。相应地常把符合不同标准的显示卡称为CGA卡、EGA卡等，把和它们相配的显示器也常称为CGA显示器、EGA显示器等。从接口方面，显示卡也由原来的ISA总线接口发展到PCI总线接口，以及目前使用的AGP显示卡接口。

1. 显示卡的性能

（1）VGA显示卡

VGA（Video Graphics Array）直译为视频图形阵列，是彩色图形显示卡。它实际上是对VGA卡上的一块采用门阵列技术的视频信号处理芯片的称呼。

VGA卡具有以下特点：

1）高度集成的VLSI芯片，8位或16位外部数据总线。

2）内部有可变频的时钟以适应不同的显示模式要求。

3）存储器兼容EGA/CGA/MDA显示标准，有的还兼容Hercules显示标准。

4）支持IBM提出的VGA标准显示模式，显示模式号为0～13H。

5）支持最高分辨率为640×480（16/256颜色），一般还能支持更高的分辨率如800×600点阵、1024×768点阵。

6）支持视频信号输出。采用D/A转换技术，输出模拟视频信号，同TTL数字视频信号相比，其彩色显示能力大大增强，原则上可显示无穷多的颜色，是后来所有显示技术的发展基础。

7）显示存储器容量一般为256KB～1MB。

EVGA卡除了具有标准IBM VGA卡的特点外，还具有以下一些特点：

1）支持132列字符显示模式以及640×480点阵（256/256K颜色）、800×600点阵（16/256K颜色）、1024×768点阵（16/256K颜色）等图形显示模式。

2）寄存器及兼容Hercules卡。

VGA标准采用15针D型插头，引脚排列如图13-5所示。

信号接口定义见表13-2。

图13-5　VGA引脚排列

表13-2　VGA信号接口定义

引　脚	信　号	引　脚	信　号	引　脚	信　号
1	红色	6	红返回	11	保留
2	绿色	7	绿返回	12	保留
3	蓝色	8	蓝返回	13	HSYNC
4	保留	9	键针	14	VSYNC
5	地	10	地	15	保留

（2）SVGA 显示卡

SVGA（Super VGA）是超级视频图形阵列显示卡，是由 VESA 于 1989 年推出的。它规定，超过 VGA640×480 分辨率的所有图形模式均称为 SVGA。SVGA 标准允许分辨率最高达到 1600×1200，颜色数最高可达到 16 兆（1600 万）色。同时，它还规定在 800×600 的分辨率下，至少要达到 72Hz 的刷新频率。

2. 显示卡的主要组成部件

（1）显示存储器

显示存储器是随机存取存储器的一种，简称"显存"。它是显示卡的重要组成部分，其作用是以数字形式存储屏幕上的图形图像。显示卡上都配有存储器，这样可以免去占用总线与主机 RAM 相互传送数据。

衡量显示存储器性能指标的参数为数据存取速度和显示存储器容量。存取速度是指显示存储器存储数据和获取数据所用的时间，通常用 ns 表示。显示存储器的存取速度直接影响到显示卡的速度，数值越小，存取速度越快。由于在显示存储器中的数据交换量越来越大，所以新的显存不断涌现。早期使用的显存 DRAM（多为 EDO DRAM）以及现在被广泛使用的 SDRAM 和 SGRAM 都是单端口存储器，它们从显示芯片读取数据以及向 RAMDAC（D/A 转换器）传送数据都是经过同一个端口，数据的读/写和传输无法同时进行。为了提高显示卡的处理速度，出现了视频存储器（VRAM）。与 DRAM 等单端口存储器不同，VRAM 有两个端口，当数据通过一个端口从显示芯片传送到显存中的同时，又让另一个端口将显存中已有的数据传送到 RAMDAC 中。这样就避免了数据进出时所浪费的等待时间，较好地解决了单端口对显示卡速度的影响。

显示存储器容量表示显示存储器可以容纳的最大显示数据，用 MB 表示。显示存储器容量的大小直接影响到被显示的图像的分辨率和色彩精度。显示存储器的容量 = 分辨率×色彩精度÷8。如果要在 1024×768 分辨率、真色彩 32 位的环境工作，则显示存储器的容量必须为 1024×768×32bit÷8 = 3145728B，即需要 3MB 左右的显示存储器。以上算法只对 2D 显示存储器有效，3D 显示存储器的分配较复杂，计算方法也很复杂，这里不做介绍。由此可见，显示卡使用的分辨率越高，颜色越多，在屏幕上显示的像素点也就越多，相应地，所需显示存储器的容量也就越大。

（2）字符发生器

多数显示卡内配有字符发生器，它内部含有西文字母及常用数字符号等的字模数据，当接收到一个字符的 ASCII 码时，字符发生器会主动地从字模库中取出字模数据，并转换成电信号发给显示器显示。

（3）图形芯片

不是所有的显示卡都带有图形芯片，它是当 PC 大量采用图形界面，并且在视频技术的不断推动下才开始出现的。当前的显示卡上大都使用了图形加速芯片，它的主要特点是将某些常用的绘图功能如画点、线、面、圆及多边形等直接内集于芯片上，借助于驱动程序，加快显示速度，减轻 CPU 绘图运算器的负担。这种图形加速卡的显示速度可以是 SVGA 卡的 10～30 倍。

（4）RAMDAC（D/A 转换器）

RAMDAC 是 VGA 和 Super VGA 显示卡所特有的寄存器组，其作用是将显示存储器中的数字信号转换成显示器能够识别的模拟信号，以驱动 VGA 或 Super VGA 的 RGB 模拟显示器。RAMDAC 的内部结构类似于调色板，以 VGA 卡为例，它共有 256 组 DAC 寄存器，每组由 R、G、B 3 个寄存器组成，每个寄存器为 6 位，共 3×256 = 768 个寄存器，每组寄存器定义一种颜色，所以 VGA 卡最多可以同时使用 256 种不同的颜色。

RAMDAC 的速度用"MHz"来计算，转换速度越快，图像就越稳定，在显示器上的刷新频率也就越高。

（5）控制电路

显示卡上还有一些控制电路，它所发出的控制信号，通过接口与信号电缆传到显示器上，来控制两根电子枪的射出强度以及各项参数。

13.3.4　液晶显示器

液晶最早于 1888 年由奥地利植物学家 F. Reinetzer 发现，但到 20 世纪 60 年代才由美国 RCA 公司开始研制，并研制成功一系列数字、字符的显示器件，直至 1968 年才向世界公布。随后日本 NHK 于 1969 年 2 月将此项科技成果引入日本，并很快开发出商用产品，打开了液晶显示实用化的局面，迅速占领了这一市场。随着科学技术的高速发展，液晶显示器（Liquid Crystal Display，LCD）由于体积小、重量轻和无电磁辐射，目前在平面显示领域中占据了重要的地位，几乎是笔记本和掌上型电脑的必备部分，而且台式机也开始大量使用 LCD。

液晶显示器以液晶材料为基本组件。液晶是一种固体和液体的中间状态物质，是既具有液体的流动性又具有光学特性的有机化合物。如果把它加热则会呈现透明的液体状态，把它冷却则会出现结晶颗粒的混浊固体状态。液晶具有两个特点：第一，晶体可以排列为扭曲的形式，使得通过它的光线也随之扭曲；第二，当有电流通过时，晶体会改变排列方式。当光线透过或被反射时，由于液晶分子排列状态的变化而呈不同的光学特性。液晶本身不发光，都是被动型画面。能改变光线透射能力的称透射型液晶，这种设备需要背光；能改变光线反射能力的称反射型液晶，需要正面光源，并全黑环境下液晶没有显示能力。用于计算机和 AV 显示的都是前者。

1. 液晶显示器的类型

液晶显示器根据驱动方式可分为静态驱动、单纯矩阵（也称无源矩阵）驱动以及主动矩阵（也称有源矩阵）驱动 3 种。无源矩阵驱动又可分为扭曲向列阵（TN）、超扭曲向列阵（STN）以及双层超扭曲向列阵（DSTN）；有源矩阵驱动一般以薄膜式晶体管型（TFT）为主。TN－LCD、STN－LCD 及 DSTN－LCD 的显示原理都相同，只是液晶分子的扭曲角度不同而已。而 TFT－LCD 则采用与 TN 系列 LCD 截然不同的显示方式。TN－LCD 已经被淘汰，STN－LCD 和 DSTN－LCD 只能用于低端产品，TFT－LCD 是目前的主流，多应用在计算机显示器和动画及图像处理产品上。

DSTN－LCD 是指双层扭曲向列阵液晶显示器，即通过双扫描方式来扫描扭曲向列型液晶显示屏，达到完成显示的目的。DSTN－LCD 并非真正的彩色显示器，它只能显示一定的颜色深度，与 CRT 的彩色显示特性相距较远，因而叫"伪彩显"。由于 DSTN－LCD 显示屏上每个像素点的亮度和对比度不能独立控制，每个像素点不能自身发光，是无源像点，由这种液晶体所构成的液晶显示器屏幕观察范围较小、色彩欠丰富，特别是反应速度慢，屏幕刷新后会留下幻影，其对比度和亮度也低，图像要比 CRT 显示器暗得多，因此不适于高速全动图像和视频播放等应用，一般只用于文字、表格和静态图像处理。

TFT－LCD 即薄膜式晶体管液晶显示器。所谓薄膜晶体管，是指液晶显示器上的每一液晶像素点都是由集成在其后的薄膜晶体管来驱动的。由于彩色显示器中所需要的像素点数目是黑白显示器的 4 倍，因此在彩色显示器中像素大量增加，若仍然采用双扫描形式，则屏幕不能正常工作，必须采用有源驱动方式代替无源扫描方式来激活像素。这样就出现了将薄膜晶体管 TFT 等非线性有源器件集成到显示组件中的有源技术，用来驱动每个像素点，使每个像素都能保持一定电压，从而可以做到高速度、高亮度和高对比度显示屏幕信息，而且屏幕可视角度大、分辨率高、色彩更丰富，因而 TFT－LCD 又称"真彩显"。

还有一种快速 DSTN－LCD（HPA－LCD），是 DSTN 的改良型，能提供比 DSTN 更快的反应时间、更高的对比度和更大的视角，其性能界于 DSTN－LCD 和 TFT－LCD 两者之间。

几种 LCD 的具体参数比较见表 13-3。

表 13-3　几种 LCD 显示器类型的技术参数比较

类　　型	反应时间/ms	对　比　度	视　　角
DSTN	300	25 : 1	20°
HPA	150	35 : 1	25°
TFT	80	100 : 1	45°

2. 液晶显示器的工作原理

常用的液晶显示器有两种：动态散射型 LCD 和扭曲向列型 LCD。

动态散射型 LCD 使用介电各向异性为负的向列型液晶。它是将液晶材料充满在两片玻璃之间，在玻璃片的内表面再喷镀两个透明电极。在未加驱动信号之前，液晶分子排列整齐而透明；当液晶上加上驱动电压以后，液晶层内分子排列被打乱，引起光在各个方向的散射，因此液晶屏显得十分明亮，变成乳白色，产生显示效果。这种类型的 LCD 属于电流型，需要数十到数百微安的电流。

扭曲向列型 LCD 使用介电各向异性为正的向列型液晶，其结构如图 13-6 所示。

它利用光学上的偏振原理产生显示效果。上下两层玻璃中间夹入液晶层，两片玻璃的内表面上镀有一层透明而导电的薄膜以做电极用，四周进行密封，形成一个厚度仅为数微米的扁平液晶盒。由于在两层玻璃内表面分别涂有偏振轴成 90° 的涂层，液晶层的液晶分子连续成 90° 方向扭转排列，因而具有旋光特性，这种旋光特性在外加电场的作用下会减弱或消失。这样的液晶盒上下放有两片偏振片，上偏振片位

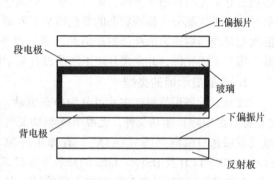

图 13-6　扭曲向列型 LCD 的基本结构

于透明电极的外侧，下偏振片下面加一层反射板。当自然光经过一片偏振片后变成为一种偏振光。偏振光只能通过平行于偏振方向的介质，不能通过垂直于偏振方向的介质。由于所用液晶材料具有旋光特性，因此当偏振光通过液晶层时，偏振面旋转 90°。若使两偏振片的偏振方向互相垂直，在不加电压时，光可以通过液晶层和两片偏振片到达反射板，液晶盒呈透明状态；当某对电极施加高于阈值的电压时，液晶分子轴排列变得十分整齐，不发生扭转，因偏振光轴互相垂直，光线不能通过该部分，显示器显示出白底黑字。如果两偏振片的偏振方向互相平行，则在未加电压时，因液晶旋光 90°，显示器不透光，为黑色；加上高于阈值的电压以后，液晶的旋光特性消失，显示部分变透明，因此显示出黑底白字。这种 LCD 属于电压型，只需要数微安的工作电流。这种 LCD 显示器就是常用的液晶显示器。

3. 液晶显示器的驱动方式

液晶显示器的驱动是指通过调整施加在液晶显示器电极上电信号的相位、峰值和频率等建立驱动电场以实现显示。通常采用交流驱动。这是因为液晶显示器在使用时要在两个电极上加电压，而当液晶上所加直流电压的时间增长后，会产生残像现象，影响液晶对电压的响应速度，使图像质量变劣，降低液晶的寿命，所以实际驱动时要加极性交替变化的交流电压。常用的方法是通过异或门把显示控制信号和显示频率信号合并成交变的驱动信号，如图 13-7 所示。当显示控制电极（段电极）上的波形与公共电极（背电极）上的波形同相时，液晶上无电压，LCD 处

于不显示状态；当显示控制电极上的波形与公共电极上的波形反相时，液晶上施加了一交替变化的矩形波，当矩形波的电压比液晶阈值高很多时，LCD 处于显示状态。

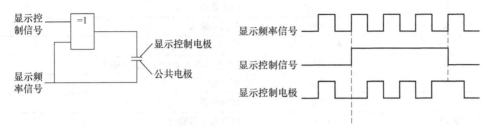

图 13-7 基本驱动电路和静态波形图

液晶显示器有两种驱动方式：静态驱动和动态驱动。

静态驱动多用于段式驱动，即段电极和背电极做成段数码形式。LCD 的每个显示位的每个字段都需要加驱动信号，因此都要有一根引线引出电极，此电极称为段电极，所有位的背电极连在一起，作为公共电极引出。显示位数越多，引出线也越多。这样，若要显示一位 LCD 则需引出 9 根线（8 段码引出线和一根公共电极引出线），若要显示 8 位 LCD 则需 65 根引出线。因此，这种驱动方式多用于显示位数不多的场合。

动态驱动方式适用于多位字符显示和点阵式显示。在液晶显示器电极的制作与排列时，采用了点阵式结构，电极沿水平和垂直方向排列成矩阵。把水平一组各像素点的背电极都连在一起引出，称为行电极；垂直各像素点的段电极都连在一起引出，称为列电极。显示器上每个像素都由其所在的行列位唯一确定。液晶显示器的动态驱动法就是循环地给行电极施加选通脉冲，同时给所有的列电极施加与行电极同步的选通或非选通脉冲，从而实现某行所有像素的显示功能。这种扫描是逐行顺序进行的，循环周期很短，因此显示图像稳定。

在一帧中，每行的选通时间是相等的。假设一帧的扫描行数为 N，扫描时间为 1，则一行所占有的扫描时间为一帧扫描时间的 $1/N$。这就是液晶显示驱动的占空系数，或称为占空比。常用的动态驱动方法有 1/2、1/3 和 1/4 占空比驱动，由于对矩阵各点的驱动要采用分时的方法，因此又称为 2 分时、3 分时和 4 分时动态驱动。

4. 液晶显示器的驱动接口

PCF8576 是一种能与任意具有低复用速率的 LCD 接口的外围驱动器。它带有 I^2C 总线接口，有 4 个背电极和 40 个显示段电极输出，因此最多可以驱动 160 个 LCD 显示段。PCF8576 可以级联以适应驱动较大规模的 LCD 显示器（高达 2560 段），并且可以与 24 段 LCD 驱动器 PCF8566 级联。PCF8576 能够和任何 4 位、8 位及 16 位微处理器/微控制器兼容，并通过 I^2C 总线通信。PCF8576 内部带有 40×4 位的显示数据存储器，在静态和动态驱动方式中可以进行显示存储空间的自动切换，有很强的显示闪烁功能。PCF8576 用 CMOS 工艺制造，低功耗，且 TTL/CMOS 兼容。

（1）PCF8576 的引脚

PCF8576 有 56 个引脚，每个引脚的定义见表 13-4。

表 13-4 PCF8576 的引脚定义

引　脚	名　称	功　　能
1	SDA	I^2C 总线数据输入/输出
2	SCL	I^2C 总线时钟输入/输出
3	$\overline{\text{SYNC}}$	级联同步输入/输出
4	CLK	外部时钟输入/输出

247

（续）

引　　脚	名　　称	功　　能
5	V_{DD}	电源正端
6	OSC	振荡器输入
7 ~ 9	A_0，A_1，A_2	I²C 总线辅助地址输入
10	SA_0	I²C 总线从设备地址的位 0 输入
11	V_{SS}	逻辑地
12	V_{LCD}	LCD 电源
13 ~ 16	BP_0 ~ BP_3	LCD 背电极输出
17 ~ 56	S_0 ~ S_{39}	LCD 段电极输出

（2）PCF8576 的显示结构选择和典型硬件连接

PCF8576 有 40 个段电极和 4 个背电极输出，因此可选择各种显示结构，见表 13-5。

表 13-5　显示结构选择

背电极输出	总显示段数	7 段数码显示	14 段字符显示	点　　阵
4	160	20 位数字 + 20 个符号	10 位数字 + 15 个符号	160 点（4×40）
3	120	15 位数字 + 15 个符号	8 位数字 + 8 个符号	120 点（3×40）
2	80	10 位数字 + 10 个符号	5 位数字 + 5 个符号	80 点（2×40）
1	40	5 位数字 + 5 个符号	2 位数字 + 12 个符号	40 点

表 13-5 中的所有显示结构都可以通过图 13-8 的典型硬件结构来实现。主微处理器或微控制器通过 I²C 总线接口与 PCF8576 相连。如果主微处理器或微控制器没有 I²C 总线接口，则也可以用普通 I/O 口来模拟 I²C 总线接口。在 OSC 脚和 V_{SS} 之间连接电阻 R_{OSC} 以控制器件内部的时钟频率。动态适用的偏压由内部生成，所以 PCF8576 的外电路十分简单。A_0、A_1 和 A_2 为辅助地址输入，图 13-8 中均与地相连。PCF8576 通过 BP_0 ~ BP_3，S_0 ~ S_{39} 和 LCD 显示屏相连，根据不同的显示屏可选择不同的显示结构输出。

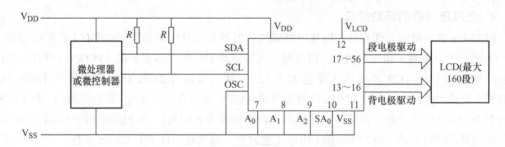

图 13-8　PCF8576 的典型系统结构

13.4　打印机接口

13.4.1　并行接口标准

并行接口的点阵打印机普遍遵从 Centronics 并行标准，该标准规定了一个 36 芯的连接口，对每个引脚信号做了明确的规定，见表 13-6。

表 13-6　并行接口标准 Centronics 的信号规定

引脚号	信号名称	方向	信号功能
1	$\overline{STB}$（选通）	入	主机对打印机输入数据的选通脉冲，低电平有效
2~9	$DATA_1 \sim DATA_8$	入	并行数据 0~7 位的信号
10	$\overline{ACK}$（应答）	出	向主机发出的传送数据的请求脉冲
11	BUSY（忙）	出	表示打印机是否可接收数据的信号
12	PE	出	纸尽的信号
13	SLCT	出	选中信号
14	$\overline{AUTOFEEDXT}$	入	自动输纸的信号
15	NC		不用
16	0V		逻辑地
17	CHASSIS~GND		机壳地
18	NC		不用
19~20	GND		对应 1~12 引脚的接地线
31	$\overline{INIT}$	入	初始化信号
32	$\overline{ERRO}$	出	出错信号
33	GND		地
34	NC		不用
35	+5V		电源
36	$\overline{SLCTIN}$	入	低电平时，打印机处于被选择状态

表 13-6 中信号说明如下：

$\overline{STB}$：数据选通信号。由主机送往打印机的选通信号，有效时，打印机接收主机发送来的 8 位并行数据。

$DATA_1 \sim DATA_8$：数据信号。主机送往打印机的 8 位并行数据。

$\overline{ACK}$：响应信号。打印机接收数据后，向主机发出的回答信号，主机在收到该信号后，才能继续发送下一个数据。

BUSY：忙信号。由打印机送给主机的状态信号，无效时（低电平），表示打印机正处于空闲（准备好）状态，主机可以向打印机传送数据；有效时（高电平），表示打印机现在不能接收数据，可能由如下原因造成：打印机数据缓冲器已满、正在打印、打印机处于脱机状态、打印机有故障。

PE：纸尽信号。打印机处于无打印纸状态下向主机发出的信号，通知主机停止送数据。

SLCT：选中信号。打印机向主机发送的信号，有效时，说明打印机处于同主机联机的状态。

$\overline{INIT}$：初始化信号。主机向打印机送出的控制信号，有效时（低电平），打印机开始初始化工作。

$\overline{ERRO}$：出错信号。当打印机的打印缓冲区溢出，或其他控制出错时，向主机发出该信号，要求主机停止送数。

$\overline{AUTOFEEDXT}$：自动走纸信号。主机向打印机送出的控制信号，有效时（低电平）表示打印完一行，打印机自动走纸。

表 13-6 中信号方向是相对于打印机而言的。在 Centronics 标准定义的信号线中，最主要的是

8 位并行数据线，2 条握手联络线 $\overline{STB}$、$\overline{ACK}$ 和 1 条忙线 BUSY，这 4 种信号线的工作时序如图 13-9 所示。

由图 13-9 可见，当 CPU 通过接口要求打印机打印数据时，先要查看 BUSY 信号，BUSY = "L" 时，才能向打印机输出数据，在把数据送上 DATA 线后，先发 $\overline{STB}$ 信号通知打印机，打印机接到 $\overline{STB}$ 后，发出 BUSY = "H"，接收数据，当数据接收好并存入内部打印缓冲后，送出 $\overline{ACK}$ 信号，表示打印机已准备好接收数据，并撤销 BUSY 信号（为低电平）。

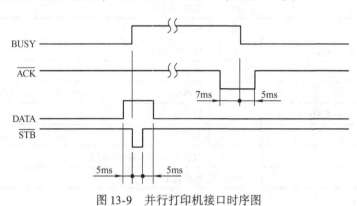

图 13-9　并行打印机接口时序图

13.4.2　打印机接口电路

当接通打印机电源后，打印机在控制电路中的 CPU 控制下，先完成初始化，然后打印机开始处于接码状态，接收由主机送来的信息并进行判断。若是功能码，则进入相应的处理；若是字符码，则送入字符缓冲器，再从点阵字库中找出相应的字符点阵信息存入打印码缓冲区。当接收的数据为打印命令（如回车、换行符等）或一行缓冲打印码已满，则进入打印过程。

打印机接口电路也称打印机适配器，可以用锁存器、三态缓冲器等器件实现，也可用通用的可编程并行接口芯片来实现。图 13-10 就是用 8255A 作为接口电路的逻辑图。

在图 13-10 中，8255A 的 PA 口工作为方式 1，并作为数据的输出端口，用于传送主机送来的数据信息 DATA$_1$ ~ DATA$_8$。此时，PC$_6$、PC$_7$ 和 PC$_3$ 分别规定为配合方式 1 工作的 $\overline{ACK}$、$\overline{OBFA}$ 和 INTRA 信号。PC$_4$ 定义为输入，作为打印机送来的 SLCT 状态信息。8255A 的 B 组工作于方式 0，PB 口作为输出控制口，利用 PB$_3$ ~ PB$_0$ 产生 $\overline{AUTOFEEDXT}$、$\overline{SLCTIN}$、$\overline{INIT}$ 和 $\overline{STROBE}$ 控制信号，而 PC$_2$ ~ PC$_0$ 用作输入状态口，分

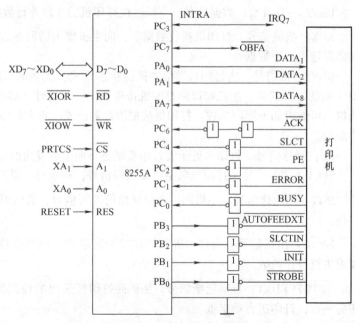

图 13-10　打印机接口原理图

别定义为打印机的 PE、ERROR 和 BUSY 状态信号。图 13-10 中的非门用来增强驱动能力和缓冲作用。

小结

本章在简单对人机交互设备进行分类的基础上，主要对常用的键盘、显示器、打印机等人机交互设备的特点、性能等予以阐述。

1）人机交互设备是指人和计算机之间建立联系、交换信息的外部设备。常见的人机交互设备可分为输入设备（如键盘、鼠标、触摸屏）和输出设备（如显示器、打印机）两类。

2）键盘接口的组成有键盘部分和主板上的键盘接口两部分。键盘部分主要由 Intel 8048 单片机、译码器和键盘矩阵三大部分组成，负责生成键盘扫描码和释放扫描码并送入键盘接口。键盘接口负责接收来自键盘的按键扫描码，进行奇偶校验和串-并转换为系统扫描码，以及向系统发键盘中断请求，请求主机进行代码处理和向键盘发送命令。

3）显示器用来显示字符、图形和图像。显示器分为阴极射线管显示器（CRT）和平板显示器两类。显示器是由显示器件和显示卡（有时简称显卡）两部分组成的。

4）CRT 显示器的性能参数有荫罩、点距、像素、场频、行频、视频带宽、分辨率等。显示卡的主要组成部件有显示存储器、字符发生器、图形芯片、RAMDAC（D/A 转换器）、控制电路等。

5）液晶显示器以液晶材料为基本组件，根据驱动方式可分为静态驱动、单纯矩阵（也称无源矩阵）驱动以及主动矩阵（也称有源矩阵）驱动三种。无源矩阵驱动又可分为扭曲向列阵（TN）、超扭曲向列阵（STN）以及双层超扭曲向列阵（DSTN）；有源矩阵驱动一般以薄膜式晶体管型（TFT）为主。

6）点阵打印机接口为并行接口标准，普遍遵从 Centronics 并行标准，该标准规定了一个 36 芯的连接口。打印机接口电路也称打印机适配器，可以用锁存器、三态缓冲器等器件实现，也可用通用的可编程并行接口芯片来实现。

习题

13-1　列举常见的输入设备和输出设备。

13-2　试说明目前使用的键盘的基本类型和接口标准。

13-3　试说明 PC 系列键盘的工作原理。

13-4　叙述 CRT 显示器和 LCD 显示器的工作原理。

13-5　画出并行打印接口的时序。

第 **14** 章

微型机系统总线技术

学习目的：总线是微机系统的重要组成部分，系统各个部件之间大量信息传递要借助总线完成，如何合理选择、设计总线，将影响系统总体性能。本章对总线的概念和规范进行介绍，并阐述了目前较通用的各种总线技术，目的是使读者对各类总线标准有所了解，以便更好地扩充微机系统。

14.1 总线技术

微型计算机普遍采用总线技术以简化软硬件的系统设计。总线是在模块之间或者设备之间传送信息、相互通信的一组公用信号线的集合，是系统在主控设备的控制下，将发送设备发出的信息准确地传送给某个接收设备的信号载体或公共通路。

总线的特点在于其公用性，即它可以同时挂接多个模块或设备。在微型计算机系统中，利用总线可以实现芯片内部、印制电路板各模块之间、机箱内各插件板之间、主机与外围设备之间或系统与系统之间的连接与通信。总线是构成微型计算机应用系统的重要技术，总线设计的好坏会直接影响整个微机系统的性能、可靠性、可扩展性和可升级性。由于总线公用性的特点，必须解决物理连接技术和信号连接技术。物理连接包括电缆的选择与连接，用于缓冲的驱动器、接收器的选择与连接，还包括传输线的屏蔽、接地和抗干扰等技术。信号连接包括基本信号相互间的时序匹配和总线握手逻辑控制问题。

总线的特点还在于它的分时性。在同一时刻，总线上只能允许一对功能部件或设备进行信息交换。当有多个功能部件或设备都要使用总线进行信息传输时，只能采用分时使用总线的方式。完成一次信息交换的总时间，通常称为一个传输周期或一个总线操作周期。由于总线分时性的特点，在实现上，系统中必须设置对总线的使用权进行仲裁管理的机构，以解决谁先谁后使用总线的问题，包括总线判决和中断控制技术。

由于总线在系统中的重要地位，微机系统的设计和开发人员，先后推出了多种总线标准。总线标准一般以两种方式推出：一种是某公司在开发自己的微机系统时所采用的总线，而其他兼容机厂商都按其公布的总线规范开发相配套的产品。这种总线被国际工业界广泛支持，有的还被国际标准化组织加以承认并授予标准代号。另一种是由国际权威机构或多家大公司联合制定的总线标准。前一种方式先有产品后有标准，如 IBM PC/AT 机上使用的 ISA 总线；后一种方式先有标准后有产品，如 PCI 总线。随着微机系统的更新换代，有的总线仍在发展完善，而有的则逐渐衰落甚至被淘汰。

14.1.1 总线规范的基本内容

每种总线都有详细的规范，以便大家共同遵循。规范的基本内容如下：

1）机械结构规范：规定模块尺寸、总线插头、连接器等规格。

2）功能结构规范：确定引脚名称与功能，以及其相互作用的协议。

功能结构规范是总线的核心，通常以时序及状态来描述信息的交换与流向，以及信息的管理规则。

总线功能结构规范包括以下内容：

1）数据总线、地址总线。

2）读/写控制逻辑线、时钟线和电源线、地线等。

3）中断机制。

4）总线主控仲裁。

5）应用逻辑，如握手联络线、复位、自启动、休眠维护等。

6）电气规范，规定信号逻辑电平、负载能力及最大额定值、动态转换时间等。

总线信号示意图如图14-1所示。第1组为存储器（或外设端口）地址总线、数据总线、命令（读、写控制命令等）信号线。其中，数据总线和地址总线比较简单，功能也比较单一。双向数据总线用于把数据送入或送出 MPU；单向地址总线用于指定数据送往或来自何处。如在接口中，通常用于控制存储器或 I/O 端口读/写操作的信号有 $\overline{\text{MEMR}}$、$\overline{\text{MEMW}}$、$\overline{\text{IOR}}$、$\overline{\text{IOW}}$。

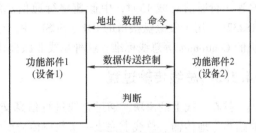

图 14-1　总线信号示意图

第2组为数据传送控制信号线，它的作用是启动和停止总线操作，包含控制数据传送开始和结束的信号，控制每个操作周期中数据的传送，以实现数据传送的同步，一般称这些信号线为握手联络信号线。

第3组为判断线，包括总线判决与中断判决两类控制线。总线判决主要用于防止总线冲突。当控制总线上有多个功能部件或设备竞争总线时，需要判断哪个类型的操作应获得对总线的使用权，为了保证在总线上每次仅有一个发送门发送信息，信息和握手联络信号都是由判断信号来防止冲突的。所有可能的发送门都同时用判断线作为判断处理的一部分，以防止信号线上产生冲突，因此，这些判断线是用集电极开路器件来驱动的。而对于总线上部件的数据线，都必须经过三态驱动缓冲电路输出。中断判决主要用于完成对多中断源的识别并根据优先级进行中断服务裁决。

握手线和判决线这两组信号线的主要作用是，保证在总线操作期间第1组信号线即基本信息在总线上的正常传送。

在各种类型的总线中，除了地址线和数据线功能基本相同外，其他控制信号线功能相差较大。正是这些不同点体现出各类总线的不同特性，也决定了各种不同的接口特点。

14.1.2　总线分类

按总线在系统的规模、用途及不同层次位置上分类，总线可分为以下4类。

1. 片内总线

片内总线一般在集成电路芯片内部，是用来连接各模块信息通路的总线。例如，MPU 芯片中的内部总线，它是 ALU 寄存器和控制器之间的信息通路。过去这种总线是由芯片生产厂家设计的，微机系统的设计者和用户并不关心，但随着微电子学的发展，出现了 ASIC 技术，用户可以按自己的要求，借助 CAD 技术设计自己的专用芯片。在这种情况下，用户就必须掌握片内总线技术。

2. 局部总线

局部总线是连接 MPU 与其支持芯片及局部资源之间的公共通道。这些资源可以是在板资源，也可以是插在板上局部总线扩展槽上的功能扩展板上的资源。在 PC 系列机中，MPU 与其扩展槽上的资源连接的通用总线标准有 ISA、EISA、VL、AGP 和 PCI 等。

3. 系统总线

系统总线又称为内总线，是指模块式微型计算机机箱内的底板总线，用来连接构成微机的各插件板。它可以是多处理器系统中各 MPU 板之间的通信通道，或是总线上所有 MPU 板扩展共享资源之间的通信通道。系统总线对微机设计者和微机应用系统的用户来讲也是一种重要的总线。标准化微机系统总线有 16 位的 MULTIBUSI、STDBUS；32 位的 MULTIBUSII，STD32 和 VME 等。

4. 通信总线

通信总线又称为外总线，它用于微机系统与系统之间，微机系统与外围设备，如打印机、磁盘设备或微机系统和仪器仪表之间的通信通道。这种总线数据传输方式可以是并行的（如打印机），也可以是串行的，数据传输速率比内总线低。不同的应用场合有不同的总线标准，例如，高速串行通信总线 1394，中低速串行通信总线 USB，用于 15m 距离内的串行通信标准 EIA – RS232C，用于硬磁盘接口的 IDE、SCSI，用于连接仪器仪表的 IEEE – 488、VXI，用于并行打印机的 Centronics 等总线标准。这种总线非微型计算机专有，一般是利用工业领域已有的标准。

14.1.3 总线传输过程

挂在总线上的模块，通过总线进行信息交换。系统总线的基本任务是保证数据能在总线上高速可靠地传输。总线上完成一次数据传输要经历以下 4 个阶段：

1）申请（Arbitrating）占用总线阶段。需要使用总线的主控模块（如 MPU 或 DMAC），向总线仲裁机构提出占有总线控制权的申请。通过总线仲裁机构判别确定，把下一个总线传输周期的总线控制权授给申请者。

2）寻址（Addressing）阶段。获得总线控制权的主模块，通过地址总线发出本次将要访问的从属模块，如存储器或 I/O 接口的地址，通过译码使被访问的从属模块被选中并启动。

3）传数（Datatransferring）阶段。主模块和从属模块进行数据交换。数据由源模块发出，经数据总线流入目的模块。对于读传送，源模块是存储器或 I/O 接口，而目的模块是总线主控者 MPU；对于写传送，则源模块是总线主控者，如 MPU，而目的模块是存储器或 I/O 接口。

4）结束（Finding）阶段。主、从模块的有关信息均从总线上撤除，让出总线，以便其他模块能继续使用。

对于只有一个总线主控设备的简单系统，对总线无需申请、分配和撤除，而对于多 MPU 或含有其他具有总线主控能力设备的系统，就要由总线仲裁机构来授理申请并分配总线控制权了。

14.1.4 总线传输控制

总线上的主、从模块通常采用握手信号的电压变化来指明数据传送的开始和结束，用以下 3 种方式之一实现总线传输的控制。

1）同步方式：按时钟传送，每次传送占用一个时钟周期。

2）异步方式：非时钟的传送，每次传送由互控信号控制。

3）半同步方式：按时钟传送，每传送一次用一个或几个时钟周期。

1. 同步总线

同步总线所用的控制信号仅是时钟信号，时钟的上升沿和下降沿分别表示一个总线周期的开始和结束。挂在总线上的处理器、存储器和外围设备都是由同一个时钟信号控制的，以使这些模块能步调一致的操作，即一个周期一个周期地随着控制线上的时钟信号的状态来传送。

典型的同步协定的定时信号与控制设备的结构如图 14-2 和图 14-3 所示。

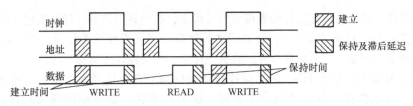

图 14-2　同步协定的定时信号

总线时钟信号用来使所有的模块以一个共同的时钟基准达到同步。地址和数据信号阴影区的出现有以下几个原因：

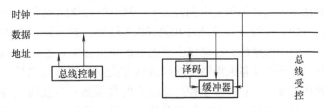

图 14-3　控制设备结构

1）因为总线主控器（Bus Master）发出的地址信号经过地址总线到总线受控器（Bus Slave）的译码器译码需要时间，所以地址信号必须在时钟信号到来前提前一段时间达到稳定状态。

2）当译码器输出选中数据缓冲器后，在写操作时，一旦时钟信号出现在缓冲器的输入端，就把数据总线上的数据打入数据缓冲器内，因此，数据信号必须在时钟信号到达缓冲器前提前一段时间出现在数据总线上，这段时间称为建立时间。如果受控设备是一个存储器芯片，则以后的延迟就是存储器的写访问时间，对中速的金属氧化硅器件来说，这个时间约为 100～200ns。时钟信号下降沿的到来，表示这个写操作的总线周期的结束，写操作完成，而受控设备在逻辑上才可以和总线断开。为了使写操作稳定，在时钟信号消失后，数据信号在数据总线上还必须停留一段时间，这段时间称为保持时间。

对于读操作、地址线与写操作时类似，但数据线的作用不同。时钟信号的上升沿启动受控设备中存储器的读操作，在时钟信号上升沿之后的某个时刻，数据到达受控设备的输出缓冲器，而它再把数据送到数据总线上。数据总线上的数据在时钟信号下降沿到来之前，必须在总线上停留一段时间，这段时间就是主控数据缓冲器的建立时间。为了满足主控设备所需要的保持时间，受控器件在时钟下降沿到来之后，要使总线上的数据至少稳定一个保持时间。

同步系统的主要优点是简单，数据传送由单一信号控制。然而，同步总线在处理连接到总线上的慢速受控设备时存在一系列问题。如对于接到总线上的快慢不同的受控设备，必须降低时钟信号的频率，以满足总线上响应最慢的受控设备的需要。这样，即使低速设备很少被访问，它也会使整个系统的操作速度降低很多。

2. 异步总线

对于具有不同存取时间的各种设备，是不适宜采用同步总线协定的，因为这时总线要以最低速设备的速度运行。因此，如果希望对高速设备进行高速操作，而对低速设备进行低速操作，从而对不同的设备具有不同的操作时间，可以采用异步总线。异步总线的定时信号及控制信号如图 14-4 所示。

这种总线叫作"全互锁异步总线"，两个控制信号（MASTER 和 SLAVE）在总线操作期间交替地变化，采用问答方式互控。这种方式的互锁保证了地址总线上的信息不会冲突，也不会被丢失或重复接收。

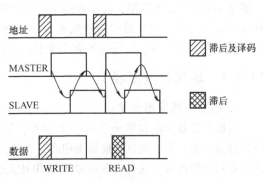

图 14-4　全互锁异步总线定时信号

对于写操作，总线主控把地址和数据放到总线上，在允许的滞后、译码及建立时间的延迟之后，总线主控使 MASTER 信号上升，它表明这些数据可以被受控设备接收。于是该上升沿触发一个受控存储器，开始一个写周期，并把数据锁存于一个受控缓冲寄存器中。

SLAVE 信号处于低电平期间，表示受控设备响应 MASTER 信号而正处于忙碌状态；SLAVE 为高电平时，表示受控设备已经取得了数据。这个握手联络信号保持到 MASTER 变低电平。MASTER 变低电平表示主控知道受控设备已经取得数据了。然后 SLAVE 信号也变低，表示受控确认主控已经知道它得到数据了。目前的操作结束后，一个新的操作才能开始。因此，MASTER 信号的上升沿（以及地址和数据线的转变）被互锁到 SLAVE 信号的下降沿。

对于读操作，在总线主控把地址放到总线上之后，MASTER 信号的上升沿启动对受控设备操作。在受控设备取出所要求的数据并把它放到总线之后，SLAVE 信号必须保持高电平，表示读操作完成了，它触发主控把总线上的数据装入主控的缓冲器。在此期间，SLAVE 信号必须保持高电平，使数据稳定在数据总线上。当主控已经完成了数据的接收后，就使 MASTER 信号变为低电平，表示主控已接收了数据，而后 SLAVE 信号降低，表示受控已经知道主控得到了数据，整个读操作结束，又可以开始一个新的操作。

在全互锁协定中，阴影区表示的意义和同步协定中相同，建立时间至少要足以允许地址译码和缓冲器被选通。保持时间没有表示出来，然而它是存在的。通常，保持时间是通过在 WRITE 之后或对于 READ 是在总线上出现数据之后，延迟 SLAVE 信号一个保持时间而被加进受控设备的。而主控接收到受控信号的转变之后，使它的动作推迟一个保持时间，也同样可以把保持时间加到主控设备上。

3. 半同步总线

因为异步总线的传输延迟严重地限制了最高的频带宽度，所以，总线设计师结合同步和异步总线的优点，设计出混合式的总线，即半同步总线。半同步总线的定时信号如图 14-5 所示。

这种总线有两个控制信号，即由主控来的 GLOCK 信号和由受控来的 WAIT 信号，它们起着异步总线 MASTER 和 SLAVE 的作用，但传输延迟是异步总线的一半，这是因为成功的握手只需要一个来回行程。对于快速设备，这种总线本质上是由时钟信号单独控制的同步总线。如果受控设备快得足以在一个时钟周期内做出响应的话，那么它就不发 WAIT 信号。这时的半同步总线像同步总线一样工

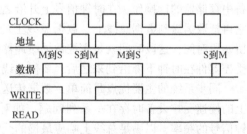

图 14-5　半同步总线定时信号

作。如果受控设备不能在一个周期内做出响应，则它就使 WAIT 信号变高电平，而主控暂停。只要 WAIT 信号高电平有效，其后的时钟周期就会知道主控处于空闲状态。当受控设备能响应时，它使 WAIT 信号变低电平，而主控运用标准同步协定的定时信号接收受控设备的回答。这样，半同步总线就具有了同步总线的速度和异步总线的适应性。正是由于半同步总线的适应性较强，所以得到广泛的应用。目前的各类总线中，大都配置有类似 WAIT 的信号，如 READY 信号。

14.1.5　现代总线发展

1. 标准总线发展趋势

虽然总线技术的发展至今不过 20 多年，但由于发展迅速，不同的总线有着质的区别。总线设计分为 3 类：第 1 类以处理器为中心，在微处理器和需要交换信息的支持模块之间，通过连线建立点到点的连接，这是当前微处理器和其支持芯片联结的基本形式。这类总线与芯片引脚密切相关，难以形成标准。第 2 类是面向处理器的总线，这类总线是针对某种微处理器设计的总线

标准，依赖微处理器芯片，有的总线实际上就是微处理器引脚的延伸。这种面向处理器的总线标准，可以根据处理器的特点设计最合适的总线系统，因此，处理效率可以达到最佳效果，但随着处理器的发展、升级换代而被淘汰，如 EISA 和 VL 等总线标准。第 3 类是以总线为中心，面向总线的标准。由于现代微处理器芯片的飞速发展，更新换代极快，迫切需求不会随着处理器的发展、升级换代而被淘汰的通用型局部总线标准，这就是面向总线的总线标准。这种总线标准是以总线为中心，计算机的所有设备（包括微处理器等）均看作总线上的挂接部件，使总线的设计只针对总线本身进行，虽说性能不一定保证为最佳状态，但兼容性好，如 PCI 总线标准，这是标准总线发展的趋势。

2. 微机系统总线结构

如今的微机系统结构多采用不同类型的总线以构成多总线结构，在其主机板上留有不同总线的插槽，目前最常见的是 PCI - ISA 组合。下面对这两种总线标准做一简单分析。

一种总线标准与另一种总线标准的地址总线、数据总线、电源可以相同或相似。例如，ISA 为 16 位，PCI 为 32/64 位，但是控制类总线不同。控制类信号是总线信号中种类最多、变化最大、功能最强的信号，也是最能体现总线特色的信号。下面以 ISA 总线和 PCI 总线的控制信号做一比较。

在 ISA 控制总线中，控制信号有总线允许、DMA 传输、中断请求、I/O 控制、存储器读/写、系统复位（$\overline{\text{RST}}$）以及时钟（CLK）信号等。ISA 控制总线操作可分以下几种：

1）I/O 总线操作：用于外设与主控设备之间建立联系，数据在外设与主控设备之间流通。例如，软、硬盘读/写，数据显示，网络数据传输等。

2）DMA 总线操作：用 DMA 方式在外设与存储器之间传递数据而封锁主控设备，由 DMA 控制器控制总线占用权。

3）中断控制：外设通过中断线向主设备提出服务请求信号，主设备根据中断优先级进行响应。

在 PCI 总线中，控制信号分为接口信号、出错报告信号、系统信号 3 类。

4）接口信号：表明在 PCI 总线上有两个传输数据的设备，一个准备好发送，一个准备好接收，即 $\overline{\text{TRDY}}$ 和 $\overline{\text{IRDY}}$。$\overline{\text{FRAME}}$（帧周期）信号指示一个事务或作业的起始时刻，$\overline{\text{STOP}}$ 表明暂停总线作业。

5）出错报告：$\overline{\text{SERR}}$、$\overline{\text{PERR}}$ 是出错报告信号。它表征系统自我监测、自我约束的控制能力。

6）系统信号：包括时钟（CLK）和复位（$\overline{\text{RST}}$）两种信号。时钟信号为所有 PCI 上的信号传送提供时序，对每个 PCI 设备，它都是输入。除 $\overline{\text{RST}}$、$\overline{\text{IRQA}}$、$\overline{\text{IRQB}}$、$\overline{\text{IRQC}}$、$\overline{\text{IRQD}}$ 外，所有别的 PCI 信号都在 CLK 上升沿采样。PCI 操作的最高频率可达 33 MHz，最低频率是 0 Hz（直流）。复位信号用于使 PCI 确定的寄存器、顺序发生器和信号置于一个固定的态。无论何时，在 $\overline{\text{RST}}$ 有效期间，所有 PCI 信号必须被驱动到它们的起始状态。在通常情况下，这意味着它们必须为三态，$\overline{\text{SERR}}$ 被浮空。在无效或有效时，$\overline{\text{RST}}$ 可以与 CLK 异步。

总线占用请求和总线占用允许是系统对总线控制权的管理。在 PCI 总线上，任何主控设备要想占用总线，都必须先申请占用并被允许占用后才能占用。

控制总线是总线中最有特点的部分，无论哪种计算机总线，无论它具有什么特色，都必须通过控制总线来实现。可以这样讲，数据总线看宽度，它表示构成计算机系统的计算能力和计算规模；地址总线看位数，它决定了系统的寻址能力，表明构成计算机系统的规模；而控制总线则代表该总线的特色，表示该总线的设计思想、控制技巧。

典型的微机系统总线结构如图 14-6 所示。

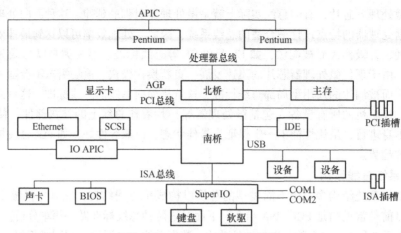

图 14-6　Pentium PS 总线结构

14.2　局部总线

PC 采用开放式的结构，即在底板上设置一些标准扩展插槽（Slot），要扩充 PC 的功能，只要设计符合插槽标准的适配器板，然后将板插入插槽即可。这些插槽又称为 PC 总线。这种总线不是系统总线，因为它不支持多个 MPU 的并行处理，属于局部总线范畴。随着 MPU 的更新换代，PC 总线也随之变化。下面对 PC 发展过程中形成的几种总线标准做简要介绍。

14.2.1　IBM PC 总线结构

在 PC/XT 机的底板上共有 8 个插槽，称为 IBM PC 总线，或称 PC/XT 总线。它具有 62 条"金手指"引脚，引脚间隔为 2.54mm，各引脚安排如图 14-7 所示。

14.2.2　其他局部总线

1. MCA 微通道结构总线

MCA 微通道结构总线也称为 PS/2 总线，它分为 16 位和 32 位两种。16 位的 MCA 总线与 ISA 总线处理能力基本相同，只是在总线上增加了一些辅助扩展功能而已。而 32 位 MCA 则是一种全新的系统总线结构，它支持 186 针插接器的适配器板，系统总线上的数据宽度为 32 位，可同时传送 4 字节数据。MCA 有 32 位地址线，提供 4GB 的内存寻址能力。此外，MCA 还提供一些 ISA 总线所没有的功能，如地址线均匀分布以减少电磁干扰，增加了数据的可靠性；有自己的处理器，并能通过分享总线控制权而独立于主微处理器进行自身的工作，从而减轻主微处理器的负担；还具有能

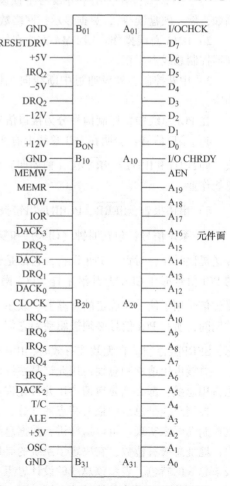

图 14-7　IBM PC 总线插槽引脚排列

自动关闭出现功能错误的适配器的能力等。因此，这种总线能充分利用 386、486 MPU 的强大处理能力，使 PC 的整体性能得到很大提高。它是一种结构精巧、传输率高的总线。但 IBM 在宣布 MCA 的同时，对这项新技术的内部细节加以保密，再加上 MCA 与 ISA 完全不兼容，使许多兼容制造商和用户的利益受到损害。为了对抗 IBM 公司，1988 年 9 月 COMPAQ 公司联合 HP、AST、AT&T、TANDY、NEC 等 9 家计算机公司，宣布研制一种新的总线标准，这种总线不仅具有 MCA 的功能，而且与 ISA 结构完全兼容，这就是扩展的工业标准体系结构 EISA 总线。

2. EISA 扩展的工业标准结构总线

EISA（Extended Industrial Standard Architecture）总线于 1991 年由上述 9 家公司联合推出。它是在 ISA 总线基础上进行扩展构成的，插针由原来 ISA 总线的 98 个，扩展到 198 个，并在 ISA 总线基础上增加了一些信号线。例如，字节允许信号 $BE_0 \sim BE_3$、访问存储器或 I/O 接口指示 M/IO、起始信号 $\overline{START}$、定时控制信号 $\overline{CMD}$、地址总线 $LA_2 \sim LA_{31}$、高 16 位的数据总线 $D_{16} \sim D_{31}$、总线认可信号 $\overline{MACK}_n$、主控器请求信号 $MIREQ_n$、突发传送周期指示 $\overline{MSBUST}$、接受突发传送周期指示 $\overline{SLBUST}$、结束周期指示 EXRDY。

EISA 总线的数据传输速率可达 33MB/s，以这样高的速度进行 32 位的突发传输，很适合高速局域网、快速大容量磁盘及高分辨率图形显示，其内存寻址能力达 4GB。EISA 还可支持总线主控，可以直接控制总线，对内存和 I/O 设备进行访问而不涉及主 MPU，所以 EISA 总线极大地提高了 PC 的整体性能。

3. VL 局部总线

随着 80486 和 Pentium 等高性能 MPU 的问世，其内部处理速度大大提高，再加上集成高速缓存和数字协处理器 FPU，高速的 MPU 和内存访问与慢速 I/O 操作成为 PC 技术中的瓶颈。多媒体的出现，对图形和高速显示提出了更短时间内传输更多信息的要求。而 ISA 和 EISA 总线都无法解决这些问题。为此，一些厂商在不改变 ISA 标准的基础上，为主板设计了一种特殊的高速插槽。将高速外围设备控制卡直接补到 MPU 局部总线上，并以 MPU 速度运行，这种特殊的总线插槽称为局部总线插槽。它为 MPU 和高速外设提供了一条高速桥梁。这种总线主要支持高速外围设备板，对于其他慢速设备，仍保持原来 ISA 或 EISA 总线标推。这样既保持了兼容性，又解决了瓶颈问题。PC 领域有两种比较优秀的局部总线，即 VESA（视频电子标准协会）的 VLBUS 和 PCI 总线。具有局部总线的 PC 体系结构如图 14-8 所示。

VL 总线又称 VESA 总线，它是 1992 年 8 月由 VESA（视频电子标准协会）公布的基于 80486 CPU 的 32 位局部总线。VL 总线支持 16 ~ 66MHz 的时钟频率，数据宽度为 32 位，可扩展到 64 位；与 MPU 同步工作，总线传送速率最大为 132MB/s，需要快速响应的视频、内存及磁盘控制器等部件都可通过 VL 局部总线连接到 MPU 上，使系统运行速度更快。但是，VL 总线是在 MPU 总线基础上扩展而成的。这种总线使 I/O 速度可随 MPU 速度的不断加快而加快。它与 MPU 类型相关，开放性差，由于 MPU 总线负载能力有限，目前的 VL 总线扩展槽只支持 3 个设备。实际上 VL 总线并不是新标准，所有 VL 卡都占用一个 ISA 总线槽和一个 VL 扩展槽。

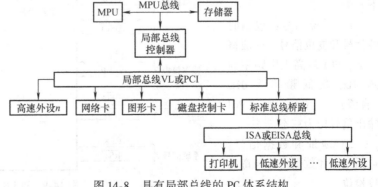

图 14-8　具有局部总线的 PC 体系结构

14.2.3 PCI 总线

PCI 局部总线标准是由 Intel、IBM、COMPAQ、DEC、APPLE 等大公司联合制定的。PCI 是 Peripheral Component Interconnect 的缩写，即外围部件互连。

1. PCI 总线特点

PCI 局部总线的工作独立于处理器，是高速外设与 CPU 间的桥梁，同时也是各类总线之间的高效协调部件，可同时支持多组外围设备，并可以和 ISA 等局部总线完全兼容。

PCI 局部总线的时钟频率为 33MHz，可扩展到 66MHz；数据总线为 32 位，可扩展到 64 位，可支持多组外围部件。PCI 提供了一套整体的系统解决方案，能提高网卡、硬盘的性能，可高效地配合视频、图形及各种高速外围设备进行数据传输。

PCI 支持线性突发的数据传输模式，这种传输模式是指：在一个 PCI 总线传输期间，从某一个地址起，对于可顺序存取的内存区间进行大批量数据的传输，每传输一次，地址自动加 1，然后便可接收数据流内下一个字节数据的工作方式。线性突发传输能够高效地利用总线带宽，这对使用高性能图形加速器尤为重要。

PCI 除了具有常规总线主控功能以加速执行高吞吐量、高优先级的任务外，对于与 PCI 兼容的外围设备，由于它能提供较快速的存取速度，能够大幅度减少外围设备取得总线控制权所需的时间，较好地解决了在大批量高速传输过程中由于处理不及时造成的外设数据丢失问题。

在服务器环境下，PCI 使用一组级联的 PCI 局部总线，支持分级式外围设备，并可将高带宽与低带宽的数据分隔开来，做到高速外围设备和低速外围设备共存，PCI 总线与 ISA 等总线并存。PCI 还提供了自动配置功能。

PCI 总线在开发时预留了充足的发展空间，它支持 64 位地址/数据多路复用扩展，同时也规定了运行速率提高到 66MB/s 的总线标准和器件的实现方法。

PCI 局部总线既适应今天的技术要求，又能满足未来的需要，其高性能、高效率、与现有标准的兼容性和发展潜力，是其他总线所不可及的。

2. 信号定义

如图 14-9 所示，给出的是按功能组划分的引脚，左边为所需引脚，右边为可选引脚。图中的信号方向是对主控设备/目标设备的组合而言的。

PCI 引脚信号可分为以下 8 类。

1）系统信号：包括时钟信号和复位信号。一般情况下，PCI 最高工作频率为 66MHz，最低频率为 0Hz（直流）。复位时，所有 PCI 输出信号均为三态。

2）地址和数据信号：包括地址和数据信号与奇偶校检位。

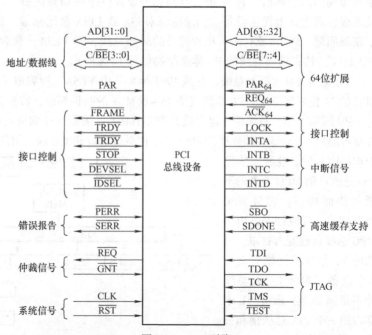

图 14-9 PCI 引脚

地址和数据复用引脚 AD[31::0]，允许 PCI 支持突发读/写功能，在$\overline{\text{FRAME}}$有效期间，总线传输包含一个地址信号；在$\overline{\text{IRDY}}$和$\overline{\text{TRDY}}$有效期间，总线传输包含一个或多个数据信号。地址为一个时钟周期，AD[31::00] 为 32 位的物理地址，为 I/O 空间提供字节地址，为内存空间和配置空间提供双字地址。数据可以为多个时钟周期，每个时钟周期内，数据宽度是可变的，可以是 1 字节至 4 字节（32 位），由字节使能信号指明。主设备有效$\overline{\text{IRDY}}$表示可以写数据，目标设备有效$\overline{\text{TRDY}}$表示可以读数据。

在传送地址周期，总线命令和字节使能复用引脚 C/$\overline{\text{BE}}$[3::0] 定义总线命令；在传送数据周期，C/$\overline{\text{BE}}$[3::0] 为字节使能信号，表示 AD[31::00] 上 4 个字节通道的哪些通道传输的是有效数据。C/$\overline{\text{BE}}$[0] ~ C/$\overline{\text{BE}}$[3] 分别应用于字节 0 通道 ~ 字节 3 通道。

3）接口控制信号：包括帧周期信号、主设备准备好信号、从设备准备好信号、从设备停止信号、锁定信号、初始化设备选择信号和设备选择信号。

① 帧周期信号$\overline{\text{FRAME}}$。由当前主设备驱动帧周期信号，$\overline{\text{FRAME}}$有效时指示当前主设备具有总线控制权并且开始启动总线传输。当$\overline{\text{FRAME}}$失效，而$\overline{\text{IRDY}}$有效时，指示当前为最后一个数据传输周期。

② 主设备准备好信号$\overline{\text{IRDY}}$。在写周期，$\overline{\text{IRDY}}$有效，指示主设备正在数据总线 AD[31::00] 上驱动有效数据；在读周期，指示主设备正准备接收来自目标设备的数据。$\overline{\text{IRDY}}$和$\overline{\text{TRDY}}$同时有效时，数据可在任何周期内完整的传输。允许插入等待脉冲，直至$\overline{\text{IRDY}}$和$\overline{\text{TRDY}}$一起有效。

③ 从设备准备好信号$\overline{\text{TRDY}}$。在读周期，$\overline{\text{TRDY}}$指示目标设备正在数据总线 AD[31::00] 上驱动有效数据；在写周期，指示目标设备正准备接收来自主设备的数据。$\overline{\text{IRDY}}$和$\overline{\text{TRDY}}$同时有效时，数据可在任何周期内完整的传输。允许插入等待脉冲，直至$\overline{\text{IRDY}}$和$\overline{\text{TRDY}}$一起有效。

④ 从设备停止信号$\overline{\text{STOP}}$。$\overline{\text{STOP}}$有效时指示当前从设备正在要求主设备停止当前的数据传送。

⑤ 锁定信号$\overline{\text{LOCK}}$。仅由桥使用，作为资源锁定或总线锁定。主设备通过$\overline{\text{LOCK}}$信号来完成对目标设备的访问。当$\overline{\text{LOCK}}$有效时，驱动该信号的主设备的动态操作由多个传输完成。允许两种锁定方式，资源锁定允许锁定目标精度为 16 个对齐的字节，总线锁定由仲裁器保证总线完全锁定。资源锁定只锁定目标，允许其他总线主设备取得总线使用权（不访问锁定目标）。总线锁定则不允许其他总线主设备取得总线使用权。

⑥ 初始化设备选择信号$\overline{\text{IDSEL}}$。$\overline{\text{IDSEL}}$由 Host/PCI 桥生成作为 PCI 设备输入的信号，在参数配置读/写周期，作为片选信号。

⑦ 设备选择信号$\overline{\text{DEVSEL}}$。所有设备对地址总线的地址译码，确定本设备是否为当前总线传输对象，由选中的目标设备驱动该信号，向主设备声明设备被选中。目标设备设置$\overline{\text{DEVSEL}}$必须先于其设置$\overline{\text{TRDY}}$、$\overline{\text{STOP}}$。一旦目标设备的$\overline{\text{DEVSEL}}$有效，直到$\overline{\text{FRAME}}$无效（$\overline{\text{IRDY}}$有效）和最终的数据期完成，$\overline{\text{DEVSEL}}$才能失效。随着正常任务的终止，$\overline{\text{DEVSEL}}$必须与$\overline{\text{TRDY}}$同时失效。如果主设备在 6 个 CLK 内未收到$\overline{\text{DEVSEL}}$信号，则认为目标设备无反应或者不存在，导致本次总线传输失败。

4）仲裁信号（只用于总线主控器）：包括请求信号和允许信号。请求信号$\overline{\text{REQ}}$是主设备对总线占用的请求，发送到总线仲裁器；允许信号GNT指出总线请求的主设备已被响应，由总线仲裁器发送到请求总线的主设备，指出该主设备的总线请求已被允许。这两个信号均是点对点信号。

5）出错报告信号：包括奇偶校检错误报告信号$\overline{PERR}$和系统错误报告信号$\overline{SERR}$。

6）中断信号：包括$\overline{INTA} \sim \overline{INTD}$的4根线。$\overline{INT}$信号与时钟不同步。PCI定义一个中断向量对应一个信号设备，4个以上的中断向量对应一个多功能设备或连接器，对于单一功能的设备，只有$\overline{INTA}$可以用，其他3个中断向量没有意义。

7）64位扩展信号：如果PCI总线扩展到64位，则需要扩展引脚，包括地址和数据复用引脚 AD[63::32]、总线命令和字节有效复用引脚 C/$\overline{BE}$[7::4]、64位传输请求$\overline{REQ}_{64}$、64位传输请求响应$\overline{ACK}_{64}$和奇偶双字节校检位 PAR_{64}。

8）JTAG/BOUNDARY 扫描信号：符合 IEEE 标准 1149.1，测试访问端口和分界线扫描体系结构，允许闭环测试 PCI 设备，包括测试时钟 TCK、测试输入 TDI、测试输出 TDO、测试模式选择 TMS 和测试复位$\overline{TRST}$。

3. 基本 PCI 协议

PCI 上的基本总线采用突发成组的传输机制，一个分组由一个地址周期和一个或多个数据传输周期组成。如果主设备和目标设备都不插入等待状态，则对于 33MHz PCI 总线，传输率为 132Mbit/s（32 位）或者 264Mbit/s（64 位）；对于 66MHz PCI 总线，传输率为 264Mbit/s（32 位）或者 528Mbit/s（64 位）。PCI 总线上，突发传送均有两个参与者：发起设备（主设备）和目标设备（从设备），每一个 PCI 设备可包含 1～8 个独立的功能，一个功能就是一个逻辑设备。主设备在地址期发送数据传输的起始地址。存储器目标将起始地址锁存在地址计数器，在多数据期传输时，存储器目标必须更新其地址计数器，地址一般为线性增长，因此，计数器加 4，作为下一数据期的地址。

（1）基本的作业控制

所有基本的 PCI 数据传输都是由 3 个信号控制的，如下所示。

$\overline{FRAME}$：由主设备驱动，指明作业的开始和结束。

$\overline{IRDY}$：由主设备驱动，允许插入等待周期。

$\overline{TRDY}$：由从设备驱动，允许插入等待周期。

当接口处于空闲态时，$\overline{FRAME}$和$\overline{IRDY}$都无效。在$\overline{FRAME}$有效后的第 1 个时钟前沿启动地址期，地址和总线命令在这一时钟被传输。当$\overline{IRDY}$和$\overline{TRDY}$都有效时，主设备和从设备在下一个时钟前沿开始一个或更多的数据传输期。主设备或从设备利用$\overline{IRDY}$和$\overline{TRDY}$信号把等待周期插入到数据期中。

当数据有效时，数据资源需要无条件地设置它的$\overline{XRDY}$信号（写作业上的$\overline{IRDY}$信号，读作业上的$\overline{TRDY}$信号），接收作业单元可以设置它的$\overline{XRDY}$信号。

当主设备设置了$\overline{IRDY}$信号后，它就不能改变$\overline{IRDY}$或$\overline{FRAME}$信号，直到当前数据期和$\overline{TRDY}$状态结束。当从设备设置了$\overline{TRDY}$或$\overline{STOP}$信号后，它就不能改变$\overline{DEVSEL}$、$\overline{TRDY}$或$\overline{STOP}$信号，直到当前数据期结束。

主设备进行多数据传输，当传输最后一个数据时，无效$\overline{FRAME}$信号，有效$\overline{IRDY}$信号指出了主设备已准备好。当从设备有效TRDY指示最后的数据已传输完后，接口返回闲置的状态，即 FRAME和IRDY两个信号都无效。

（2）寻址

PCI定义了3种物理地址空间。通常的地址空间包括内存和I/O地址空间，另外，为支持PCI硬件，配置定义了配置地址空间。每一个功能设备都有自己独立寻址的配置空间（64个双字单元），并且配置寄存器内容。使用这些寄存器，配置软件能够自动检测该功能的存在，确定其在存储器空间、I/O空间和中断等方面的资源要求，并且能为其功能分配资源。主设备通过地址期发送地址和命令，指定目标设备和消息类型。

PCI上的地址是分布式的，每个设备有自己的地址译码。PCI支持两种类型的地址译码：正向译码和反向译码。正向译码是指每个设备都监测地址总线上的访问地址是否为它所属的地址空间，正向译码用于PCI总线上的目标设备。反向译码只有扩展总线桥（如ISA桥）可以使用。在正向译码期间，扩展总线桥监视在地址期后4个时钟周期内，未发现PCI总线上有设备声明被选中（未发送DEVSEL信号），则由扩展总线桥进行反向译码。所谓反向译码，是指PCI扩展总线桥有效DEVSEL信号，并将消息传送到扩展总线桥上。因为主设备寻找一个驻留在ISA总线上的设备时，桥不一定清楚该设备是否安装在ISA扩展槽上，或者不知道它们所使用的I/O地址或存储器范围，这是因为大多数ISA总线设备不是即插即用的，配置软件不能自动检测到它的存在，并分配地址范围给它们的地址译码器。

1）在I/O地址空间中，一般不采用突发传输，传送类型可以以字节、字和双字为单位，所以必须使用所有32位AD线提供的一个具有字节级分辨率的完整地址，为I/O设备读/写提供字节地址。

在两个低地址位（AD[1::0]）的信息因地址空间的不同而不同。在I/O地址空间中，AD[1::0]用来参与产生DEVSEL信号以及指示在传输中的最低有效字节，和C/BE[3::0]一致。如果被选的字节不在被选择从设备的地址范围内，则整个访问将不能被实现。在这种情况下，从设备不会传输任何数据，而是由从设备失败进程终止。表14-1概括了AD[1::0]的编码情况。

表14-1 AD[1::0]的编码

AD_1	AD_0	$C/\overline{BE}_3$	$C/\overline{BE}_2$	$C/\overline{BE}_1$	$C/\overline{BE}_0$
0	0	X	X	X	0
0	1	X	X	0	1
1	0	X	0	1	1
1	1	0	1	1	1

注：1—取消设置，0—设置，X可为1或0。

2）在内存地址空间中，AD[31::02]为存储器读/写提供双字地址，C/BE[3::0]提供PCI命令编码，AD[1::0]提供传输模式命令。所有的从设备在命令传输期间都要检查AD[1::0]，以提供需要的突发传输，或在传输后将一个从设备断开。所有能支持突发传输的设备都应具有实现线性突发传输能力。在线性增加模式中，传输地址在每个数据期之后以双字DWORD（4字节）形式线性增长（地址计数器加4），直到作业结束。

在模式命令中，AD[1::0]有以下意义：

AD$_1$ AD$_0$

0   0   ;突发传输地址线性增长模式

| 1 | 0 | ;Cache 行打包方式(仅用于存储器读) |
| X | 1 | ;保留 |

3）在配置地址空间中，访问一个 64 个双字配置寄存器，用 AD[7::2] 寻址。AD[1::0] 决定配置类型。当一设备收到配置命令后，若 IDSEL 信号有效，AD[1::0] 是"00"，则该设备为访问的目标设备；否则，目标设备忽略当前的作业处理。如果译码后的命令为某桥路的编码和 AD[1::0] 是"01"，则本配置访问是对主设备桥后面设备的访问。

（3）字节校正

字节间变换不在 PCI 总线上完成，因为所有 PCI 从设备为了地址译码的目的，都需要连接在所有的 32 位地址/数据线上。字节使能信号用来决定哪些字节路径数据是有意义的，该信号在数据期时钟信号前沿必须有效。PCI 允许任何相邻的或不相邻的字节通道传送有效数据。

4. PCI 总线操作

总线命令是处理器发送的规定主、从设备之间作业类型的命令。总线命令在地址传输期间 C/$\overline{BE}$[3::0] 的 4 根线有效时被译码。其中基本命令有 12 种，简述如下。

（1）存储器读

存储器读命令用来从映射到存储器地址空间中的设备读出数据。只有保证预期的读命令是没有副作用的，从设备才可以为该命令进行预读，而且，从设备必须保证在 PCI 传输缓冲区域里的相关数据的一致性。

如图 14-10 所示，当 FRAME 有效时开始读作业。在第 2 个时钟上升沿地址期有效，在地址期中，AD[31::00] 保持有效地址，C/$\overline{BE}$[3::0] 保持有效总线命令。

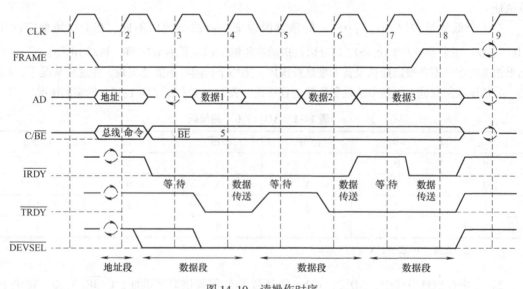

图 14-10　读操作时序

在时钟 3 上升沿第 1 个数据期有效，在数据期中，AD[31::00] 传输数据，C/BE 指出哪个字节通道的当前数据有效。数据期可以包括数据传输和等待周期。

$\overline{DEVSEL}$ 信号和 TRDY 信号由被选中的从设备启动，$\overline{IRDY}$ 信号由主设备启动，在 IRDY 信号和 TRDY 信号同时有效的上升沿开始数据传输。传输过程中若其中一个信号无效，则插入等待周期，不传输数据。

在读作业上的地址期和第 1 个数据期前，AD 线上有一个翻转期，由从设备在地址有效后的

1个时钟发$\overline{TRDY}$信号来解决。即地址在时钟2上有效，然后主机停止驱动 AD 线，从设备提供最早的有效数据是时钟4，从设备在$\overline{DEVSEL}$被设置后紧跟翻转周期去驱动 AD 线。一旦有有效输出，缓冲区必须保持在有效状态直到作业的结束。

在时钟4、6、8时，数据被成功传输，等待周期被插在时钟3、5 和7，在读作业的最小时间内第1个数据期完成。因为$\overline{TRDY}$无效，第2个数据期扩展到时钟5；因$\overline{IRDY}$无效，第3个数据期扩展到时钟7。主设备在时钟7处的下一个数据期是最后的数据期。但是，由于主设备不准备完成最后的传输（$\overline{IRDY}$在时钟7上为无效），$\overline{FRAME}$则仍保持有效。在时钟8处，当$\overline{IRDY}$有效时，$\overline{FRAME}$才可无效，表示为最后的数据期。

（2）存储器写

存储器写命令用来向映射到存储器地址空间中的设备写入数据。当从设备返回"ready"时，它已准备好对所涉及的相应数据的一致性负责。完成这一任务后，可以在完全同步的方式中实现，也可以采用其他方法。其他方法是指在发起同步任务访问该路径之前，先要清除目标数据缓冲区，这表明主设备在使用这一命令后立即可以执行下一个同步任务。

如图 14-11 所示，在时钟2处，当$\overline{FRAME}$有效时开始写作业。写作业类似于读作业，只是不需要考虑地址期后的翻转周期，因为主设备既提供地址又提供数据。数据期对读和写作业来说，工作相同。

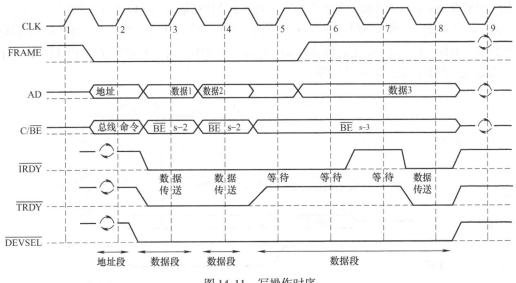

图 14-11　写操作时序

在图 14-11 中，最小时间内完成了第1个和第2个数据期，但第3个数据期中，从设备插入了3个等待周期。注意在时钟5处，双方均插入一个等待周期（$\overline{IRDY}$和$\overline{TRDY}$都无效），当$\overline{FRAME}$被视为无效时，必须设置$\overline{IRDY}$有效以指出最后一个数据期。

因为$\overline{IRDY}$无效，数据传输在时钟5处被主设备延迟，尽管允许主设备延迟数据发送，但字节使能信号不受等待周期影响，不允许延迟发送。最后的数据期在时钟6被主设备发出，但是直到时钟8才完成作业。

（3）I/O 读

I/O 读命令用来从映射到 I/O 口地址空间中的设备读取数据。AD［31：:00］提供一个字节地址，所有的 32 位全编码，这些 I/O 映像在传输的范围内是统一编址的。

（4）I/O 写

I/O 写命令用来向映射到 I/O 口地址空间中的设备写入数据，所有 32 位全编码，这些 I/O 口地址在传输范围内是统一编址的。

（5）配置读

配置读命令用来从每一设备的配置空间读取数据。当一设备的 $\overline{\text{IDSEL}}$ 信号有效并且 AD[1::0] 是 00 时，它就被选中为配置读命令的目标。在配置读命令的地址期内，AD[7::2] 用于指定每个设备的配置空间中的 64 位 DWORD 寄存器中的某一个寄存器，AD[31::11] 无意义，AD[10::08] 指明了一个多功能设备的某一个功能设备被选中。所有的 PCI 设备都要求像从设备一样响应配置（读或写）命令。

（6）配置写

配置写命令用来向每一设备的配置空间写入配置数据。当某一设备的 $\overline{\text{IDSEL}}$ 信号有效并且 AD[1::0] 是 00 时，它就被选中为配置写命令的目标。在配置周期中，AD[7::2] 用于指定每个设备的配置空间中的 64 位 DWORD 寄存器中的某一个寄存器，AD[31::11] 无意义，AD[10::08] 指明了一个多功能设备的某一个功能设备被选中。

（7）中断响应

中断应答命令对系统中断控制器的寻址为隐含方式，即该地址是逻辑地址，并不出现在地址期，中断控制器返回的中断向量所占的字节数由字节使能信号 C/$\overline{\text{BE}}$[3::0] 指定。

PCI 总线支持中断响应周期，如图 14-12 所示。该图列举了 PCI 上的一个 X86 中断响应周期，在地址节拍期内，PCI 用字节使能信号 C/$\overline{\text{BE}}$[3::0] 指出中断向量的字节数。AD[31::00] 不包含有效地址。PAR 有效，可检测奇偶校检位。

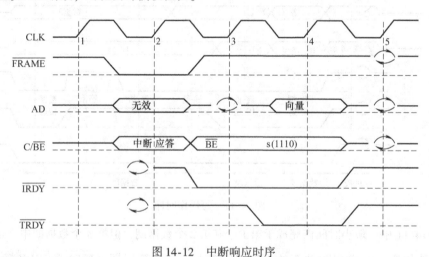

图 14-12　中断响应时序

响应中断应答命令的设备，只允许有一个，该设备必须具有有效 $\overline{\text{DEVSEL}}$。同时，当 $\overline{\text{TRDY}}$ 有效时，必须返回中断向量，不像传统的 8259 双周期响应，PCI 执行单周期响应。在桥上，放弃来自处理器的第 1 个中断响应，将处理器响应中断的双周期格式转换为 PCI 单周期格式。

（8）特殊周期

特殊周期命令提供了 PCI 上的简单的信息广播机制。这种信号发送不要求精确时间或物理同步信号。

特殊周期命令的目标设备为所有设备，它对所有设备广播，相关的设备接受命令并处理请求。在特殊周期命令期，PCI设备不发送目标设备响应信号$\overline{\text{DEVSEL}}$，即该命令不需要目标设备的应答，并且，目标桥不能将特殊周期命令通过总线传送到它们的下级总线，更不能跨桥传播。

特殊周期的地址期除命令字外，不包含其他有效信息，没有确切的地址信息。在数据期，AD[31::00]包含消息类型和一个可选的数据字段。消息由有效AD[15::00]的低16位编码表示，而可选的数据字段由有效AD[31::16]的高16位编码表示，但高16位编码并非所有消息都需要。

在地址期内，C/$\overline{\text{BE}}$[3::0] = 0001（特殊周期），AD[31::00]为随机值，忽略不计。在数据期内，C/$\overline{\text{BE}}$[3::0]有效时，AD[31::0]如下所示。

AD[15::00]：消息编码。

AD[31::16]：基于消息的数据字段。

特殊周期因主设备退出而终止，且在配置空间的状态寄存器中置位"接收主设备退出位"。从特殊周期开始到另一次访问的开始共需6个时钟周期。

（9）存储器多行读

存储器多行读命令在语义上等同于存储器读命令。只要$\overline{\text{FRAME}}$被设置有效，内存控制器就应该保持连续发出存储器请求，可读取多行Cache数据。这一命令主要用于传输大量的连续数据。

（10）双地址周期

双地址周期命令（DAC）只用于以位寻址条件下，设备传输64位地址到某一支持64位编址设备。

（11）存储器一行读

存储器一行读命令在语义上等同于存储器读命令，不同之处在于表明主设备要完成多于两个32位的PCI数据期。

（12）存储器写和使能无效

存储器写和使能无效命令语义上等同于存储器写命令，不同之处是保证最小传输单位为完整Cache行。在存储器写后，使"垃圾"行无效。

14.3 系统总线

14.3.1 系统总线简介

1. S-100总线

S-100总线首先在MITS公司的Altair微机系统中使用。1979年经过两次修改后成为新的S-100总线，并由国际标准化组织定名为IEEE 696。它曾经是一种应用很广泛的系统总线，新、旧的S-100总线都设有100条引脚，按功能分为8组，包括16条数据线、24条地址线、8条状态线、5条控制输出线、6条控制输入线、8条DMA控制线、8条向量中断线和25条其他用途线。它采用100个引脚的插件板，每面50个引脚。

2. Multibus Ⅰ和Multibus Ⅱ

Multibus Ⅰ和Multibus Ⅱ简称为MB Ⅰ和MB Ⅱ。MB Ⅰ系统总线是由Intel公司于1974年提出的，它是用于SBC微型计算机系统的总线，所以又称SBC多总线，并由国际标准化组织承认而定名为IEEE 796。这是一种16位多处理器的标准计算机系统总线。20世纪80年代末，由于32

位高速 MPU 的问世，在 1985 年 Intel 公司又推出适应 32 位微机的总线 Multibus II（IEEE 1296），它是由 16 位的 MB I 扩展而来的，具有自动配置系统的能力，数据传输率可达 40MB/s（MB I 数据传输率只有 5MB/s）。

3. STD 总线

STD 总线是美国 PROLOG 公司于 1978 年推出的一种工业控制微型机的标准系统总线。STD 总线采用小板结构，高度模块化，并采用一整套高可靠性措施，使该总线构成的工业控制机，可以长期可靠地工作于恶劣环境下。该总线结构简单，只有 56 条引脚，能支持多微处理器系统，是一种小规模且性能很好的系统总线。它被国际标准化组织定名为 IEEE 961。STD 总线不仅是国际上流行的工业控制机标准总线，也是国内工业控制机首选的标准总线。早期 STD 总线使用在 Z80 MPU 组成的系统上，是一种 8 位的总线。随着 16 位 MPU 的问世，STD 总线生产集团推出 16 位的电路标准，并列入总线规范中，即地址和数据线采用复用技术，可以支持 16 位数据和 24 位地址。32 位 MPU 出现后，8 位和 16 位的 STD 总线已无法满足要求。1989 年美国的 EAITECH 公司开发出 32 位 STD 总线。

4. VMEbus

VMEbus 是 1982 年由 Motorola 公司推出的 32 位系统总线，尽管它比前几种总线晚推出几年，但它却是一种商业化，而且完全开放的 32 位系统总线，主要用于 MC68000 系列的工作站与高档微机系统中。它被国际标准会议定义为 IEEE 1014。SUN、HP 和日本电气等公司的工作站都采用 VMEbus，尤其是与 LAN 接口卡连接的环境。因它能支持多机和多主设备，数据传输率原来是 24MB/s，经改进后最高数据传输率可达 57MB/s。

5. Futurebus

Futurebus 是由 IEEE 委员会设计的一种高性能的 32 位底板总线（并定名为 IEEE 896）。它是由 Multibus 标准延伸而来的，应用于 32 位多处理器系统上，是目前传输率最快的总线，其数据传输率高达 135MB/s。上述系统总线的主要规格列于表 14-2 中，后面将对部分系统总线做详细阐述。

表 14-2　总线规格

名　称	S－100	STD	Multibus		VME	Future
			I	II		
地址总线	24	16/32	20/24	32	16/24/32	
数据总线	16	8/16/32	16	32	32	32/64，128，256
传输率/（MB/s）		未定	10	40	57	135
信号线数	100	56/138	86＋60	96	128	192
定时方式			同步	同步	异步	异步
IEEE 标准	696	961	796	1296	1014	896
厂家	MITS	PROLOG	Intel	Intel	Motorola	IEEE

14.3.2　Multibus 总线

1. Multibus I

（1）Multibus I 的功能规范

Multibus I 定义了 P_1 和 P_2 两个插座。P_1 为主插座，有 86 条引脚；P_2 为辅助插座，有 60 条引脚。其信号主要包括以下 3 类：

1）数据传送：包括 16 条数据总线 $DAT_F \sim DAT_0$，24 条地址线 $ADR_0 \sim ADR_{17}$，高字节允许 $\overline{BHEN}$，存储器读/写信号 $\overline{MRDC}$、$\overline{MWTC}$，I/O 接口读/写信号 $\overline{IORC}$、$\overline{IOWC}$，锁定信号 $\overline{LOCK}$，传送响应信号 $\overline{XACK}$。

2）中断控制：包括中断请求线 $INT_7 \sim INT_0$、中断响应线 $\overline{INTA}$。

3）总线控制：包括总线时钟信号 BCLK、总线请求信号 $\overline{BREQ}$、公共总线请求信号 $\overline{CBRQ}$、总线优先级输入信号 $\overline{BPRN}$、总线优先级输出信号 $\overline{BPRO}$、总线忙信号 $\overline{BUSY}$。

（2）中断优先级的管理

在 Multibus I 中，对中断优先级的管理可以采用集中提供中断向量和分别提供中断向量两种方法。

1）集中提供中断向量。集中提供中断向量是将中断控制器，如 8259 芯片放在总线主控制器板上，各从属板上的中断源通过总线上的中断请求线 INT_i，加到中断控制器上，当中断请求被 MPU 响应时，由主控制器上的中断控制器将对应该中断源的中断向量提供给 MPU。

2）分别提供中断向量。采用集中提供中断向量的中断优先管理，系统中的各中断源只能利用 Multibus I 中的 8 条中断请求线 $INT_0 \sim INT_7$，即系统只能处理 8 级中断源。当中断源超过 8 级以上时，采用中断控制器的主从级联形式。这种中断优先管理在总线主控器与总线从属板上都设有中断控制器（8259）。从属板上的中断控制器可以管理 8 级中断源，是中断结构中的从片。而主控制器的中断控制器是主片。从属板中的中断控制器的中断输出 INT 通过 Multibus I 的 INT_i 连在主控器中 8259 的 IR_i 上。当中断源向从属板的中断控制器提出中断请求时，从属板的中断控制器向主控板中断控制器提出中断请求，主控板中断控制器再向 MPU 提出中断请求。当 MPU 响应中断请求时，主控器的中断控制器经 $ADR_8 \sim ADR_A$ 送出中断编码，到所有从属板的中断控制器上，以便识别是哪个从属级提出中断申请。提出中断请求的从属级中断控制器通过数据线 $DAT_7 \sim DAT_0$ 向 MPU 提供中断向量。

（3）用 Multibus I 组成多处理器系统

用 Multibus I 组成多处理器系统如图 14-13 所示。在系统中有主模块 I 和主模块 II，还有能让各主模块共享的公共存储器或 I/O 模块。每个主模块都有自己的局部存储器和 I/O 端口，并有自己的局部总线。当局部操作时，系统可以通过局部总线，在 MPU 与局部存储器或 I/O 之间进行信息传输。只有当

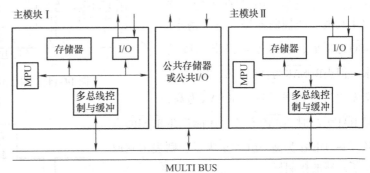

图 14-13　用 Multibus I 组成多处理器系统

需要访问系统中的公共资源时，才使用 Multibus I 传输信息。由于各主模块板上都有自己的局部总线，又通过 Multibus I 将各模块连接起来，整个系统是一种双总线结构。这种结构的最大优点是，当进行局部访问时，不需要通过系统总线，这就能加快数据采集、数据分析和数据处理的速度。当主模块 I 通过 Multibus I 访问公共存储器或 I/O 设备时，主模块 II 仍可通过板上局部总线进行局部数据的传送，当访问局部资源时，MPU 不会请求使用公共总线，只有当访问公共资源时，才发出使用总线的请求，若有多个主模块，则必须有总线仲裁机构来解决总线的仲裁。

2. Multibus Ⅱ

Multibus Ⅱ是流行的总线结构之一，使用在32位微处理器系统中，在高端应用领域如仿真、空中交通控制，特别是在通信系统都有应用。Multibus Ⅱ不仅提供硬件解决方案，而且提供软件解决方案。其主要功能表现为：采用DIN连接器；具有软件自测试功能；灵活的软件跳线；快速的32位总线；功能分割（使用LAN概念）；较高的可靠性；具有互连功能。

Multibus Ⅱ具有高速、可扩展性、简单的特点，而且与LAN有某些相似的地方，适用范围为单微处理器或多微处理器应用系统。

14.3.3 STD总线

1. 信号定义

STD总线有56个引脚，其信号可分为两大类。

1）数据总线：包括24条地址线、16条数据总线/地址扩展总线。

2）控制总线：STD总线定义5种控制总线，包括对存储器和I/O设备的读/写控制、外围设备的定时、中断和总线控制、时钟和复位、优先级串行链控制。

2. STD总线中断实现及控制

在STD总线上，多个中断源的中断优先级控制采用串行中断优先链和并行优先级控制两种方式来实现。

1）串联总线优先级控制。在每一总线控制器模板上，建立总线优先级逻辑电路，构成图14-14所示的串联优先级控制链。

在图14-14中，当BAI为高时，允许该总线控制器向处理器提出总线请求，一旦响应，则BAO为低，并阻止其他总线控制器提出总线请求。$\overline{BRQ}$为低时，表示模板提出总线请求。但当$\overline{BUSAK}$为低时，$\overline{BUSRQ}$就不会发出有效信号。只有$\overline{BUSAK}$为高，且BAI为高时，$\overline{BRQ}$有效，才能产生$\overline{BUSRQ}$有效。一旦BAI为高、$\overline{BUADK}$为低，则表示它取得了总线的控制权。

2）并联总线优先级控制。在总线的并联优先级控制中，优先级控制逻辑是放在单独一块模板上的，其他各个总线控制器均通过这块模板提出总线请求。并联总线优先级控制如图14-15所示。

如图14-15所示，单独模板上的并联优先级控制电路对各总线控制器分配不同的优先级，在STD总线工作时，做到有条不紊。

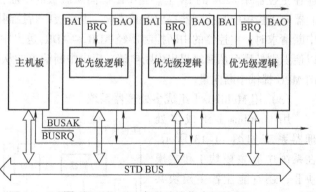

图14-14 STD串联总线优先级控制

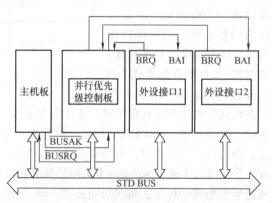

图14-15 STD并联总线优先级控制

14.4 通信总线

通信总线用于微型计算机之间、微型计算机与远程终端、微型计算机与外部设备以及微型计算机与测量仪器仪表之间的通信，又称外总线。这类总线不是微型计算机系统所特有的总线，而是利用电子工业或其他领域已有的总线标准。通信总线分为并行总线和串行总线，在计算机网络、微型机自动测试系统、微型机工控系统中得到广泛的应用。下面介绍几种典型的通信总线。

14.4.1 IEEE 488 总线

IEEE 488 是一种并行的外总线，它是 20 世纪 70 年代由 HP 公司制定的。HP 公司为了解决各种仪器仪表与各类计算机的接口时，互相不兼容问题，研制了通用接口总线 HP – IB 总线。1975 年 IEEE 以 IEEE 488 标准总线予以推荐，1977 年国际电工委员会（IEC）也对该总线进行了认可与推荐，定名为 IEC – IB。所以这种总线同时使用了 IEEE 488、IEC – IB（IEC 接口总线）、HP – IB（HP 接口总线）或 GP – IB（通用接口总线）多种名称。IEEE 488 系统以机架层叠式智能仪器为主要器件，构成开放式的积木测试系统。

IEEE 488 总线规定，其数据传输速率不大于 1MB/s，连接在总线上的设备（包括作为主控器的微型机）不大于 15 个，设备间的最大距离不大于 20m；并规定使用 24 线的组合插头座，且采用负逻辑，即用小于 +0.8V 的电平表示逻辑"1"，用大于 2V 的电平表示逻辑"0"。

1. 系统中设备的工作方式

IEEE 488 总线接口结构如图 14-16 所示。利用 IEEE 488 总线将微型计算机和其他若干设备连接在一起，可以采用串行连接，也可以采用星形连接。

在 IEEE 488 系统中的每个设备可按以下 3 种方式工作。

1）"听者"方式。这是一种接收器，它从数据总线上接收数据，一个系统在同一时刻，可以有两个以上的"听者"在工作。可以充当"听者"功能的设备有微型计算机、打印机、绘图仪等。

2）"讲者"方式。这是一种发送器，它向数据总线发送数据，一个系统可以有两个以上的"讲者"，但任一时刻只能有一个"讲者"在工作。具有"讲者"功能的设备有微型计算机、磁带机、数字电压表、频谱分析仪等。

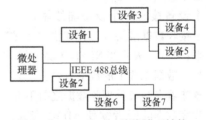

图 14-16 IEEE 488 总线接口结构

3）"控制者"方式。这是一种向其他设备发布命令的设备，如对其他设备寻址，或允许"讲者"使用总线。控制者通常由微型机担任。一个系统可以有不止一个控制者，但每一时刻只能有一个控制者在工作。

在 IEEE 488 总线上的各种设备可以具备不同的功能。有的设备如微型计算机可以同时具有控制者、听者、讲者 3 种功能，有的设备只具有收、发功能，而有的设备只具有接收功能（如打印机）。在某一时刻系统只能有一个控制者，而当进行数据传送时，某一时刻只能有一个发送器发送数据，允许多个接收器接收数据，也就是可以进行一对多的数据传送。

一般应用中，例如，微型机控制的数据测量系统，通过 IEEE 488 将微型机和各种测试仪器连接起来，这时，只有微型机具备控制、发、收 3 种功能，而总线上的其他设备都没有控制功能，但仍有收、发功能。当总线工作时，由控制者发布命令，规定哪个设备为发送器，哪个为接收器，而后发送器可以利用总线发送数据，接收器从总线上接收数据。

2. IEEE 488 总线信号

IEEE 488 总线使用 24 线组合插头座，IEEE 488 的信号线除 8 条地线外，还有以下 3 类信号线。

1）8 条数据总线 $D_7 \sim D_0$。这 8 条数据总线可以传送数据、设备地址和命令。这是因为该总线没有设置地址线和命令线，这些信息要通过数据线上的编码来产生。

2）字节传送控制线。在 IEEE 488 总线上数据传送采用异步握手（挂钩）联络方式，即用数据有效线 DAV、未准备好接收数据线 NRFD 和未接收完数据线 NDAC 这 3 根线进行握手联络。

3）接口管理线。它包括接口清零线 IFC（Interface Clear）、服务请求线 SRQ、监视线 ATN、结束或识别线 EOI（End or Identify）、远程控制线 REN（Remote Enable）。

3. IEEE 488 总线传送数据的时序

IEEE 488 总线上数据传送采用异步方式，即每传送一个字节数据都要利用 DAV、NRFD 和 NDAC 这 3 条信号线进行握手联络。数据传送的时序图如图 14-17 所示。由时序图可见，总线上每传送一个字节数据，就有一次 DAV、NRFD 和 NDAC 3 线握手过程。

如图 14-17 所示，IEEE 488 总线上数据传送是按异步方式进行的，因此，可以将不同速度的设备同时挂在 IEEE 488 总线上。"①"表示原始状态讲者置 DAV 为高电平，听者置 NRFD 和 NDAC 两线为低电平；"②"表示讲者测试 NRFD、NDAC 两线的状态，若它们同时为低电平，则讲者将数据送上数据总线 $D_7 \sim D_0$；"③"表示一个设备接着一个设备陆续做好

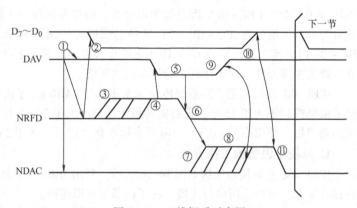

图 14-17　3 线握手时序图

了接收数据准备（如打印机"不忙"）；"④"表示所有接收设备都已准备就绪，NRFD 变为高电平；"⑤"表示当 NRFD 为高电平，而且数据总线上的数据已稳定后，讲者使 DAV 线变低，告诉听者数据总线上的数据有效；"⑥"表示听者一旦识别到这点，便立即将 NRFD 拉回低电平，这意味着在结束处理此数据之前不准备再接收另外的数据；"⑦"表示听者开始接收数据，最早接收完数据的听者欲使 NDAC 变高，但其他听者尚未接收完数据，故 NDAC 线仍保持低电平。"⑧"表示只有当所有的听者都接收完毕此字节数据后，NDAC 线才变为高电平；"⑨"表示讲者确认 NDAC 线变高后，就升高 DAV 线；"⑩"表示讲者撤销数据总线上的数据；"⑪"表示听者确认 DAV 线为高后置 NDAC 为低，以便开始传送另一字节数据。至此完成传送一个字节数据的 3 线握手联络全过程。以后按上述定时关系重复进行。

14. 4. 2　SCSI 总线

SCSI 是 Small Computer System Interface 的缩写，即小型计算机系统接口。SCSI 是由 ANSI 于 1986 年 6 月公布的接口标准。它用于计算机与磁带机、软磁盘机、硬磁盘机、CD‑ROM、可重写光盘、扫描仪、通信设备和打印机等外围设备的连接。目前广泛用于微型计算机中主机与硬磁盘和光盘（如 CD‑ROM）的连接，成为最重要、最有潜力的新总线标准。

1. SCSI 总线的主要特点

SCSI 是一种低成本的通用多功能的计算机与外围设备并行外总线，可以采用异步传送，当采用异步传送 8 位的数据时，传送速率可达 1.5MB/s；也可以采用同步传送，速率达 5MB/s。SCSI‑2〔Fast SCSI〕传送速率为 10MB/s，Ultra SCSI 传送速率为 20MB/s，Ultra‑Wide SCSI（数据为 32 位宽）传送速率高达 40MB/s。

SCSI 的启动设备（命令别的设备操作的设备）和目标设备（接受请求操作的设备）通过高级命令进行通信，不涉及外设的物理层如磁头、磁道、扇区等物理参数，所以不管是与磁盘或 CD‐ROM 接口，都不必修改硬件和软件，是一种连接很方便的通用接口，也是一种智能接口，对于多媒体集成接口此标准更显重要。

当采用单端驱动器和单端接收器时，允许电缆长达 6m，若采用差动驱动器和差动接收器，则允许电缆可长达 25m。总线上最多可跨接 8 台总线设备（包括适配器和控制器），但在任何时刻只允许两个总线设备进行通信。目前数据宽度有 8 位和 32 位两种。当前与硬盘和 CD‐ROM 连接多用 8 位，下面以 8 位的 SCSI 为例进行信号定义说明。

2. SCSI 信号

SCSI 总线可以采用单端驱动器和单端接收器进行信号传送，也可以采用差动驱动器和差动接收器进行信号传送。但两者在信号定义上有区别，下面分别介绍。

1）单端 SCSI 总线信号。单端 SCSI 总线采用 50 芯扁平电缆或 25 对双绞线，最大长度为 6m。

① 9 条数据线和 32 条地址线。9 条数据线的功能取决于总线的工作节拍。

② 10 条控制线，包括电源 TERMPWR、注意信号 ATN、忙信号 BSY、认可信号 ACK、重置信号 RST、指示信息类别信号 MSG、选择信号 SEL、控制/数据信号 C/D、请求信号 REQ、输入/输出信号 I/O。

2）差动 SCSI 总线信号。当 SCSI 总线采用差动驱动和差动接收时，对连接线的要求同单端一样，也是 50 芯扁平电缆或 25 对双绞线，但电缆的长度可达 25m。

单端和差动信号引脚相对应，只是单端一个信号只需占一个引脚，而差动一个信号要占用两个引脚。

3. SCSI 总线的工作过程

SCSI 总线工作过程包括以下 10 个总线节拍：

BUSFREE——总线自由节拍；

ARB——总线仲裁节拍；

SEL——总线选择节拍；

RESEL——重新选择节拍；

MSGIN——信息输入节拍；

MSGOUT——信息输出节拍；

DATAIN——数据输入节拍；

DATAOUT——数据输出节拍；

CMD——命令节拍；

STATUS——状态节拍。

各节拍的转换如图 14-18 所示。

SCSI 总线在复位之后进入总线自由节拍 BUSFREE，在此状态下，总线上的设备可以提出请求；此后进入总线仲裁节拍 ARB，通过 ARB 后，使优先权最高的请求设备获得总线仲裁权；然后进入选择节拍 SEL，利用 SEL 和 BSY 信号及设备编码决定起始设备和目标设备。

经过上述 3 个节拍后，总线进入信息传输

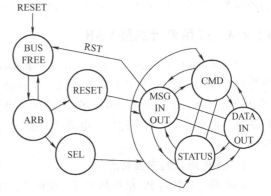

图 14-18　SCSI 总线节拍转换图

节拍，利用 MSG、C/D、I/O 3 个信号的不同编码，可以决定信息的传输方式。例如，MSG C/D I/O = 000 表示一个数据输出总线节拍，数据由起始设备传送到目标设备。

当信息传输完成或出现错误时，可利用 RST 信号使总线复位，总线重新回到 BUSFREE 节拍。

SCSI 总线设置很多命令，在软件支持下工作，详细内容可以查阅 ECMA（European Computer Manufactures Association，欧洲计算机厂家协会）公布的 SCSI 标准。

14.4.3　IEEE 1394

IEEE 1394 实际是以 SCSI 为基础由 IEEE 协会于 1995 年 12 月正式接纳的一个新的工业标准，全称为高性能串行总线标准。其有 6 针 6 角形接口和 4 针小型 4 角形接口两种。最早苹果公司开发出的是 6 针，后由 SONY 公司改良设计成常见的 4 针，并命名为 iLINK。

1. IEEE 1394 的主要性能

IEEE 1394 的主要性能特点如下：

1）多媒体应用的实时数据传输。

2）数据传输快，传输率为 400Mbit/s，以后有望达到 800Mbit/s 或 Gbit/s。

3）实时连接或断开时数据不丢失或中断。

4）支持即插即用自动配置。

5）实时应用的宽带宽。

6）不同设备和应用的通用连接。

2. IEEE 1394 协议集

IEEE 1394 规范了一个 3 层协议集以将主机与外设间的交互动作标准化。

1）业务层。该层定义了一个请求—响应协议以执行总线传输，支持对一步传输协议的读操作、写操作和锁定操作，隐藏了 IEEE 1394 较低层细节，方便用户使用。

2）链接层。该层可为应用程序直接提供以数据包形式进行的数据传输服务。它支持两种类型的数据包传送功能：异步和等步传送。异步包传送：一个可变总量的数据及业务层的几个信息字节作为一个包传送到显示地址的目标方，并要求返回一个认可包。等步包传送：一个可变总量的数据以一串固定大小的包按规范间隔传送，不要求目标方认可。

3）物理层。该层按不同的串行总线物理介质，将数据链接层的逻辑信号转换为实际的物理电信号，并为串行总线的接口定义了电气和机械特性。

4）串行总线管理。它为总线上各节点提供了所需的标准控制、状态寄存器服务和基本控制功能。

IEEE 1394 不用 PC 介入可以自成系统，其作为一种先进的高速串行 I/O 标准接口，被连接的各装置具有平等的关系，所以在家用电器设备的连接方面有很好的应用前景。

14.4.4　通用串行总线 USB

1994 年 Intel、Compaq、Digital、IBM、Microsoft、Northen、NEC、Telecom 等世界上著名的多家计算机公司和通信公司成立了 USB 论坛，于 1995 年 11 月正式制定了 USB 0.9 通用串行总线规范，到 1997 年开始有正式符合 USB 技术标准的外设投入使用。USB 技术是具有开放性的规范，得到了广泛的工业支持，在数字图像、电话语音合成、交互式多媒体、消费电子产品等领域到了广泛应用。

1. USB 规范的主要特点

USB 是一种针对 PC 结构的扩展工业标准，USB 的设计目的在于灵活地处理任何低、中速 PC 外设的接口要求。一般地，低速 PC 外设是指速度在 10 ~ 100Kbit/s 范围内的交互设备，中速外设是指有一定延迟和带宽在 500Kbit/s ~ 10Mbit/s 范围内的设备。更高的带宽要求可由其他总线结构支持，如 IEEE 1394。USB 规范有以下要点：

1）完全自动检测和配置的即插即用功能，可以自动识别以及自动配置外设。USB 外设在系统运行过程中还可以动态连接和重新配置，也可带电热插拔操作，具有统一的接插件，规定了接线和连接器的统一模式。

2）支持一台计算机同时接入 127 个外设。USB 的多级连接结构允许具有多种功能的外设同时操作，在主机和设备之间传输多种数据和信息流。

3）支持在同一套电线上进行等时和异步传输。具有在混合模式下进行等时（Isochronous）数据传输和异步信息发布的协议灵活性。

4）支持低成本电线和连接器以及商用技术。

5）支持较大的数据包长度范围，允许多种设备缓冲的选配、多种设备数据速率和数据包缓冲大小/延迟。

6）支持错误处理/故障恢复机制。能以用户可观察到的实时方式实现设备的动态接入和断离，而且可自动识别出有故障的设备。

7）有较高的数据传输率。标准串行口数据传输率最大为 115Kbit/s，USB 要比标准串行口快得多，其数据传输率可达 4～12Mbit/s。支持语音、音频和压编视频的实时数据处理。

2. USB 总线拓扑结构

USB 的物理连接采用一种分层的星形结构，集线器（Hub）是每个星形结构的中心，PC 主板上为根集线器，根集线器可以链接 Hub 及多个 USB 设备。每个 USB 还有额外的端口，可连接 USB 设备或其他的 USB 集线器。USB 最多可支持 5 个 Hub 层、127 个外设。这种结构允许集线器自行供电或通过总线供电。图 14-19 为 USB 拓扑结构框图。

3. USB 总线设备

USB 通过 4 线电缆传输数据和电源，其中 D + 和 D – 是差模信号线，Vbus 为 + 5V 电源，GND 为电源地。USB 提供 12Mbit/s 高速模式和 1.5Mbit/s 低速模式传输数据。高速模式必须使用带屏蔽层的双绞线，最大长度为 5m。低速模式可用一般双绞线，最大长度为 3m。

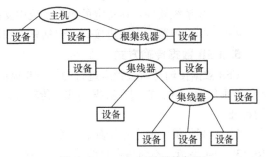

图 14-19   USB 拓扑结构框图

USB 设备包括集线器和功能设备。

1）集线器（Hub）。Hub 在 USB 结构中是一个关键部件，它提供和扩展附加的 USB 节点。Hub 可以检测出每一个下行端口的状态，并给下端的设备提供电源。USB 设备的电源可以由 USB 总线提供，也可自备电源。

USB 设备在使用之前必须进行配置。USB 设备连接到一个 USB 节点上，USB 就会产生一系列操作完成对 USB 设备的配置（总线枚举）。当连接的 USB 设备移走后，Hub 将报告主机关闭端口，改写当前结构的信息。

为了节约电能，如果 USB 设备在指定时间内没有总线传输，则 USB 设备将自动进入挂起状态。另外，如果设备所连接的 Hub 端口被禁止，则设备也将进入挂起状态。当 USB 总线活动时，设备就会离开挂起状态，而恢复工作状态。

2）功能设备。功能设备又可分为定位设备和字符设备。一个 USB 设备可以分为 3 层：最底层是 USB 总线接口层，用于发送和接收包；中间层是 USB 逻辑设备，用于处理总线接口与不同端点之间的数据流通；最上层是 USB 功能层，即 USB 设备所提供的功能，如鼠标、键盘等。

4. USB 主机

USB 主机在 USB 系统中处于中心地位，对连接的 USB 设备进行控制。主机控制所有 USB 的访问，一个 USB 外设只有主机允许才有权访问 USB 总线。USB 主机包括设备驱动程序、USB 系统软件、USB 主控制器。

USB 主机和 USB 设备结构以及它们之间的连接如图 14-20 所示。

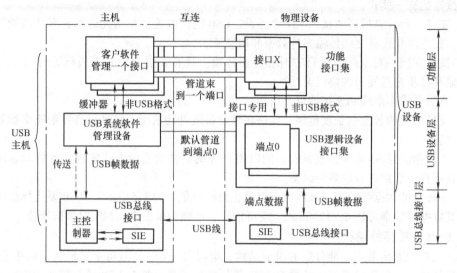

图 14-20　USB 主机/设备结构

1）USB 物理设备：处于 USB 电缆终端，执行终端用户功能。

2）客户软件：在主机上执行应用于 USB 设备的软件。

3）USB 系统软件：在特定的操作系统中支持 USB。

4）USB 主控器：主机边接口，包括软件和硬件，使 USB 设备可相连到主机。

5. USB 数据传输方式

USB 数据传输是通过管道进行的，USB 提供了控制传输、同步传输、中断传输和数据块传输 4 种数据传输方式，它们在数据格式、传输方向、数据包容量限制、总线访问限制等方面有不同的特征。

1）控制传输：通常用于配置、命令、状态等情况，支持双向传输，允许数据包容量为 8、16、32、64 字节，不能指定总线访问的频率和总线占用时间，传输可靠性高。

2）同步传输：一种周期性、连续的传输方式，通常用于与时间有密切关系的信息传输，单向传输（若需要双向传输，必须使用另外一个端点），只能用于高速设备，数据容量为 0 ~ 1023 字节，具有带宽保证（保持恒定的传输速率），没有数据重发机制，要求具有一定的容错性。

3）中断传输：外设输入到主机，对于高速设备，数据包大小为 64 字节（低速设备小于或等于 8 字节）。

4）数据块传输：用于大量的没有时间要求的数据传输，单向传输（若需要双向传输，则必须使用另外一个端点），对于高速设备，数据包大小为 8、16、32、64 字节。

6. USB 总线操作

在 USB 中，任何操作都是从主机开始的，主机以预先安排的时序，发出一个令牌包来说明操作类型、方向、外设地址以及端点号等，然后在令牌中指定的数据发送者发出一个数据包或指出它没有数据传输。而 USB 外设要以一个确认包做出响应，表明传输成功。

1）包定义。一个包包括同步域、标识域、地址域、端点域、帧号域、数据域及 CRC 校验等。其中，同步域用于本地时钟与输入信号的同步，标识域指明包的类型及格式，地址域指明外设端点地址（外设地址及外设端点），端点域说明设备所使用的子管道，帧号域指明当前帧的序号，数据域包含传输的数据，CRC 校验包含令牌校验和数据校验。

2）包类型。USB 中有令牌包、数据包、应答包等。其中，令牌包包含输入、输出、设置和帧起始 4 种类型；数据包包含标识域、数据域和 CRC 校验域；应答包包括确认包、无效包、出错包、特殊包等，用于报告数据传输状态，仅有支持流控制的传输类型。

3）总线操作。USB 的总线操作包括批操作、控制操作、中断操作、同步操作等。批操作包含令牌、数据、应答 3 个阶段；控制操作包含设置和状态两个操作阶段；中断操作只有输入一个方向，与批操作的输入相同；同步操作包含令牌和数据两个阶段，它不支持重发功能。

4）错误检验与恢复。USB 具有检查错误能力，可以根据传输类型的要求进行相应的处理。因为数据传输要求较高的数据准确度，所以支持所有的错误检验与重试来保证端对端数据的完整传输。USB 可进行 PID 检验、CRC 校验、总线时间溢出及 EOP 错误检验等。

7. 主机接口协议

Microsoft、Compaq、National、Semiconductor 等公司提出了开放主机控制器接口 OpenHCI（Open Host Controller Interface）规范，作为实现 USB 主机的接口协议，目的在于为设计人员提供可靠主机接口，优化性能，降低额外开销。OpenHCI 主要有以下一些特点。

1）支持硬件分组和跨页数据的连接。OpenHCI 采用 USB 硬件自动对传输数据分组，从而减少了数据处理的软件开销。例如，如果要发送 4KB 数据，OpenHCI 自动地实现分组任务，把所要传输的数据分为 64 个字节的数据包。OpenHCI 能够对跨页的数据块进行交叉连接。

2）采用内存映像和具有队列任务管理功能。OpenHCI 设置了内存映像寄存器，为主机集线器的扩展提供支持。OpenHCI 主机控制器在任务完成之后，自动将每个任务的发送描述器连接到完成项队列。这为主机控制器提供了一种简单、有效的硬件机制，来监视和管理所有任务的状态。

3）公平调度算法。OpenHCI 定义了一种调度算法，设置了专用的块和控制列表的队列指针，保证平等地对所有 USB 设备进行访问。

8. USB 与 IEEE 1394 比较

IEEE 1394 标准也称为火线（FireWire）标准，采用串行传输，但其具有较高的传输速率。Microsoft 公司的 Windows98 支持 USB 及 IEEE 1394 技术标准。

USB 与 IEEE 1394 的相同点在于都采用通用串口连接标准，支持"热拔插"，支持同步数据传输，支持对未经压缩的数字图像进行实时传送，允许主机与外设及电子产品（如数码相机）间的直接数据传送。

USB 与 IEEE 1394 的不同点在于连接的设备范围及性能价格上。USB 技术的目标在于低速、低带宽、低价的外设，如键盘、鼠标、游戏杆和调制解调器、扫描仪及打印机。IEEE 1394 的目标则在于较宽的带宽连接、面向高速数据设备，如数字电视、数码便携式摄像机、数码相机、DVD、可移动存储设备等。USB 需要集线器，使用不太贵的电缆和接线器，最多可以连接 127 个外设。IEEE 1394 不需要集线器，在 IEEE 1394 标准中本身就包括了一个数据桥的功能，简化了设备的连接。IEEE 1394 允许连接 63 个外设。USB 与 IEEE 1394 的比较见表 14-3。

表 14-3 USB 与 IEEE 1394 的比较

设备范围及性能指标	USB	IEEE 1394
传输速率/（Mbit/s）	12	100，200，400，800～3 200
接外设数	127	63
电缆	4 线（电源，2 信号）	6 线（2 电源，4 信号）
传输距离/m	5	4.5
同步、异步传输	支持	支持
设备类型	低速设备	高速数据传输，宽带宽设备
论坛或协会	USB 论坛	IEEE 1394 协会
编码	DSLINK	NRZI
其他	需要集线器	协议中有数据桥功能

由以上对 USB 与 IEEE 1394 的分析可以看出，USB 与 IEEE 1394 将同时存在，提供不同的服务。USB 设备用于中、低速数据传输的外设，IEEE 1394 用于大数据量高速传输数据的设备。

小结

本章在简述了总线技术及其分类、传输方式和传输控制的基础上，着重介绍了局部总线、系统总线和通信总线中的各种典型总线的规范、特点以及应用等，并对相关总线做了比较。

1）按总线在系统的规模、用途及不同层次位置上可分为片内总线、局部总线、系统总线和通信总线 4 类。

2）总线上完成一次数据传输要经历 4 个阶段：申请（Arbitrating）占用总线阶段、寻址（Addressing）阶段、传数（Datatransferring）阶段、结束（Finding）阶段。实现总线传输的控制方式有同步方式、异步方式、半同步方式。

3）PC 底板上设置一些可供标准适配器板插入的标准扩展插槽（Slot），因不支持多个 MPU 的并行处理属于局部总线范畴，又称为 PC 总线。典型的局部总线有 PC/XT 总线、MCA 微通道结构总线、EISA、VL、PCI 总线等。

4）系统总线又称为内总线，是指模块式微型计算机机箱内的底板总线，用来连接构成微型机的各插件板。典型的系统总线有 S–100、Multibus、STD、VMEbus、Futurebus 等。

5）通信总线又称为外总线，它用于微机系统与系统之间、微机系统与外围设备（如打印机、磁盘设备）或微机系统和仪器仪表之间的通信通道。典型的通信总线有 IEEE 488、SCSI、RS–232C、RS–485、IEEE 1394、USB 等。

习题

14-1 什么叫总线？为什么各种微机系统中普遍采用总线结构？

14-2 总线规范的基本内容是什么？

14-3 总线传输的基本过程是什么？完成一次总线数据传输一般要经历哪几个阶段？

14-4 总线传输控制的方式有哪些？

14-5 根据在微型计算机系统的不同层次上的总线分类，微型机系统中共有哪几类总线？

14-6 同步总线传送是如何实现总线控制的？

14-7 异步总线传送是如何实现总线控制的？

14-8 半同步总线传送是如何实现总线控制的？

14-9 试叙述 Multibus 的特点。

14-10 试叙述 SCSI 总线的特点、使用场合。

14-11 什么是 USB 规范？简述其特点。

14-12 什么是 PCI 规范？简述其特点。

14-13 什么是 IEEE 1394？简述其特点。

附录　ASCII码一览表

列		0	1	2	3	4	5	6	7
行	位765→ ↓4321	0000	0001	0010	0011	0100	0101	0110	0111
0	0000	NUL	DLE	SP	0	@	P	、	p
1	0001	SOH	DCI	!	1	A	Q	a	q
2	0010	STX	DC2	"	2	B	R	b	R
3	0011	ETX	DC3	#	3	C	S	c	S
4	0100	EOT	DC4	$	4	D	T	d	T
5	0101	ENQ	NAK	%	5	E	U	e	u
6	0110	ACK	SYN	&	6	F	V	f	v
7	0111	BEL	ETB	,	7	G	W	g	w
8	1000	BS	CAN	(	8	H	X	h	x
9	1001	HT	EM	)	9	I	Y	i	y
10	1010	LF	SUB	*	:	J	Z	j	z
11	1011	VT	ESC	+	;	K	[	k	¦
12	1100	FF	FS	,	<	L	\	l		
13	1101	CR	GS	–	=	M	]	m	¦
14	1110	SO	RS	.	>	N	^	n	~
15	1111	SI	US	/	?	O	_	o	DEL

参 考 文 献

[1] 杨全胜. 现代微机原理与接口技术 [M]. 北京：电子工业出版社，2002.

[2] 周荷琴，冯焕清. 微型计算机原理与接口技术 [M]. 5版. 合肥：中国科学技术大学出版社，2013.

[3] 于天河，高爽. 微机原理与接口技术 [M]. 北京：中国铁道出版社，2011.

[4] 曹玉珍. 微机原理与应用 [M]. 北京：机械工业出版社，2010.

[5] 李鹏，王忠利. 微机原理与应用 [M]. 北京：北京理工大学出版社，2010.

[6] 周明德. 微机原理与接口技术 [M]. 2版. 北京：人民邮电出版社，2007.

[7] 周杰英，等. 微机原理、汇编语言与接口技术 [M]. 北京：人民邮电出版社，2011.

[8] 唐瑞庭. 微机原理汇编语言与接口技术 [M]. 北京：中国水利水电出版社，2006.

[9] 赵伟. 微机原理及汇编语言 [M]. 北京：清华大学出版社，2011.

[10] 杨立. 微机原理及应用 [M]. 北京：中国铁道出版社，2009.

[11] 晏寄夫. 微机原理及应用 [M]. 成都：西南交通大学出版社，2006.

[12] 宋汉珍. 微型计算机原理 [M]. 北京：高等教育出版社，2005.

[13] 丁新民. 微机原理及其应用 [M]. 北京：高等教育出版社，2008.

[14] 颜志英. 微机系统与接口技术 [M]. 北京：清华大学出版社，2009.

[15] 张颜斌. 微型计算机原理及应用 [M]. 北京：机械工业出版社，2011.

[16] 许立梓. 微型计算机原理及应用 [M]. 北京：机械工业出版社，2005.

[17] 毛红旗. 微机原理与接口技术 [M]. 北京：中国铁道出版社，2007.

[18] 郑学坚，周斌. 微型计算机原理及应用 [M]. 3版. 北京：清华大学出版社，2002.

[19] 杨学昭，王东云. 单片机原理接口技术及应用（含C51）[M]. 西安：西安电子科技大学出版社，2009.

[20] 梅丽凤. 单片机原理与接口技术 [M]. 北京：机械工业出版社，2015.

[21] 李朝青，等. 单片机原理及接口技术 [M]. 5版. 北京：北京航空航天大学出版社，2017.

[22] 张毅刚. 单片机原理及接口技术（C51编程）[M]. 2版. 北京：人民邮电出版社，2016.

[23] 李长青. 接口技术 [M]. 北京：中国水利水电出版社，2014.

[24] 卜艳萍，周伟. 汇编语言程序设计教程 [M]. 3版. 北京：清华大学出版社，2011.

[25] 王爽. 汇编语言 [M]. 3版. 北京：清华大学出版社，2013.

[26] 王元珍，等. 80X86汇编语言程序设计 [M]. 武汉：华中科技大学出版社，2005.

[27] 胡建波. 微机原理与接口技术实验——基于Proteus仿真 [M]. 北京：机械工业出版社，2011.

[28] 张新，等. 51单片机应用开发25例——基于Proteus仿真 [M]. 北京：电子工业出版社，2013.

[29] 周润景. 基于PROTEUS的电路及单片机系统设计与仿真 [M]. 北京：北京航空航天大学出版社，2006.

[30] 纪禄平，等. 计算机组成原理 [M]. 3版. 北京：电子工业出版社，2014.

[31] 赖晓铮，等. 计算机组成原理 [M]. 5版. 北京：科学出版社，2013.